乡村人居林

Village Human Habitat Forest

邱尔发 董建文 许飞 等著

中国林业出版社

图书在版编目（CIP）数据

乡村人居林／邱尔发，董建文，许飞等著．–北京：中国林业出版社，2013.8
ISBN 978-7-5038-7114-6

Ⅰ．①乡…　Ⅱ．①邱…②董…③许…　Ⅲ．①乡村 – 居住区 – 造林 – 研究 – 中国
Ⅳ．①S731.5

中国版本图书馆 CIP 数据核字（2013）第 157182 号

策划编辑：洪　蓉

责任编辑：洪　蓉　陈英君

出版发行	中国林业出版社（100009　北京市西城区德内大街刘海胡同 7 号）
	电话：（010）83229512
印　　刷	北京卡乐富印刷有限公司
版　　次	2013 年 8 月第 1 版
印　　次	2013 年 8 月第 1 次
开　　本	787mm×1092mm　1/16
印　　张	17.75
字　　数	400 千字
定　　价	85.00 元

前　言

　　乡村人居林是十六届五中全会以来社会主义新农村建设的重要内容，也是我国十八大提出建设生态文明、添彩美丽中国的重要组成部分。

　　乡村人居林在美化景观、净化空气、改善小气候、滞尘降噪、传承乡村生态文化、增加居民收入等方面具有不可替代的作用。然而，一直以来，乡村人居林建设是我国新农村建设的难点，我国农村地域广阔，地理环境、气候条件、经济社会差异巨大，民族众多，生活习俗、风土人情、民族文化千差万别，同时乡村人居林建设刚刚兴起，尚没有固定的模式可循，部分地方在开展乡村绿化建设时，出现过盲目、轻率地照搬城市绿化的植物材料和建设技术，片面追求视觉效果，破坏了乡村原有景观和文化，使乡村绿化建设进入误区。因此，探索乡村人居林保护、恢复及建设技术，对于改善乡村人居生态环境，传承乡村生态文化，建设美丽、和谐新农村具有重要的现实意义和深远的历史意义。

　　2006 年"十一五"国家科技支撑计划课题和 2011 年"十二五"农村领域国家科技计划课题，中国林业科学研究院林业研究所承担"新农村绿色家园建设技术试验示范（2006BAD03A1706）"专题和"村镇景观防护林人工构建技术研究（2011BAD38B0302）"子课题研究任务，组织福建农林大学、中国林业科学研究院亚热带林业研究所、山东省林业科学研究院、北华大学等单位在我国福建、浙江、山东、吉林等地选择典型乡村开展乡村人居林专项研究。乡村人居林的概念与内涵也正是由课题组在这一研究过程中首次提出，并从庭院林、道路林、水岸林、风水林（围村林）和游憩林五个组成部分分别开展研究。本书依托国家科技计划攻关课题，针对我国乡村人居林建设技术支撑不足的问题，重点以福建省乡村人居林为例，首次系统开展乡村人居林树种资源调查，在对乡村人居林内涵与建设背景分析、乡村人居林结构与特征、乡村人居林需求、乡村人居林构建技术、乡村人居林质量评价与优化等方面研究的基础上，系统总结相关研究成果，形成乡村人居林建设技术体系，为我国乡村绿化、美化及整体生态环境质量的提升提供指导。

参与本书撰写的人员有：邱尔发博士（中国林业科学研究院、国家林业局城市森林研究中心副研究员）、董建文博士（福建农林大学教授）、许飞博士（山东省德州市林业局）、王荣芬硕士（中国林业科学研究院、国家林业局城市森林研究中心）、王婷婷硕士（福建农林大学）、许晓玲博士（福建农林大学）、吴永曙硕士（福建农林大学）、林双毅硕士（福建农林大学）、傅伟聪硕士（福建农林大学）。具体分工是：第一章乡村人居林内涵与建设背景分析由邱尔发、许飞和王荣芬撰写；第二章乡村人居林结构与特征由邱尔发、许飞撰写；第三章乡村人居林建设需求分析——以福建为例和第五章乡村人居林质量评价与优化由许飞、邱尔发撰写；第四章乡村人居林构建技术与实例分析由福建农林大学董建文、王婷婷、许晓玲、吴永曙、林双毅、傅伟聪撰写；书稿中照片，除特别标注外，由董建文提供。参加书稿的统稿和出版工作的还有唐丽清（中国林业科学研究院、国家林业局城市森林研究中心）、韩玉丽（中国林业科学研究院、国家林业局城市森林研究中心）。

本书适合大中专院校师生作为参考教材，从事乡村绿化研究与建设实践的人员作为参考书籍。由于乡村人居林是当前全新的一个研究方向，且撰写过程中时间较为仓促，书中错误之处在所难免，敬请广大读者批评指正。

作者

2013 年 2 月

FOREWORD

Village human habitat forest has been an important content of the new socialist village construction since the Fifth Plenary Session of the 16th CPC Central Committee, and which is also the important component of ecological civilization and Beautiful China put forward by the 18th CPC Central Committee.

Village human habitat forest plays an irreplaceable role in landscaping, purifying the air, regulating the microclimate, detaining dust, reducing noise, inheriting the rural ecological culture and increasing residents' income. But village human habitat forest is always a difficulty in the new socialist village construction, because of the vast rural areas in China, the very differences between the geographic environment, climate, economic condition, national culture, living customs and so on. What's worse, there are no fixed patterns as references since the emergence of the construction of planting village human habitat forest. As a result, the projects at some rural areas were unreasonable and unscientific, which blindly copied the methods of urban greening. In addition, the project builder paid more attention to the visual effects rather than reserve the original landscape and culture. As a consequence, exploring protection, renewing and construction technology of village human habitat forest, those are great historical and realistic importance in improving the rural ecological environment and inheriting the rural ecological culture, as well as building a new beautiful and harmonious countryside.

In the eleventh five-year state science and technology support project in 2006 and the twelfth five-year state science and technology project in rural area in 2011, Forestry Research Institute of Chinese Academy of Forestry (CAF) took on the special subject of 'the technological and experimental demonstration of the new rural green home construction' (2006BAD03A1706) and the special subject of 'the research of artificially building technique in shelterbelt of town landscape' (2011BAD38B0302), cooperated with Fujian Agriculture and Forestry University (FAFU), Subtropical Forestry Institute of CAF, Shan-

dong Academic of Forestry, and Beihua University and so on, the research of village human habitat forest was carried out at typical rural areas in different provinces including Fujian, Zhejiang, Shandong and Jilin. The concept and connotation of village human habitat forest was first put forward by the research group, and the research was carried out from five aspects as village court forest, village road forest, village water bank forest, village exclosure forest and village esplanade forest. Relying on national science and technology plan project, the book highlight village human habitat in Fujian Province as a example and investigated local tree species resources firstly. Based on analyzing the connotation and background of countryside forest, structure and character, the demand for construction, the constructive technique, the quality assessment and optimization of village human habitat forest, the book summarized systematically the relative research achievements, formed a construction technology system of village human habitat forest to provide guidance for the improvement of eco-environmental quality.

The writers includes Dr. Qiu Erfa(Associate Researcher, CAF), Dr. Dong Jianwen (Professor, FAFU), Dr. Xu Fei(Forestry Bureau in Dezhou, Shandong Province), Master Wang Rongfen(CAF), Master Wang Tingting(FAFU), Dr. Xu Xiaoling(FAFU), Master Wu Yongshu(FAFU), Master Lin Shuangyi(FAFU), Master Wei Cong(FAFU). The specific division of writing as follows: the first chapter was written by Dr. Qiu Erfa, Dr. Xu Fei and Master Wang Rongfen; the second chapter was written by Dr. Qiu Erfa and Dr. Xu Fei; the third chapter was written by Dr. Xu Fei and Dr. Qiu Erfa; the forth chapter was written by Dr. Dong Jianwen, Master Wang Tingting, Dr. Xu Xiaoling, Master Wu Yongshu, Master Lin Shuangyi, Master Wei Cong. The pictures in the book were provided by Dr. Dong Jianwen, except some special marks. In addition, Master Tang Liqing(CAF) and Master Han Yuli(CAF) also contributed to this book.

The book is suit as a reference book to colleges and people who are engaged in the research of rural greening. As a new study director at present and the shortage of time, there may be some mistakes in the book. Looking forward to receiving your suggestions.

Authors

Feb. , 2013

目 录
CONTENTS

第3章 乡村人居林建设需求分析——以福建省为例

第4章 乡村人居林建设技术与实例

第5章 │ 乡村人居林质量评价与优化

第1章
CHAPTER 1

乡村人居林内涵与建设背景

第一节 乡村人居林内涵与建设思考

一、乡村人居林的内涵与特点

十六届五中全会提出了"生产发展、生活宽裕、乡风文明、村容整洁、管理民主"的新农村建设要求，从中央到地方政府都非常重视，在全国已掀起了新农村建设的高潮。乡村的生态环境建设是我国新农村建设的重点和难点（徐济勤，2007），而乡村人居林建设是生态环境建设的基础，同时也是新农村经济建设的重要组成部分。然而，由于我国农村地域广阔，不同民族、不同地域的乡村自然和经济社会情况千差万别，风土人情、生活习俗异彩纷呈，更为重要的是乡村人居林建设刚开始兴起，没有固定的模式可循，还处在探索实践之中，同时，乡村人居林建设的内涵有待于进一步探讨，其建设理念有待于逐步构建。

（一）乡村人居林的内涵

乡村人居林（village human habitat forest）是指在农村居住区及其周边，为保障乡村生活生产安全、提高生活品质、丰富乡村文化内涵及发展农村经济而建设的以林木为主体的植物群落。乡村人居林主要分布在村民居住活动区及其周围人为活动频繁的区域，与村民身心健康和居住环境息息相关，它是新农村生态环境的基础，也是新农村经济建设的重要组成部分。一个完整的乡村人居林生态体系至少由乡村庭院林、道路林、围村林、水岸林、游憩林等所组成。

乡村庭院林（village court forest）是指附属于农户住宅及庭院周边，具有改善、美化环境及具有一定经济价值的乡村人居林。

乡村道路林（village road forest）是指在乡村道路两旁，具有护路、美化和净化环境，并为行人或车辆提供一定庇荫作用的条带状的乡村人居林。

乡村水岸林（village water bank forest）是指在村庄范围内河渠、水库、堤坝沿线，以护坡、护岸和美化环境为主要目的，同时给村民提供一定休憩场所的乡村人居林。

乡村围村林（village exclosure forest）是指在村庄周围，以村庄防护为主，同时兼具经济和游憩功能的呈条带或连续群团状结构的乡村人居林。在广东、福建、江西等南方山区乡村中，围村林主要以乡村风水林形式存在，它是指在邻接或距离村庄一定范围内，由当地村民自发建立的，体现当地文化、民风习俗意识的的片状林分。

乡村游憩林（village esplanade forest）是指在村庄内或村庄周围，以休憩、文化娱乐和环境美化等为主要目的的乡村人居林。

从我国目前乡村现状看，建设的核心是构建和保护以林木（包括乔木、灌木、竹子）为主体、人与自然和谐共处的乡村人居林体系。乡村绿色家园建设以人居林为主体，主要是由于林木相比较草本而言，具有个体高大、叶面积指数高、利用空间充分、寿命长等特点，同时又能比草本植物更好地形成较稳定、复杂的植物群落，具有较强的改善生态环境能力，生态效能高，对我国人口多、人与土地资源矛盾较为突出的农村而言，更能满足乡村对生态环境改善的需求(彭镇华，2004；王成，2002)。同时，林木经济效能好，林产品经济效益较高，维持费用低，对增加农村经济收入作用较明显；另外，我国农村长期有与林而居、造林爱林的乡风民俗，已成为乡村文化的一个重要内容。

(二) 乡村人居林建设的特点

乡村人居林与乡村林业、城市森林、园林建设有许多共同点，为了进一步明确乡村人居林的内涵，对其内涵进行明晰，与其他几类的区别见表1-1。

乡村人居林和乡村林业(也称社会林业、村社林业、参与式林业等)都是以农村为建设的对象，乡村人居林在范畴上属于乡村林业建设的一部分，但其发展背景、目标和重点内容已截然不同。目前，乡村林业是以农村为对象，以农民为参与主体，通过采用农林复合经营等主要技术手段，并参与森林经营管理各方面活动，旨在使乡村群众直接受益，并提高农民生活水平与改善农村生态环境，促进农村社会的综合、协调与可持续发展(徐国祯，1995)，因此，社会林业更加注重经济效益和社会效益，强调社会的参与，范畴更大，而乡村人居林特指我国农村经济发展到一定程度，乡村生活水平提高，生态环境难以满足乡村居民的需求；同时针对乡村经济社会发展所带来的生态环境问题，旨在通过乡村周边及村庄内进行人居林建设，恢复和改善生态环境。因此，乡村人居林建设更加注重居民的身心健康和生态环境的改善，更加注重生态功能的发挥和生态系统稳定性，它属于乡村林业的一个分支。

乡村人居林与城市森林的建设目标与核心内容较为相似，主要目的都是为改善人居环境(蒋有绪，2002；彭镇华，2003；Mark J，1997)，但由于建设的地域不同，特别是农村和城市在自然、经济、社会环境方面的不同，因而两者在建设的途径、组织形式以及林分所处的环境等方面也有所不同(表1-1)。

目前，一些地方已开始套用过去城市园林绿化提出的乡村园林化(王勇等，1996)，因此，为了进一步明晰内涵，对园林与人居林的异同进行区分。园林更加强调色彩、手法的美观及文化意境，而乡村人居林更强调生态功能及自然生态系统的构建与恢复，当然，其建设和维护成本、组织形式也大相径庭。

表1-1 乡村人居林与乡村林业、城市森林、城市园林比较

Table 1-1　Comparison on village human habitat forest with social forestry, urban forestry and gardens

项目	乡村人居林	乡村林业	城市森林	城市园林
建设目标	改善农村生活环境	改善农村生活条件	改善城市居民生活环境	改善居民生活环境
效益属性	以生态效益为主，经济效益为辅，兼具社会效益	以经济效益为主，社会效益为辅，兼具生态效益	以生态效益为主，社会效益为辅，兼具经济效益	以社会效益为主，兼具生态效益
文化属性	与乡村习俗息息相关，是乡村文化和森林文化的一部分	与乡村生产习惯相关，较少考虑文化功能	重视并开始融入城市文化和森林文化	具有系统的园林文化

（续）

项目	乡村人居林	乡村林业	城市森林	城市园林
居民意愿	充分尊重居民意愿	完全居民自愿	参考居民意愿	参考居民意愿
组织形式	政府主导，群众参与	政府引导，村民实施	政府主导和实施	政府主导和实施
环境和人为干扰	干扰较小	干扰小	干扰大	干扰很大
系统稳定性	稳定，能自我调节	稳定生态系统，自我调节能力强	较稳定，具有一定自我调节能力	不稳定，需要高强度人工维护
建设尺度	中等尺度	大尺度	较大尺度	小尺度
重点范围	以农村居住和休闲地为重点	农村区域	建城区、近郊区	城市或农村某一重点地段
建设成本	低	很低	较高	很高

二、乡村人居林建设的必要性

我国乡村人居林建设不仅是新农村建设的一个重要组成部分，也是我国农村生态环境、经济发展和文化生活的客观需求，同时也是当前美丽中国和生态文明建设的重要内容。

（一）我国农村居住环境改善的迫切需求

随着经济的发展、生活水平的提高，农民对生活的要求已不再是满足温饱问题。走上小康之路的农村，对生活环境的质量提出了更高的要求，希望能营造出一个整体优化、舒适的环境，这种环境是由大气、水质、安静程度、清洁程度等具体指标构成的一个立体交叉的环境。然而，目前农村生态环境不容乐观，甚至有进一步恶化的趋势。随着农村经济发展和人口的增加，部分农村环境污染已严重影响乡村景观，恶化农村生态环境，妨碍农村现代化建设，破坏农村社会功能，有害居民的身心健康（徐济勤，2007）。近年来我国环境公报显示，农村因环境问题引起的致病率日增。当前农村生活环境污染集中表现在以下几个方面：

（1）垃圾随处堆放　在农村经常可看到成堆的垃圾倒在村口或倒在村边水塘、渠道及村边公路上，有的甚至堵塞溪流。这些垃圾中，含有不易腐烂、溶解的食品包装袋，有毒的农药、化肥包装袋，对农作物生长极为不利，也给村庄农民的身体健康带来危害。

（2）粪便随处可见　家畜、家禽粗放饲养，粪便随地排放；粪便横流，厕所、猪圈臭气熏天，蚊蝇滋生。农村猪、牛、羊、鸡、鸭等粗放饲养，加剧了农村居住区周围和河流的污染。

（3）水体污染严重　农民赖以生存的乡村溪流、湖泊、河滩、地下水等水体除了工业污染外，农村养殖、村民生活污水和水土流失等也严重影响水质，近20年，农村水环境质量明显下降，并且水面也呈现变小的趋势。

（4）大气污染初现　由于经济的发展，许多污染严重的工厂往农村或郊区发展，产生了污染转移的现象。农村大气清洁度不容乐观，迈向污染日益严重的方向，特别是那些周围有废气排放的村、镇企业的村庄。

（5）村庄绿化忽视 住区内用地布置混乱，视觉污染严重。公用地、绿化地面积减少，很多以前为公众休闲、休息的场地（所）被侵吞、挪用，使得农村本已不多的公用地一再减少。庭内户外的绿化面积因农民价值观、生活方式等的改变而下降。

乡村生态环境问题已严重影响农村居民生活和身心健康，亟待规划和整治，通过乡村人居林体系的建设，改善农村生态环境，已成为逐渐富裕起来的农民的迫切要求。

（二）我国农村经济进一步发展的内在要求

改革开放以来，虽然农村经济发展取得了很大的成就，农民生活水平有了很大提高，但总体上，我国农村经济的发展相对于城市发展速度要慢得多，且农村区域发展还很不平衡。表1-2 数据表明，农村居民人均纯收入和生活消费支出都是逐渐增长，但增幅远低于全国平均水平，从其与城镇居民人均可支配收入的比值看（国家统计局农村社会经济调查司编，2006；国家统计局统计公报，2006），1990 年分别为49.48%、42.15%，逐渐下降为2003 年的31.0%和22.9%，差距逐渐拉大。2003 年以来，国家加大对农村财税制度的改革，实行减免农业税费，城市反哺农村等一系列优惠政策，有效地遏制差距进一步扩大的趋势，但还没有减小差距的趋势。

因此，当前农村环境建设还必须与农村经济的发展结合起来，特别是在经济尚欠发达的地区，通过乡村人居林的发展，改善乡村生态环境，发展农村经济。

表1-2 我国农村经济发展状况

Table 1-2 Condition of rural economics development in China

项目	1990 年	1995 年	2000 年	2003 年	2004 年	2005 年
城镇居民人均可支配收入(元)	1387	3893	6280	8472	9422	10493
农村居民人均纯收(元)	686.3	1577.7	2253.4	2622.2	2936.4	3254.9
与城镇居民人均可支配收入的比值(%)	49.48	40.5	35.9	31.0	31.2	31.0
农村人均生活消费支出(元)	584.6	1310.4	1670.1	1943.3	2184.7	2555.4
与城镇居民人均生活消费支出的比值(%)	42.15	33.7	26.6	22.9	23.2	24.4

注：数据来源于《2006 中国农村统计年鉴》及国家统计局统计公报（http：//www.stats.gov.cn/tjgb/）

（三）我国农村文化特色的重要体现

村庄的形成都有其自然、历史等渊源和经济、社会条件，千百年来形成的风格各异的村落民居，承载了丰富的文化、民俗等人文信息，是一笔宝贵遗产。长期以来，我国劳动人民对乡村人居林怀有深厚的感情，成为乡村文化的一部分。在我国南方，村庄周围都有一定规模的风水林或风水树，经过千百年的沉淀，虽然已烙上迷信的色彩，但对维护村庄的生态安全和改善村庄居住条件等方面具有重要意义，同时也是乡村居民对森林自觉保护的历史见证。在平原区，许多村庄也有种植庭院林的习惯，一方面改善居住条件，另一方面发展庭院经济。从我国民族传统看，许多少数民族都有保护森林、植树造林的习惯。许多民族有在村寨、路边等处植树的习惯，以营造家园，绿化环境，造福子孙。如傣族在村舍种植芳香的缅桂花和仙人掌类植物；侗族喜在风雨桥附近栽树，供行人纳凉、休息；土家人若婴儿降生在春季，按照习俗须栽下几株或十多株椿树苗，称为栽"喜树"，婴儿若出生在秋季或冬季，主人就得在当年的冬季或次年的春季补栽喜树；水族群众有在坟山种植枫树的习惯，他们认为，坟山上树木葱茏可以使风水更好，从而可庇佑后人；白族的插柳节、缀彩节、祭山节等，都是集体植树的节日；苗族谚语说："种树就望树成材，种竹就望竹成林"等等(但新球等，2004)，不胜枚举，体现了我国少数民族风俗与森林的渊源。

综上所述，我国劳动人民长期以来有种植人居林的风俗习惯，已成为乡村文化和森林文化的一个重要内容。发展乡村人居林，是弘扬乡村原有优秀传统民风民俗的重要体现，是乡风文明建设的具体行动，也是适应社会主义新农村文化发展的客观需求。

（四）美丽中国建设的重要内容

"十八大"明确提出，要努力建设美丽中国，实现中华民族永续发展。长期以来，我国把规划和建设重点放在城市，相对忽视了农村的建设和发展，城乡差距逐年加大，农村生态环境问题日益突出。虽然我国经济快速发展，农村人口比例在逐年下降，但我国仍然是一个农业人口大国，据建设部提供的资料表明，至 2007 年，我国共有 300 多万个村庄，56 万个行政村，农村地区的户籍人口 9.8 亿人。由于农村地区人口多、村庄分散、经济实力薄弱，加上长期公共财政对农村投入不足，使得农村人居环境长期落后。随着农村经济的快速发展，农业综合开发规模和乡镇企业对资源的利用度逐渐增大，致使农村环境污染和生态破坏加剧，点、线、面源污染严重(苏琴，1999；许静，2006；王萌等，2006；黄筱蔚，2007；王淑娟，2007；杨琳，2008；顾馨梅，2008；陈兵红等，2008；黄韬等，2008)，农村人居环境的总体状况不容乐观。且我国当前农村用地结构不合理，农村居民住宅无序扩张严重，没有系统规划，村民居住区绿化布局混乱，农民环境意识薄弱等更加剧了农村生态环境的恶化。因此，建设美丽中国，农村生态环境的建设任重而道远。通过对乡村土地的科学规划，在乡村庭院、道路、水岸、游憩地以及村庄周边建设乡村人居林，改善乡村人居环境，是乡村生态环境建设的重要内容，也是当前建设美丽中国和乡村生态文明的具体手段。

三、我国乡村绿色家园建设思考

（一）我国农村特点

我国是一个历史文明古国，地域庞大，同时又是世界上人口数量最多的农业国家，据统计，2005 年底，全国有 130756 万人，其中乡村人口有 94907.5 万人，占全国人口的72.58%(国家统计局农村社会经济调查司编，2006)。我国农村发展已经面临严重的资源与环境问题，除此之外，还应该进一步了解我国农村的特点，从实际出发，建设适合我国的新农村绿色家园。

我国农村类型多样。从地理地貌划分，有山区、丘陵区和平原区农村(国家统计局农村社会经济调查司编，2006)，其中有丘陵区县 529 个，山区县 895 个，平原区县 646 个，

2005年底乡村人口分别占全国总人口的18.17%、19.92%和23.55%；按乡村的乡村人口和行政区分，有乡镇中心村、一般行政村和自然村；按乡村的主要经济来源分，又分为农业型、工业型和旅游型村庄；按与城市的距离划分，分近郊区和远郊区农村等等，类型复杂多样。

农村经济发展不平衡，地域差异大。从农村区域经济发展看，西部农村发展还相对落后，据统计，1990年、1995年、2000年和2005年西部大开发12省（自治区、直辖市）农村居民人均纯收入只有城镇居民人均可支配收入的39.85%、28.69%、26.45%和22.67%，明显低于全国农村平均水平（国家统计局农村社会经济调查司编，2006）。

水热资源差异很大，气候类型多样。我国国土辽阔，从南到北有热带、亚热带、暖温带、温带、寒温带几种不同的气候带。

我国是一个多民族国家，文化差异也很大。中国的少数民族虽然人口少，只占全国总人口的6%，但分布的地区很广，约占全国总面积的50%~60%，每个民族都有自己的民族文化和生活习俗。

（二）乡村人居林建设的原则

我国农村的实际情况决定了农村工作的复杂性，没有统一的模式可循，因此，乡村人居林建设难以照搬照套以前的模式，应在可持续发展理论、生态与经济协调理论的指导下，运用森林生态学、生态规划、景观生态学、森林培育学等理论和方法，遵循以下原则进行建设。

1. 以人为本、综合治理

乡村人居林建设要从农村自然条件和经济社会情况出发，尊重群众的意愿，体现以人为本的原则，把乡村人居林纳入新农村建设的规划中，全面治理乡村生态环境，充分有效发挥林分或树木在改善生态环境、美化生活环境、提高人居环境质量中的作用，充分满足人们对森林的多种需求，促进农村环境、经济及人与自然的和谐发展。

2. 生态优先、科学规划

乡村人居林是乡村社会经济可持续发展的重要物质基础和生态保障，是乡村生态环境建设的重要内容。按照生态优先的原则，进行新农村建设科学规划，改善人居环境，积极发展乡村旅游、特色林果产业、观光游憩等绿色林业产业，充分发挥森林的多种效益以促进地方经济发展、增加农民收入，为全面实现小康社会作出应有贡献，实现乡村人居林生态、经济与社会效益的协调统一。

3. 区域分异、分区实施

我国农村广阔，各地的自然资源和社会条件千差万别，乡村人居林无法也不可能按一种模式进行建设，只有以科学发展观为指导，遵从区域分异的原则，进行科学区划和布局，根据我国农村所处的区域，针对不同区域的特点，按照乡村人居林建设目标，探索科学发展模式，制定科学实施方案，使乡村人居林持续、健康、协调发展。

4. 突出特色、协调发展

乡村人居林不仅具有地带性群落的特征，更为重要的是体现我国各族劳动人民生产生活的习俗特征。我国乡村自然条件各异，民族文化与习俗差别较大，并且许多乡村历史悠久，文化内涵丰富，乡村经济条件及风俗习惯也迥然有异，因此，乡村人居林的建设应科学布局，突出重点，以乡土树种为主，挖掘文化内涵，与乡村的历史文化、民风民俗等特色相结合，与乡村经济社会发展相结合，与乡村所处的自然条件相结合，与乡村居民审美观和自然观相协调，构建具有各地乡村特色的人居林。

（三）我国乡村人居林建设内容

乡村人居林是新农村建设的一个重要组成部分，乡村人居林的发展应纳入新农村建设规划中，加强乡村生态环境规划与整治。重点加强乡村防护林、道路林、休闲林、庭院林、水岸林等乡村人居林的内容建设。围绕提高农村、城镇居民生活质量，改善村民居住地的生态环境，协调村民与资源、环境的关系，调整未来的土地利用，进行高标准的乡村人居林建设，根据当地社会经济发展需求、群众意愿、自然条件等因素，有目的地选择适宜的建设模式，保留和展现风土人情味浓郁、乡村人居环境特有的田园风光。

从当前我国乡村现状看，乡村规划整治应把乡村人居林建设纳入规划中规范实施，防止随意更改。我国乡村人居林建设重点是在进行保护的前提下，加强乡村人居林营建，采取现有植被保护与改造更新相结合，根据培育目标对生长健壮、无病虫害、树形美观和已成材的树木进行保护和利用，对生长弱、病虫害严重、树形差的树木进行改造更新，力求使乡村的绿化模式新颖，标准统一。根据乡村人居林的用途，大致可将其分为保护型、绿化美化型和生态经济型乡村人居林。各类型人居林分类建设内容如下：

1. 环境保护型乡村人居林

保证生态系统得到有效的保护，带动整个区域生态系统的恢复。包括乡村周围的风水林、寺庙林、水岸林、水源林、水土保持林、自然保护区林分。其主要目的是减免或减轻风沙、泥石流的危害，保护水资源，改善乡村生态环境，同时绿化、美化乡村。环境保护型乡村人居林建设应从乡村风俗习惯、宗教文化特点及生态环境、居住环境优化等方面考虑，针对不同地段、不同防护功能的需求，确定生态保护型林分的区块、面积，制定相应的保育措施。对原有森林植被，主要实行封山育林，通过自然力恢复森林的功能；对部分地段的重点林分和残次林分辅助以人工措施，以促进封山区林木、灌、草的生长，实行禁伐、禁猎、控制和规范人畜活动。对于重新建设的地段，应以适地适树、功能高效、成本低廉、维护简单为原则选择乡土树种，构建地带植被群落。

2. 绿化美化型乡村人居林

主要是在人们居住区和活动频繁的场所，包括乡村街道、乡村道路、街心、房前屋后、公共活动场所以及在农村区域的森林公园等，培育乡村人居林，供居民休憩、娱乐、观赏等。建设的重点是在乡村规划的基础上，从满足村民身心健康、休憩娱乐和乡村美化的需求出发，尊重乡村居民意愿，对不同地段林分进行合理布局、科学区划。建设途径根据乡村自然和经济条件，选择适宜的乡土树种，适当引进景观树种，建设景观优美、经济高效、结构稳定的人居林。

3. 生态经济型乡村人居林

为促进乡村经济发展，在绿化美化的同时，在乡村及其周围，包括乡村周围或乡村中的空闲地、街道两侧、房前屋后等地段，发展生态经济型乡村人居林。建设的重点是在满足乡村绿化的基础上，从乡村生活和经济需求出发，尊重村民意愿，根据经济、交通和自然条件，区划经济树种，并进行配置设计。主要营造果树、干果经济林，速生丰产林和珍贵花木等，采用多种模式复合经营，旨在改善乡村生态环境的同时，生产林产品、发展生态旅游、增加农村集体和村民的经济收入。

以上乡村人居林类型的划分，只是根据其发挥的功能，为了科学建设而进行相对的划分，在具体的建设过程中，应根据乡村的情况具体进行规划、实施。在生态优先的前提下，要考虑长远利益与短期利益的结合。同时，又要与乡村传统文化相结合，特别注意培育长寿命、珍贵的优良树种，如种植紫檀木类、花榈木类、香枝木类、鸡翅木类等红木树种，楠木、福建青冈、黄杨木、南方红豆杉等珍贵用材树种，竹柏等珍贵油料树种，柳杉、米心水青冈等优良用材树种，福建山樱花等稀有用材树种，山金柑等珍贵果品，厚朴、杜仲等药用树种等等。乡村人居林科学的规划和建设不但能保障群落的稳定性，充分发挥其生态功能，同时又积淀乡村文化，为子孙后代留下一笔宝贵的财富。

社会主义新农村建设是新时代艰巨的任务，而乡村人居林建设是其中的一项新领域，任重而道远，只能在实践中不断探索，从我国农村的实际出发，通过合理调配乡村土地资源，科学引导乡村人居林建设，加强森林资源的保育，减少森林植被的破坏，构建结构合理、布局优化、功能高效的乡村人居生态林体系，改善农村生态环境，实现人与自然、人与环境关系的持续共生、协调发展，追求社会的文明、经济的高效和生态环境的和谐，促进农村生产、生活的协调发展，初步建立自然—经济—社会复合系统的生态链。

第二节　乡村人居林建设基础理论

一、生态系统管理理论

(一)基本内容

可持续发展是当今全球人类共同面临的宏大命题。人类社会是一个以自然生态系统为基础，人类行为为主导，物质、能量、信息、资金等经济流为命脉的社会—经济—生态复合系统，人类社会的可持续发展归根结底是生态系统管理问题。生态系统管理科学就是要运用系统工程的手段和人类生态学原理去探讨这类复合生态系统的动力学机制和控制论方法，协调人与自然、经济与环境、局部与整体间在时间、空间、数量、结构、序理上复杂的系统耦合关系，促进物质、能量、信息的高效利用，技术和自然的充分融合，使人的创造力和生产力得到最大限度的发挥。

对生态系统管理的定义，不同群体或个人根据不同的出发点有不同的看法，目前较有影响的定义有：①Agee 和 Johnson(1988)：生态系统管理涉及调控生态系统内部结构和功能、输入和输出，并获得社会渴望的条件。②Overbay（1992）：利用生态学、经济学、社会学和管理学原理，仔细地和专业地管理生态系统的生产、恢复，或长期维持生态系统的整体性和理想的条件、利用、产品、价值和服务。③美国林学会（1992）：生态系统管理强调生态系统诸方面的状态，主要目标是维持土壤生产力、遗传特性、生物多样性、景观格局和生态过程。④美国生态学会（1996）：生态系统管理有明确的管理目标，并执行一定的政策和规划，基于实践和研究并根据实际情况作调整，基于对生态系统作用和过程的最佳理解，管理过程必须维持生态系统组成、结构和功能的可持续性。⑤Dale 等（1999）：生态系统管理是考虑了组成生态系统的所有生物体及生态过程、并基于对生态系统的最佳理解的土地利用决策和土地管理实践过程。生态系统管理包括维持生态系统结构、功能的可持续性，认识生态系统的时空动态，生态系统功能依赖于生态系统的结构和多样性，土地利用决策必须考虑整个生态系统。由此可见，大部分的定义都是从生态系统的功能和可持续发展的角度提出的，在充分认识生态系统整体性与复杂性的前提下，以持续地获得期望的物质产品、生态及社会效益为目标，并依据对关键生态过程和重要生态因子长期监测的结果而进行的管理活动。

生态系统管理的目的是维持自然资源与社会经济系统之间的平衡，确保生态服务和生物资源不会因为人类活动而不可逆转地逐渐被消耗，从而实现生态系统所在区域的长期可持续性。生态系统管理的核心内涵是以一种社会、经济、环境价值平衡的方式来管理自然资源，把人类作为系统的一个组分，在一定阈值范围内，允许和鼓励人类活动。其本质是保持系统的健康和恢复力，使系统既能够调节短期的压力，也能够适应长期的变化。生态系统管理的主要内容是通过对生态系统结构、过程和服务功能的分析，得出所研究区域生态系统的现状，进而决定对其采取保护、恢复或重建等管理方式。

（二）应用

生态系统管理必须认识到人是整个自然界的一部分，人及其社会的持续生存和发展有赖于环境和生态系统的健康；另一方面，人类必须寻求有效途径，使其适应并管理环境，这是资源和环境管理在研究与实践中发展出的生态系统管理概念的核心。依据生态系统管理理论，以乡村森林生态系统为管理对象，必须把居民及其价值取向作为生态系统的一部分，来指导乡村人居林的建设和管理。在生态规划方面，由于长期以来，我国把规划和建设重点放在城市，相对忽视了农村的建设和发展，造成农村生态环境日益突出，而且我国当前农村用地结构不合理，农村居民住宅无序扩张严重，没有系统规划，村民居住区绿化布局混乱，农民环境意识薄弱等更加剧了农村生态环境的恶化。采用生态系统管理的理念，要认真分析乡村生态系统的组成、结构和功能，统筹规划绿地生态区，保障乡村生态环境安全。在绿化植物的选择和配置方面，应以生态系统健康为核心，进行评价和分析立地条件、生态功能、景观功能、生长适应性等内容。另外，还应考虑居民生活习惯、文化特点、当地经济发展水平等因素。人类是生态系统最有影响的居住者，生态系统管理需要跨越行政及政治界，它是一种针对景观的长期管理过程，要求生态学家、社会学家和政府官员的通力合作，同时，还必须依赖于广大群众的全力配合。

二、生物多样性理论

(一)基本内容

生物多样性是指各种各样的生物及其与环境形成的生态复合体,以及与此相关的各种生态过程的总和。包括地球上所有的动物、植物、微生物和它们所拥有的基因、所形成的群落以及所产生的各类生态现象。生物多样性是概念上的术语,一般来说,包括遗传多样性、物种多样性、生态系统多样性和景观多样性四个层次(田兴军,2005)。遗传多样性又称基因多样性,指种内基因的变化,包括种内不同种群之间或同一种群不同个体之间的遗传变异。遗传多样性的表现形式是多层次的,包括分子、细胞和个体三个水平。物种多样性是一个地区内物种的多样性,指有生命的有机体即动物、植物、微生物等生物种类的丰富程度。生态系统多样性是指生物圈内生境、生物群落和生态过程的多样性,以及生态系统内生境差异、生态过程变化的多样性。景观多样性是指不同类型的要素或生态系统构成的景观在空间结构、功能机制和时间动态方面的多样化程度。景观是一个大尺度的空间,是由一些相互作用的景观要素组成的具有高度空间异质性的区域。景观要素是组成景观的基本单元,相当于一个生态系统。

生物多样性的意义主要体现在生物多样性的价值,包括直接价值和间接价值(高海燕,2007;李斌等,2002)。直接价值与生物资源消费者的直接享用和满足有关,在生物物种被直接用作食物、药物、能源、工业原料时体现出来。间接价值主要包括非消费性使用价值、选择价值及存在价值,包括植物通过光合作用将太阳能储藏起来,从而形成食物链中能量流的来源,为绝大多数物种的生存提供能量基础;保护水源,维持水体的自然循环,减弱旱涝;调节气候,森林消失不仅对局部,而且对全球的气候都会产生影响,对农业生产和生态环境造成不良后果;防止水土流失,减轻泥石流滑坡等自然灾害;吸收和分解环境中的有机废物、农药和其他污染物;为人类身心健康提供良好的生活和娱乐环境。景观的多样性为人类提供了丰富的居住、游乐和休养场所,基因、物种及生态系统的多样性为人类社会适应自然变化提供了选择的机会和原材料。

随着人类经济活动的发展和人口数量的急剧增加,生物多样性受到的胁迫作用日益加剧,致使物种的灭绝速度不断提高。导致森林生物多样性变化的主要原因包括:大面积的森林采伐、火烧和农垦、草地过度放牧和垦植、生物资源的过分利用、工业化和城市化的飞速发展、外来物种的大量引进或侵入、无控制的旅游、环境污染、全球变暖和各种干扰累加效应。其中森林的衰减是生物多样性面临的最大问题,近年来虽然中国森林覆盖率呈增长趋势,但主要是人工林面积的增长,作为生物多样性资源宝库的天然森林仍在减少,并且残存的天然林也多处于退化状态,这不但导致森林物种、遗传、种群多样性的衰减,也间接威胁到人类的生存环境。保护好生物多样性对于人类更好地适应未来环境,开辟新的养殖动物和种植植物物种,发现和提取新的药物,为畜禽及农作物品种改良提供遗传物质,为控制和治疗疾病等方面提供更多的机会,是实现社会持续发展的一个重要方面。

（二）应用

自然界的生物多种多样，每种生物都有其独特的习性、特点和其作为整体生物链一环的不可替代的作用，生物多样性为人类提供了基本的生存条件，对生物多样性的保护直接关乎乡村生态环境的健康稳定。

应用在乡村人居林建设中，必须尊重和维护生物的多样性，保护乡土生物与生态的多样性，维持、维护植物生活环境和动物栖息地的质量，以有助于改善人居环境及生态系统的健康。结合乡村规划原理，结合植物配置和植物造景的艺术，结合人们的社会要求和心理要求，使不同层次的生物多样性在形式上表现为结构多样性，在内容上表现为功能多样性，并保证结构和功能的和谐统一（李楠等，2007）。具体实施要注意植物配置、群落结构设计。在植物选择方面，要适应绿化的功能需求，适应所在地区的气候、土壤条件和自然植被分布特点，选择抗病虫害强、易养护管理的植物，体现良好的生态环境和地域特点，品种的选择要在统一的基调上力求丰富多彩，提高物种多样性和基因多样性。注重乡土树种和乡土植被的利用，乡土树种和乡土植被对当地的环境条件有长期的适应性，造林后容易成活，容易形成以乡土树种为主的地带性植物群落，从而有利于保护生物多样性；速生与慢生树种相结合，速生树种生长迅速、见效快，对快速绿化有重要意义，但速生树种的寿命通常比较短，容易衰老，对绿化的长效性会带来不利的影响，慢生树种虽然生长缓慢，但寿命一般较长，叶面积较大、覆盖率较高、景观效果较好，能很好地体现绿化的长效性。在进行植物选择时，要有机地结合二者，取长补短，并逐渐增加长寿树种、珍贵树种的比例；充分发挥植物的各种功能和观赏特点，合理配置，常绿与落叶、速生与慢生相结合，乔、灌、草、藤本植物相结合，构成多层次的复合生态系统，达到人工配置的植物群落自然和谐。在景观多样性方面，多考虑不同类型间、斑块间的连接度、连通性、聚集度和分散度。景观格局多样性应注意不同类型景观的布局搭配、类型间的连接、协调、和谐与相容。

总之，在发展林业的过程中，要注重生物多样性的保护和运用，才能有较强的稳定性并充分发挥生态功能，做到持续利用，实现可持续发展。注重对当地各种树种及其他生物物种的保护抚育，自然也就有了各种野生动物、微生物的栖息地，这样也就保护了不同生境下的各种生物。有了生物多样性，因物种的差异各地就能形成生态系统多样性，发挥生态系统的最大效益，也能够使很多物种和遗传基因得以保护，保存可持续发展潜在的价值。

三、森林生态学基本原理

（一）基本内容

生态学简单来说，是研究生物与环境之间相互关系的科学。森林生态学是生态学的重要分支学科，具体指研究以乔木和其他木本植物为主体的森林群落与环境之间关系的科学。森林不仅仅是一个林分或者一个植物群落，更重要的，它是一个结构和功能复杂的生态系统。因而，森林生态学的目的不但要阐明森林的结构、功能及其调节控制的原理，同时还要关注气候、地理、土壤以及其他有机体等，研究各种生物和非生物之间的相互关系，为不断提高森林生产力，充分发挥森林的多种效能和维护自然界的生态平衡提供理论基础(李俊清等，2010)。

1. 森林生态系统的结构

(1)时间结构　生态系统的结构和外貌会随时间变化。一般可从三个时间量度上来考察：一是长时间量度，以生态系统进化为主要内容；二是中等时间量度，以群落演替为主要内容；三是以昼夜、季节和年份等短时间量度的周期性变化。这种短时间周期性变化在生态系统中是较为普遍的现象。如绿色植物一般在白天阳光下进行光合作用，在夜晚进行呼吸作用。植被具有明显的季节性变化，例如一年生植物的萌发、生长和枯黄，季节性变化十分明显。生态系统短时间结构的变化，反映了生物等适应环境因素的周期性变化，而引起整个生态系统外貌上的变化。这种生态系统的短时间变化往往反映了环境质量高低的变化。所以，对生态系统结构的时间变化的研究具有重要的实践意义。

(2)空间结构　从地上部分看，上层乔木层树木高大、林冠枝叶茂密，而且喜阳光；下层灌木层高度要小于乔木层，较耐阴；地表的草本层分布接近地表的空间。从地下部分看，不同植物的根系扎入土层的深浅也是差异迥然。森林生态系统是个开放系统，能量和物质不断从系统外的环境中输入，与此同时，又不断往外输出。它还有一个特点是其边界的不确定性，这主要是由于生态系统内部生产者、消费者和分解者在空间位置上的变动所引起的。

(3)营养结构　生态系统的营养结构主要表现为食物链和营养级，食物链是生态系统内的营养关系，而营养级为营养关系的定量研究提供了依据。生态系统中各种成分之间的联系是通过营养来实现的，即通过食物链把生物与非生物、生产者与消费者、消费者与消费者连成一个整体。生态系统内不同生物之间在营养关系中形成一环套一环似链条式的关系：生产者所固定的能量和物质，通过一系列取食和被食的关系而在生态系统中传递，这种生物按其取食和被食的关系而排列的链状顺序称为食物链，即物质和能量从植物开始，然后一级一级地转移到大型食肉动物。生态系统中的食物链彼此交错连接，形成一个网状结构，这就是食物网。生态系统中能量流动和物质循环正是沿着食物链(网)这条途径进行的。食物链(网)概念的重要性还在于它揭示了环境中有毒污染物质转移、积累的原理和规律。

2. 生态系统理论

(1)生态系统的反馈调节理论　自然生态系统几乎都属于开放系统，开放系统必须依赖于外界环境的输入，如果输入一旦停止，系统也就失去了功能。开放系统如果具有调节其功能的反馈机制，该系统就成为控制论系统。所谓反馈，就是系统的输出变成了决定系统未来功能的输入；一个系统，如果其状态能够决定输入，就说明它有反馈机制的存在。要使反馈系统能起控制作用，系统应具有某个理想的状态或置位点，系统就能围绕置位点而进行调节。正反馈使系统偏离加剧，负反馈控制可使系统保持稳定。例如，在生物生长过程中个体越来越大，在种群持续增长过程中，种群数量不断上升，这都属于正反馈。正反馈也是有机体生长和存活所必需的。但是，正反馈不能维持稳态，要使系统维持稳态，只有通过负反馈控制。因为地球和生物圈是一个有限的系统，其空间、资源都是有限的，所以应该考虑用负反馈来管理生物圈及其资源，使其成为能持久地为人类谋福利的系统。

（2）生态平衡理论　由于生态系统具有负反馈的自我调节机制，所以在通常情况下，一个特定生态系统会保持自身的物质和能量平衡，即生态平衡。具体指生态系统通过发育和调节所达到的一种稳定状态，包括结构上的稳定、功能上的稳定和能量输入、输出上的稳定。生态平衡是一种动态平衡，因为能量流动和物质循环总在不间断地进行，生物个体也在不断地进行更新。在自然条件下，生态系统总是朝着种类多样化、结构复杂化和功能完善化的方向发展，直到使生态系统达到成熟的最稳定状态为止。

当生态系统达到动态平衡状态时，它能够自我调节和维持自己的正常功能，并能在很大程度上克服和消除外来的干扰，保持自身的稳定性。它能忍受一定的外来压力，压力一旦解除就又恢复原初的稳定状态，这实质上就是生态系统的反馈调节。但是，生态系统的这种自我调节功能是有一定限度的，当外来干扰因素，如火山爆发、地震、泥石流、雷击火烧、人类修建大型工程、排放有毒物质、喷洒大量农药、人为引入或消灭某些生物等超过一定限度的时候，生态系统自我调节功能本身就会受到损害，从而引起结构与功能上的失调，甚至导致发生生态危机。生态危机是指由于人类盲目活动而导致局部地区甚至整个生物圈结构和功能的失调，从而威胁到人类的生存。生态系统结构与功能失调的初期往往不容易被人类所察觉，如果一旦发展到出现生态危机，就很难在短期内恢复平衡。为了正确处理人和自然的关系，我们必须认识到整个人类赖以生存的自然界和生物圈是一个高度复杂的生态系统，保持这个生态系统结构和功能的稳定是人类生存和发展的基础。因此，人类活动除了要讲究经济效益和社会效益外，还必须特别注意生态效益和生态后果，要保持生物圈的稳定和平衡，达到人与自然的和谐相处。

（3）能量流动原理　生态系统中能量流动和转化，严格遵循热力学第一定律和热力学第二定律。孤立系统，与外界没有任何物质、能量、信息交流时，其自发演化总是朝着有序程度越来越低的方向发展，最终趋向于无序。耗散结构理论表明在远离平衡状态下，系统可能出现一种稳定的有序结构，要维持有序状态，只有使系统获得更多的自由能，清除不断产生的无序，重新建造有序。生态系统就是一种远离平衡态的开放的热力学系统，具有发达的耗散结构。它在不断的能量和物质输入条件下，可以通过"有组织"地建立新结构，形成并保持一种内部高度有序的低熵状态。

3. 群落演替理论

任何事物都是变化的，森林群落也不例外，当群落由量变的积累到产生质变，即变成一个新的群落类型时，则称为群落的更替，也就是群落演替。群落演替又称生态演替，是指在一定地域内，群落随时间变化，由一种类型转变为另一种类型的生态过程。森林群落演替所指的就是一个森林群落被另一个具有不同特性的森林群落所更替的现象。它包括群落中植物成分、林层等群落结构的改变，但主要的是群落中的主要树种即建种群发生了变化，它是判断森林群落演替的重要标志。在群落演替研究中，存在两种不同的观点，一是经典的演替观，二是个体论演替观。经典的演替观有两个基本论点：每一演替阶段的群落明显不同于下一阶段的群落，前一阶段群落中物种的活动促进了下一阶段物种的建立。而个体论演替观强调个体生活史特征、物种对策以及各种干扰对演替的作用。森林群落演替的一般过程是：侵移、定居、环境变化、竞争，直至新群落形成并趋向稳定。

(二) 应用

一个生态系统的健康与否取决于它是否具备稳定性和可持续性。如果一个生态系统具有活力，能维持它的有机体组织，能产生自适应能力，能从紧张和重压之下很快地恢复系统的机理及功能，那么，我们就说该生态系统是健康的。

乡村人居林这个生态系统，它既不同于山地生态系统、农业生态系统，也不同于城市生态系统。乡村人居林的建设范围主要集中在村民居住活动区及其周围地域，开展以林木为主体的新农村绿色家园建设，它更加注重村民的身心健康和居住环境的改善。可以看出，它不是自然生态系统，而更接近于人工生态系统(许飞等，2010；罗菊春，1992)。利用森林生态学原理，不仅可以指导乡村人居林建设中的营林造林实践技术，提高森林生产力，提高林木产量和林副产品生产量，发挥有效的生态服务功能及其他价值，更重要的是从社会可持续发展的角度出发，充分认识森林与人类的关系，保证森林资源的可持续经营，维持自然界的生态平衡。

1. 乡村人居林生态系统

乡村人居林是在村民居住活动区范围内，以树木为主体，包括花草、野生动物、微生物组成的生物群落及其中的建筑设施，结构单元包括庭院林、道路林、水岸林、游憩林、围村林、草地、花坛等，各个单元有机结合，通过许多生物学过程和人文过程加以联系，最终构成了乡村人居林生态系统。系统内部各要素之间相互制约、相互作用、相互联系，这种组合秩序反映了森林生态系统的功能；而这些要素之间的相互作用、信息交换、物质和能量流动等内部联系形式可反映整个系统的空间特性和时间特性，即森林系统的结构；城市森林系统的乔、灌、草等要素通过各单元结构构成统一整体，结构愈合理，各部分之间相互作用就愈协调，系统功能就能得到更充分的发挥，从而达到最优化组合。

2. 乡村人居林生态系统结构分析

生态系统总体功能的强弱取决于生态系统结构的合理性以及生态学过程的状态。根据森林生态系统基本原理，了解乡村人居林的森林资源状况，绿化树种的格局、结构、植物组成、树种配置、景观特征和人文环境等结构特征，通过分析与评价，构建合理优化的乡村人居林结构。

3. 乡村人居林生态系统服务功能

乡村人居林的建设强调对村民的身心健康和居住环境的改善。根据森林生态系统能量流动原理，利用环境监测法测定森林生态环境的动态及空间变化，了解生态系统的物质能量流动过程，研究森林净化环境、服务乡村的生态功能。

4. 乡村人居林的维护和管理

乡村人居林由于是在乡村居住区及人为活动频繁区域建设的，因此，其受人类影响很大。根据群落演替理论和生态系统的反馈调节理论，变动和发展是生态系统最基本的特征之一，森林生态系统中随时间推移优势种发生明显改变，引起整个森林组成变化的过程就是森林演替。演替通常以稳定的生态系统为发展的顶点，表现为一个群落取代另一个群落。同样，乡村人居林生态系统也是变动发展的，也要遵循生态演替规律。人类活动对森林的不同的干扰方式、干扰强度必然会引起森林生态系统的一系列反馈，并导致森林演替。因此，乡村人居林的建设不仅需要很好的规划，需要政治、法律、经济等方面的制约和管理，而且需要居民很好的环境保护意识，需要大家共同来维护。另外，根据生态平衡理论，在规划时要注重生物多样性的应用，生物群落与环境之间保持动态平衡的稳定状态的能力，同生态系统物种及结构的多样性、复杂性呈正相关。

四、景观生态学理论

(一)基本内容

景观生态学是以景观为研究对象，运用生态系统原理和系统方法，研究景观的空间结构、功能及各部分之间的相互作用，研究景观的动态变化、优化结构、合理利用和保护的一门学科(傅伯杰，1991)。其主要研究内容包括景观生态系统的结构和功能研究、景观生态监测和预警研究、景观生态设计与规划研究和景观生态保护与管理研究。

"斑块—廊道—基底模式"是描述和构成景观空间格局的基本模式，斑块、廊道和基底是构成景观的基本单元或要素。斑块指景观的空间比例尺上所能见到的最小异质性单元，在外貌上与周围环境明显不同；廊道是指在外貌上与两侧环境明显不同的线性地域单元，如河流、道路、防护林带等，连接度、节点、中断等是反映廊道结构特征的重要指标；基底是指景观中面积最大、连通性最好的均质背景地域，对景观动态起主导作用，其划分与尺度有很重要的关系。斑块—廊道—基底模式不仅有利于考虑景观结构与功能之间的相互关系，而且有利于比较景观系统在时间上的变化。景观生态学强调"尺度"，任何一个景观现象和生态过程都具有明显的时间和空间尺度，景观特征也会随尺度的变化出现显著的差异。异质性也是景观生态学所强调的一个重要概念，指在景观区域中，景观元素类型、组合机制属性在时间和空间上的变异程度，是景观区别于其他的最显著特征，也是景观生态学的核心理论，景观异质性包括景观空间结构在不同时段的差异性和景观结构在空间分布的复杂性，时空的异质性导致景观系统的演化发展和动态平衡，也决定了系统的结构、功能、性质和地位(邬建国，2007；肖笃宁，1991)。Forman曾提出过以下7个景观生态学原理：

(1)景观结构和功能原理　在景观尺度上，每一个独立的生态系统或景观生态元素可看作是一宽广的斑块、狭窄的廊道或基质。生态学对象在景观生态元素间是异质分布的。景观生态元素的大小、形状、数目、类型和结构是反复变化的，其空间分布由景观结构所决定。

(2)生物多样性原理　景观异质性程度高，造成斑块及其内部环境的物种减少，同时也增加了边缘物种的丰富度。

(3)物种流动原理　景观结构和物种流动是反馈环中的链环。在自然或人类干扰形成的景观生态元素中，当干扰区有利于外来种传播时，会造成敏感物种分布的减少。

(4)养分再分配原理　矿质养分可以在一个景观中流入和流出，或被风、水及动物从景观的一个生态系统带到另一个生态系统重新分配。

（5）能量流动原理　空间异质性增加，会使各种景观生态元素的边界有更多能量的流动。

（6）景观变化原理　在景观中，适度的干扰常常可建立更多的嵌块或廊道，增加景观异质性；当无干扰时，景观内部趋于均质性；强烈干扰可增加亦可减少异质性。

（7）景观稳定性原理　景观稳定性起因于景观干扰的抗性和干扰后复原的能力。

（二）应用

景观生态学的发展从一开始就与土地规划、土地管理和恢复、森林管理、农业生产实践、自然保护等实际问题密切联系，自20世纪80年代以来，随着景观生态学概念、理论和方法的不断发展，其应用也越来越广泛。其中，景观生态学为乡村景观规划提供了一系列方法、工具和资料。乡村景观规划的目标是创造一个社会经济可持续发展的整体优化和美化的乡村生态系统（刘黎明，2003；刘斌谊，2002），而乡村人居林的建设是乡村景观规划的一个重要部分。

利用景观生态学原理，研究乡村人居林的空间配置，从看似无序的斑块镶嵌中，发现潜在的有意义的规律性，通过对植被空间的合理布局，实现各单元之间的生态性耦合及乡村人居林系统功能的总体优化。长期以来，我国农村地区由于缺乏系统规划，导致林地和农地、居民点、道路等用地的零散交错布局模式，导致了林地景观的破碎化，由此也引发了生态服务功能的不健全性。通过调查乡村人居林系统的结构，依据树种特性和当地土壤条件，选择适宜的树种搭配结构，建立适合当地实际条件的生态群落，使之不仅有利于改善自身的健康稳定发展，改善居民的生存环境，而且景观特征也具有地方特色，体现当地文化，实现景观的异质性。景观廊道的建设，包括道路林、水岸林，则可以抵抗景观的破碎化，满足各斑块之间的物质、能量和生物的流动，形成健康的生态格局，不仅加强景观斑块之间的横向联系，对保护动植物生态环境来说，也是非常有利的举措。

五、景观美学原理

（一）基本内容

景观美学的崛起，是审美实践和美学理论在当代发展的历史必然。伴随产业革命和生产现代化而来的环境污染，严重威胁着人类的生存，违反自然规律因而遭到自然惩罚的历史教训，不仅使人类懂得了环境保护的重要性和必要性，而且更加强烈地要求美化环境，提高环境质量。景观美学即是通过美学原理研究景观艺术的美学特征和规律的学科。

景观美是在特定的有限的环境之下，按照客观美的规律和人的审美情趣创造出来的形象，这充分揭示了人和自然之间保持和谐相处的本质，其实质就是把自然景观和人文景观恰当紧密地联系、交织、渗透、融合在一起。内容可以概要地归结为：第一，以和谐、流动的韵律，审美地把各种功能和体量的建筑组织成群，形成景观；第二，重视和运用自然风光，把湖光、山色、花草、林木、奇石、流水等一切具有审美魅力的自然景观都巧妙地组织到人们生活的环境中来；第三，确立阳光、空气、绿化在环境保护和建设中的核心地位，将优美质朴的自然绿化系统和人工的街心花园与林荫地带有机地结合起来，使人类的工作和生活环境沉浸在绿荫之中（陶济，1984）。

由于精神需求，人类对景观的审美要求包括：自然性、稀有性、和谐性、多彩性，空间上开放结构和闭合结构的有机联合，时间上随季节和年度的变化而变化。景观审美涉及到观赏景观、观赏者和景观审美意境三个方面及其相互关系。景观美学研究应当从观赏者和观赏景观的审美关系出发，主要研究景观的审美构成和审美特征，景观审美的心理结构和特征，景观审美关系形成和发展的基础及其在审美意境中的积淀，景观开发、保护、利用和管理的美学原则。景观开发、保护、利用、管理和发展，几乎涉及到自然科学、技术科学、社会科学、管理科学、应用技术、法律法制等各个方面。景观美学所要研究的不是这些方面本身的具体问题，而是贯穿于这些方面的美学问题和美学原则。其一，环境协调。从景观美学的角度看，观赏景观必须是完整的有机体。这是因为任何一种观赏景观都是有中心、分主次的多层次结构组合。破坏了景观的完整性，也就破坏了景观结构组合的有机性，同时也就破坏了景观审美过程的完整性，观赏景观也就必然失去了原有的审美特征和审美价值。其二，保持特色。各种景观都有其固有的、与其他景观有本质区别的景观结构特征和审美特征，从根本上影响乃至决定了景观审美心理过程的差异。这种结构特征和审美特征，不仅渗透和消融在各个景观的构成组合之中，而且渗透和消融在各个景观层次之内的构成组合之中。其三，时代精神。景观审美总是从一个侧面表现和反映了时代精神，或者说时代精神总是从一个侧面凝聚和积淀在景观审美之中。这不仅表现在景观审美心理的结构组合方面，而且也表现在景观的审美构成方面。在今天，就需要以当代的时代精神去改造和发展景观的审美构成和审美心理。但是，这决不是说离开景观审美构成和审美心理的特色，另起炉灶重搞一套，而是说要植基于景观审美构成和审美心理的特色，以时代精神去挖掘、突出、深入、丰富这种固有特色（陶济，1985）。

通常意义上，景观的正向特征为：合适的空间尺度、有序而富于多样性和变化性，景观场所具有清洁、安静的特性，具有生命的活力和巨大的应用潜力。景观的负向特征是：空间尺度过大或过小、清洁度丧失、杂乱无序，空间组合不协调，有噪声、有异味、无应用性等。

景观的美学价值范围广泛，内涵丰富，随着现代环境科学与意识运动的发展而不断注入着新的内容，并与审美主体（人）之间持续着相互感应和相互转化的效应关系。景观美学的核心可以分为三个层次：首先是视觉景观形象的美感，主要从人类视觉形象感受出发，根据美学规律，利用空间实体景观创造赏心悦目的环境形象。其次是从人类的生理感受要求出发而达成一种生态的美感，根据自然界生物学原理，利用阳光、气候、动植物、土壤、水体等自然和人工材料，创造功能良好的生态系统和物理系统。第三层次可归纳为心理精神的美感，是从人类的心理精神需求出发，根据人类在环境中的行为心理乃至精神活动的规律，利用心理、文化的引导，创造使人赏心悦目、欢快愉悦、积极上进、流连忘返的精神环境。形态美、生态美和精神文化美三层次对于人们的景观环境感受所起的作用相辅相成，密不可分，通过以视觉为主的感受通道，借助于物化了的景观环境生态，在人们的心理、精神上引起共鸣，进而产生出一系列的美学价值（刘志强，2006）。

(二)应用

景观美学作为乡村人居林建设的理论依据之一，可以有效指导乡村人居林的总体规划设计，改善森林景观，提升森林的生态服务功能。

目前许多乡村规划存在重建设轻绿化的问题。乡村在建设与发展过程中，对村内外的公共活动场所、村内房屋、道路等基础设施建设都比较重视，而往往忽视绿化与环境建设。由于缺乏对绿化工作的宣传、组织与引导，村民对绿化的重要性认识不够，对绿化在改善生态环境，改善生产生活条件以及美化村容村貌等方面的作用认识不够。村庄普遍缺少系统的公共绿化，绿化投入低且缺乏维护与管理；农民在房前屋后绿化的积极性不高，家庭庭院内常常是简单的硬化，在田边、村边、水边、路边也缺少系统的绿化，一些主要道路甚至没有绿化，乡村缺少了特有的生态环境与田园风光，从而导致乡村景观的美景度不高。乡村人居林的建设，不仅要满足其改善生态环境的目的，而且也要注重对村容村貌的美化效果。

因此，在乡村人居林建设中，我们要认真考虑植物的选择、搭配，景观的构建，重视艺术构造，体现诗情画意，达到移步换景的艺术境界。

在景观设计中，要突出乡村的"空间特征"。乡村人居林的建设，应该具有与城市相异的、有浓郁乡土文化的空间特征。村庄外、村头、村内以及村民庭院共同构成了乡村空间。要通过科学规划，丰富乡村绿化空间层次与景观。在村庄的外部空间，通过系统的林网建设，使农田与林网交相辉映，形成独特的田野风光与绿色走廊；有条件的村庄，应在村头精心建设以乔木为主体的绿地或林地，形成与外界的过渡空间，同时也展示乡村特色与文化；在村内，要根据村庄的综合布局及自然地形地貌，以乔木为主体，以落叶和常绿树相结合，形成村内绿色骨架体系，在村内的活动场所、道路、宅旁与水旁，注重乔、灌、花、草的合理搭配，在村内形成多层次、错落有序、亲切宜人的绿色空间；庭院是村民居所的个性与风貌体现，庭院应以绿化为主、硬化为辅，以果树和乔木为主，适当选种常绿的灌木和花卉，硬化部分应选用生态砖精心拼铺。庭院围墙可空透并以藤蔓植物攀爬，形成垂直绿化，构成富有个性的、精致的家园。

在植物选择和搭配上，突出"乡土特色"。乡村绿化只有突出乡土特色，才能体现独具魅力的乡村风光。因此，绿化必须避免盲目套搬城市的绿化手法和模式，要充分利用自然地形地貌，结合自然条件与地域文化，注重利用和保护现有的自然树木与植被，充分体现乡村的田园风情和自然风光。要因地制宜，尽量选用本地花木，原则上不采用模纹修剪、铺设草坪等绿化模式，要营造自然生态的绿化形态。同时，要注重利用瓜果蔬菜进行辅助绿化，进一步体现乡村特征。可选种桃、李子、山楂、葡萄、枣、杏等果树，挂果时间长、易管理；通过种植葱、韭菜、芹菜等常食用的蔬菜，既保持绿色常在，又方便生活；选栽既开花又结果，观赏实用两相宜的藤蔓植物，如丝瓜、葫芦、豆角等，进行空间的垂直绿化，而且有利于房屋的夏季隔热，生态、实用并节能，一举多得。在植物的搭配上，要遵循统一、调和、均衡和韵律四大原则。如在道路林中，行道树绿带间隔等距离配植同种、同龄乔木树种，或在乔木下配植同种、同龄花灌木，具有统一感；在南方一些与建筑廊柱相邻的小庭院中，宜栽植竹类，竹秆与廊柱在线条上极为协调。另外，要注重景观序列的设计，以及景观的边界和焦点的设计，使景观整体和谐并兼具美感。

第三节　国内外乡村人居林建设与研究背景

一、国外乡村人居林建设与发展趋势

国外乡村特别重视人居林建设，在乡村居住区及人为活动频繁区域普遍开展了以林木为主体的绿色家园建设。从世界范围看，国外乡村人居林建设起步较早，发展较快，其中欧洲、美国、日本和印度发展水平较高，已经形成了一整套适合本国特色的乡村人居林生态体系。积极总结和分析国外乡村人居林建设特点和成功经验，对于起步较晚、发展缓慢的我国乡村人居林建设具有一定的启示和借鉴意义。

（一）国外乡村人居林发展

国外有关乡村人居林的建设，由于各国国情、林情和需要不同，其内容和形式也是多种多样，但一般都以乡村绿化为基础，出现了许多值得借鉴的典型模式，其中代表性的有英国乡村林业规划、美国都市化村庄、日本田园式村镇和印度社会林业，都取得了积极成效，对目前还处于探索阶段的我国新农村建设来说，很多经验值得学习和借鉴。

1. 欧洲乡村人居林发展

欧洲乡村人居林建设追求田园风光，体现了农村自然和谐生态的一面，被很多人视为理想生活之地。其中英国乡村林业规划是欧洲乡村人居林建设的典型代表，开展乡村林业规划的目的一方面是英国农村委员会和林业委员会对城市森林的兴趣不断增长，另一方面是这些部门都有意在城市边缘地区发展休闲游憩林（Mark Johnston，1999）。英国政府对乡村林业规划尤其重视，专门由林业委员会和农村委员会成立了一个联合研究"探索未来建设城市森林一般和特殊情况下的可能性"的联合研究组（Mark Johnston，2000），并致力于通过社区森林工程来提高乡村整体人居林建设水平，使整个农村地区村民居住和生活环境质量都得到有效改善和提高（Mark Johnston，2001；舒洪岚，2003）。

欧洲乡村人居林建设尤其重视庭院林和游憩林，其中著名的查尔斯、威廉肯特和"万能的布朗"设计的斯多庄园就是庭院林设计的典型代表（陈国平，2006），体现了西方人对庭院林的喜爱和自然森林景观的无限向往；德国村庄更是体现了自然生态环境与民族文化特色的融合统一，村庄内绿树成荫，芳草遍地，连院落都由常青树栅栏围成，显示出庭院林颇受重视的程度。在欧洲的许多地区，人口密集地区的农村多是密集型村落。村落的房屋排列大多杂乱无章，村中的道路是曲折无序的。但是有的村落，因人口和农舍较多，形成了有规则的、按一定形式排列的村落（王恩涌，1989）。他们更注重公共游憩林的作用，以村中心的绿地为中心形成的环形农村即环形绿地村落，其特征是每户农民的房舍都有规则地围绕着村中心的绿地大体呈环形排列，其中心的绿地是村子的公共游憩用地，可以用作牧场或草坪，也可以用作教堂的建筑用地（杨淑华等，2005）。欧洲北部、西北部以及英国很多平原上的村落都属于这种类型，成为欧洲西北部的特色乡村。

2. 美国乡村人居林发展

美国都市化村庄体现了美国政府对乡村居住环境的重视。美国建设都市化村庄是与美国国情休戚相关的，美国国土人口密度较小，多数人生活在城市，居住在乡村，因此改善居住区周围环境成为了美国发展都市化村庄的主要内因。美国都市化村庄是城市森林建设的一个重要组成部分，目的就是要在城郊农村地区建设适宜人居住的环境，即发展乡村人居林。20世纪六七十年代，美国坚定不移地坚持发展城市周边乡村，实施城市与乡村一体化战略。美国是高度城市化的国家，但乡村在其城市体系中占有极其重要的地位。因此，政府大力加强城市周边乡村基础设施和生态环境建设，良好的基础设施、优美的乡村环境，成为了保障城市和乡村生产、生活正常运转必不可少的条件。他们坚持以人为本，满足人的生存和发展需要，方便于人，服务于人，造福于人，大力发展基础设施和配套设施建设，尤其重视居住区周围绿化建设，为城镇居民和农民提供一个舒适、美好的人居环境（Catharinus Jaarsm，1997）。

美国乡村人居林建设品位较高，师法自然，简洁大方，很少有园林小品等设施。由于美国乡村是以农庄和庄园形式发展的，建设普遍追求大手笔、大色调，注重常绿树与落叶树结合，乔、灌、草、花结合，尤其庭院林和道路林，林相丰富，林冠线变化多端，能体现自然美、朴实美。对比于欧洲乡村人居林对生态功能的追求，自然环境优越的美国乡村人居林更重视经济效益的发挥，经济作物和经济树种成为了庭院林建设的主要内容。

3. 日本乡村人居林发展

日本是一个土地资源十分有限的岛国，因此对乡村人居林的建设，政府采取了在有限的土地进行综合开发、高效利用的政策（张利库等，2006）。不少家庭院落都种植树木花草，街道两旁到处散布着花圃、林园，凡是有空间的地方都绿化得很好。近年来，随着日本农村劳动力外流、生产力结构老龄化、兼业、离农、离村现象的日益增多，日本政府积极推广乡村人居林建设与旅游观光相结合的新农村建设。通过对农民住宅、道路人居林进行改革和新建，以及对农村菜园、果园、农田等自然环境的改造，让农村成为"具有魅力的舒畅生活空间"（陈春英，2005），来促进农村全面发展。

同时，日本政府对日本田园式村镇建设规划尤其重视。20世纪70年代日本国土厅在制定村镇综合建设规划时，要求把缩小城乡差距作为规划的主题，往后再根据社会发展的需要，分阶段地调整主题，这种作法不但明确了不同时期的规划方向和目标，而且还有利于提高规划水平，使日本田园村镇规划建设目标明确、步骤清晰、预留弹性发展空间、可操作性强。自70年代初日本实施村镇示范工程以来，规划主题先后经历了五个阶段的变化，通过五个阶段的实施，乡村各项事业均取得了较快发展，乡村人居林建设取得了较大成就。

4. 印度乡村人居林发展

印度社会林业是对乡村人居林经济功能和生态功能的双重开发。当时印度发展社会林业的目的，主要是解决薪材和饲料的不足，为群众提供部分建筑用材和扩大乡村就业，使农民增加收入(于丽萍，2000)，但却极大地促进了乡村人居林的发展，改善了乡村人居生态环境，取得了可喜成绩。印度社会林业建设突出强调了农民的主体作用，充分考虑农民的意愿，致力于增加村民经济收入，因此极大提高了村民参与建设的积极性，收到了理想效果。当前，社会林业已成为国外发展中国家和不发达国家乡村人居林建设的主要形式，作为近30年来国际林业界重大事件的社会林业，是林业发展史上的一次重大变革，同时也是乡村人居林建设的重要内容和形式，不仅繁荣了农村经济，同时也促进了乡村人居林的发展，改善了农村居住区周围的生态环境(苏杰南等，2008)。20世纪70年代以来，社会林业在国际上得到了迅速发展，在东南亚地区发展尤为迅速。伴随社会林业的快速发展，许多国家逐渐开始重视社会林业，学术界也展开了广泛讨论(Katherien Waner，1993；Claude Desloges，1997)，甚至联合国粮农组织还在拉丁美洲、亚洲、非洲国家开展有关社会林业的会议和培训(钟昌福，2007)。

(二)国外乡村人居林研究

国外乡村人居林研究比较成熟，已经形成了一个较为完整的学科体系。对乡村人居林的研究更多是基于比较微观的角度进行研究，小切口做大文章，内容比较丰富、健全、成体系。主要包括两个方面：一是基于社会科学领域研究，二是基于自然科学领域研究。

乡村人居林基于社会科学领域研究主要把乡村作为社区致力于经济和社会功能研究，研究的主要内容是乡村林业中的能源供应问题、现有林木与副产品的利用水平、地区经济发展与乡村林业的关系、当地文化传统与乡村林业的关系、贫困等社会问题与乡村林业发展的关系、村民与森林资源管理冲突、乡村旅游与发展乡村经济等。要求通过社会林业的研究，满足村民的生产、生活需要，解决能源问题，发展农村经济，改善村民的生产条件和生活水平。

国外基于自然科学领域的乡村人居林研究更注重乡村生态安全和村民身心健康，主要从人居林生态功能角度、乡村森林景观角度、乡村森林旅游角度开展研究。由于城市工业、能源和交通等事业的迅速发展，使得乡村环境遭到严重的破坏，乡村环境的各种污染也越来越严重地威胁着人们的身心健康。面对这些问题，最早觉醒并采取积极措施的是美国、英国等发达国家。从20世纪60年代中期到70年代初期，一系列明确提出或强调保护乡村景观的法令相继产生，如美国国会通过的《野地法》(1964)、英国通过的《乡村法》(1968)。面对乡村环境的变化，一些学者开始反思城市化战略得失，从城乡关联和城乡统筹等角度研究城市化对乡村的影响。如Ohrling(1977)研究了斯里兰卡的乡村变化和空间重组；Jonathan(1990)研究了非洲小城镇的城乡互动，认为关联发展是乡村发展和繁荣的重要因素。同时，从乡村森林景观研究角度出发，主要集中在森林景观的变化、美感、保护、评价、规划方面(Gy Ruda，1998；Lagro JA，1998；Sylvain Paquette，2001；Isabel Martinho，2001；Robetr L，2002)，注重从农村生态安全角度进行研究。另外还有学者开始对乡村森林旅游开展研究，不仅研究发展森林旅游繁荣乡村经济，更注重从人体健康角度研究森林旅游在改善乡村生态环境质量中的作用(DERNOI L，1991；王云才，2002；何景明，2003)。

(三)国外乡村人居林发展趋势

综合国外关于乡村人居林研究的相关文献,结合当前国外这一领域的前沿问题,归结国外乡村人居林研究的发展趋势,主要体现在以下几方面:

(1)研究内容更加关注解决农村实际问题。不仅从景观角度研究构建乡村人居林对农村生态安全格局的贡献,还从关注人体健康角度和繁荣农村经济角度研究人居林能发挥的作用,研究内容越来越细,方法也越来越多。

(2)借助于先进技术解决乡村人居林建设战略性问题,随着遥感精度的提高,国外已借助3S技术开始研究乡村人居林,而我国对乡村人居林的高新技术研究才刚刚起步。

(3)研究乡村人居林项目将向深层次方向发展。国外的许多乡村人居林科研项目已经从经济、生态、社会、景观等多方面系统性开展了研究,目前正在瞄准科技前沿,向技术密集型和集约型的高精尖方向发展。

(四)国外乡村人居林建设借鉴

国外乡村人居林建设开展背景条件较为优越,而我国是在长期忽视农村的建设和发展,导致农村积累了多种问题条件下开展的,同时我国农村文化、经济、自然条件等也与国外农村有天壤之别,因此,我国乡村人居林建设与研究绝不能完全照搬国外模式,但其中一些成熟经验和做法对我国当前开展的新农村建设仍具有重要启示和借鉴意义。

1. 走具有中国特色的乡村人居林建设道路

国外发展经验告诉我们,乡村人居林建设没有固定模式照搬,要立足本国国情,充分考虑农村实际情况,走具有自己特色的乡村人居林建设道路。我国当前在新农村绿化中盲目照搬城市建设模式,贪大求洋,致使农村绿化千篇一律,毫无特色。针对这种情况,第一,地方政府要加紧研究制定本地新农村建设目标定位,根据农村自然资源、约束条件、发展潜力、经济支撑和目标定位制定符合本地特色的新农村人居林建设规划,基础条件好的要争取建设生态园林型乡村,基础条件一般的要争取建设美化绿化型乡村,基础条件较差的要争取建成绿化达标型乡村;第二,政府在乡村人居林建设过程中要注重深入挖掘本地历史文化建筑特色,走乡村人居林建设和本地文化特色相结合的道路;第三,政府在乡村人居林建设中要重视采用乡土树种,尤其在公共游憩林和道路林建设中,要避免大规模引进外来树种,注重体现本地乡土特色。

2. 乡村人居林建设要注重科学性和实用性

国外乡村人居林建设重视方案的科学性和实用性。分阶段、分步骤,避免盲目建设,并且方案实施过程中预留好弹性发展空间。当前我国乡村公共游憩林建设盲目追求大气魄,建设大草坪,大树移植,企图与城市绿化相媲美,造成了农村资源严重浪费。针对这种现状,第一,要切实加强乡村人居林规划方案实施的可行性和科学性,方案制定过程要加强对农村实际资源调查和测量,方案在实施过程中要便于操作,并且实施后要避免对环境产生不利影响;第二,要构建合理乡村人居林结构布局,使庭院林、道路林、游憩林、水岸林和围村林总体满足本地实际需求,组团式发展乡村可考虑在中心村建设公共游憩林场所,满足周围各自然村村民休闲活动的需要,对于布局分散且人口稀少的行政村建议不单独建设游憩林场所，避免资源浪费；第三，乡村人居林建设可以借助城市森林建设一些成熟的方法和理论，通过发展乡村人居林工程，为乡村林业发展注入新活力，增强方案实施科学性；第四，乡村人居林建设过程中要避免贪大求洋，要立足农村实际，尽量采用乡土树种，乔灌草合理搭配、落叶与常绿树种合理搭配，构筑近自然林生态体系。

3. 把乡村人居林建设作为优化农村生态环境的重要手段

国外发达国家政府和群众的人居生态环境意识都较强。在意识到工业、能源和交通等事业给乡村环境造成破坏，严重地威胁着村民的身心健康后，最早觉醒并采取积极措施的是美国、英国等发达国家，通过政府部门和群众联手加强对乡村居住区环境的整治，积极营建乡村人居林来缓解乡村生态环境压力。我国当前在新农村人居林建设中，由于长期以来经济基础薄弱，村民的人居生态环境意识单薄，致使许多科学可行的人居林规划方案不能得到很好实施。针对这种情况，一方面要积极提高村民生态环境意识，切实加大对农村人居生态环境宣传力度，可以通过印发宣传册、播放电影等形式，让农民认识到生态环境的重要性，自觉重视乡村生态环境改善，参与到乡村人居林建设工程中，积极营造政府和村民联手共同建设乡村人居林的良好氛围，促进我国乡村人居林建设更好发展下去；另一方面要加强典型示范，在有条件的地方通过营建乡村人居林示范工程，改善村民居住环境，发展特色经济，让周围村民看得见、感受到实实在在的实惠，激发他们的进取精神，从而逐步推广，扎实稳步推进乡村人居林建设。

4. 注重提高村民参与乡村人居林建设的积极性和主动性

国外乡村人居林建设过程中尊重村民意愿，许多乡村人居林工程的实施都充分考虑了村民利益，通过致力于增加村民收入，提高村民人居林建设的积极性和主动性。我国当前新农村建设过程中，乡村人居林发展与村民积极性相脱离，目前研究显现，各地规划和建设多以政府和专家学者思想统领整个新农村建设，文献资料显示有关农村农民真实意愿相关研究和数据甚少，新农村建设主体是农民，农民的意愿应当得以充分发挥与体验，让农民真正满意，这才是新农村建设的真正内涵与意义所在。针对这种情况，第一，各级政府部门要提高思想认识，充分认识到村民在参与乡村人居林建设过程中的重要性，积极扩大农民自主参与性，让村民参与到整个规划建设过程中，不断增强村民参与乡村人居林建设的自发性、主动性；第二，乡村人居林规划要注重体现与村民利益的结合，在发展乡村人居林的同时致力于增加村民经济收入，以此来提高村民参与建设乡村人居林的积极性。

5. 利用法律手段规范和保障乡村人居林建设

国外对乡村人居林建设方面法律法规较健全，通过在乡村人居林规划和保护方面立法来促进乡村人居林建设工程的持续开展。而我国当前有关乡村人居林建设与保障方面法律法规尚未颁布，乡村人居林规划建设随意性较大，且建设过程中破坏现象严重。针对这种情况，第一，要加快制定有关乡村人居林建设方面法律法规，将乡村人居林规划纳入新农村整体规划中，通过立法确保乡村人居林建设过程中资金保障，并以法律形式规范乡村人居林建设过程中政府和村民的职能和作用，避免政府规划过程中的随意性和村民破坏乡村人居林事件的发生。第二，要明确乡村人居林建设过程中权利与义务的关系。加强宣传，积极引导村民参与到乡村人居林建设工程中来，切实加强对乡村人居林的保护，促进乡村人居林建设工程的深入开展。

二、我国乡村人居林研究与发展趋势

(一) 乡村人居林结构布局

当前,一家一院的传统农村型居住方式仍是目前我国农村普遍采用的居住方式。我国乡村人居林结构布局研究集中在两个方面:一是对乡村人居林的总体结构和形成机理研究,归纳起来有3种:线状、网格状和团状,这些布局的形成主要是因为长期以来缺乏村级建设规划,村庄自发形成所致。主要包括以道路、河流、公路为主线,或中轴线呈"一"字式或月扩字式排布的线状散落群居(杨刚等,2005;陈新等,2007),以水源林、风景林、神林等为主的三边包围式网格状结构(罗邦祥等,2005)和新建村庄较普遍的总体团状结构(刘晨阳,2005)。二是对某类型林结构布局的重点研究。其中对乡村风水林研究较多,祝功武(2007)和刘根林等(2008)分别研究了乡村风水林不同结构布局的意义。另外,刘旭(1995)还重点研究了平原区群众自发组建的简易游憩林的形成与布局。当前对乡村人居林结构布局研究尚处在研究初期,虽然许多专家学者开展了相关研究,但研究内容仅限于人居林结构现状与成因的基础性研究,缺少对乡村人居林结构布局合理性及优化布局的相关研究。

(二) 乡村人居林植物选择与配置

我国当前乡村人居林植物选择与配置研究主要包括3个方面。一是乡村人居林植物选择原则,如赵联伟等(2000)和王小平(2007)分别探讨了乡村公路和不同绿化用地绿化树种选择原则,佘国权(2007)指出当前新农村建设中植物搭配的原则;二是乡村人居林不同地段具体植物配置技术,其中以庭院林和道路林植物选择与配置模式为多(沈兵明等,2000;徐家琦,2000;代振虹,2005;马东跃等,2006;张晓民,2006;柳希来等,2007)。但总体上主要多基于自然地理地貌条件,集中考虑生态功能和经济功能,同时考虑不同地域差异性、特定文化背景、群众爱好和绿化需求来选择配置树种(郭风平等,2004;封义强,2006;范志浩,2007;刘江云,2007;王小平,2007;武国胜,2007;刘安宏等,2007)。三是不同类型乡村人居林植物选择与配置模式,其中有代表性的包括生态保护型、美化绿化型、生态经济型、生态园林型等几种模式(姬志胜等,1996;刘闯,2000;王小平,2007;胡天新等,2007;张跃虎,2007;朱跃,2008),并提出了不同模式下乡村人居林的植物选择与配置方法。当前对乡村人居林植物选择与配置的相关研究,多局限于理论性探讨和某种具体类型的植物配置方法,相对忽视了对乡村人居林植物现状特征的研究,忽视了村民对乡村人居林植物的需求意愿。研究乡村人居林的现状特征和村民的需求意愿,是当前开展乡村人居林植物选择与配置的前提条件。

(三) 乡村人居林栽培种植技术

种植技术也是乡村人居林研究的一个主要内容,主要集中在2个方面:一是种植栽培技术,主要包括植物栽培过程具体方法与措施、农林复合经营和特殊疑难栽培技术。具体包括乡村人居林在栽植形式、苗木选择规格、栽植技术、肥水管理、整形修剪和抚育技术等植物栽培过程中的处理与改造方法（朱毅民等，1997；封义强，2005；谢善雄，2005；欧斌等，2006；施佳等，2008；刘素梅等，2008；施佳等，2008；孙丽敏等，2008）。二是病虫害防治技术，当前研究多基于乡村经济树种和观赏性树种。比较有代表性的有香樟、柿树、玉兰的病虫害防治方法（施敏益，2005；陈松，2006；刘素梅等，2008）。当前对乡村人居林栽培种植技术的研究多基于传统方法，理论与技术较为成熟，随着我国新农村建设步伐的加快与乡村人居林的快速发展，今后要加快研究乡村常见植物的栽培种植技术与病虫害防治方法。

（四）乡村人居林传统森林文化

我国广大农村、山区，尤其是少数民族地区，由传统森林文化来保护和管理乡村人居林现象较为普遍，村民以乡规民约和宗教信仰方式自觉参与到森林管理中，从而使得许多森林得以保存下来（苏淑琴等，2008）。目前，国内许多学者开展了对乡村人居林传统森林文化研究，主要集中在乡俗民约管理，寺庙宗教管理，神山、神树和风水林管理等方面，研究内容主要涉及传统乡村森林文化与林业管理的关系（裴朝锡等，1994；杨家伟，2002；程庆荣等，2005）。另外，苏淑琴（2008）还研究了传统森林文化与建设模式关系，指出土族、回族村民种植村寨树满足生产生活需要和庭院种植果树的发展模式值得借鉴。有学者在总结分析了少数民族经营管理乡村森林的有效形式后，指出要继承少数民族管理乡村林业的好传统、好经验，完善其管理措施，使传统经验在乡村林业管理中发挥更大作用（杨家伟，2002）。当前对乡村人居林传统森林文化的研究多集中在森林文化对乡村林业管理的促进作用上，内容较为单一。乡村人居林是乡村在长期生产和实践过程中所形成的，植物本身代表和体现着不同地域、不同时期的文化特色和内涵，今后要加快对乡村人居林不同植物森林文化内涵的挖掘，促进乡村人居林建设上水平、上特色。

（五）乡村人居林功能

当前对乡村人居林功能的研究集中在生态功能、经济功能和社会功能3个方面。生态功能研究主要集中在乡村人居林净化空气、美化环境、涵养水源、保持水土、防风减灾、提高抗御自然灾害的能力等方面（施玉书等，2001；祝功武，2007；冯桂明等，2008；刘景会等，2008）。经济功能研究主要通过村民参与发展庭院经济林果来增加村民收入，促进农村经济发展（施玉书等，2001；罗邦祥等，2005；冯桂明等，2008）。而社会效益的研究主要集中在增加农村就业、提高村民生活水平、振兴农村经济和加快农村脱贫致富等方面（付美云等，2001；冯桂明等，2008）。当前对乡村人居林功能，多数学者仅就单项功能进行了初步研究，不够深入。乡村人居林作为今后乡村建设的重点，应重点加强对其生态功能、经济功能和社会功能三者效益的最大化研究，让村民通过乡村人居林建设得到利益最大化。

（六）乡村人居林规划设计

近年来，林业专家学者基于我国的国情、林情、民情开始从规划布局角度研究新农村人居林发展之路。其中多数学者从规划建设角度探讨研究（李小云，2006；解玉琪，2006；李昌浩等，2006；郭保生等，2007；谢晓林，2007；孟昭伟等，2008；雷振伟等，2008；解文欢等，2008），提出乡村人居林规划建设思路，为我国新农村人居林规划提供借鉴。如吴维等（2006）、卢萍（2007）、冯桂明等（2008）重点探讨了村庄整体绿化的设计目标、指导思想、原则和规划设计方案，还有些学者更关注庭院林和道路林的规划设计，提出了新农村庭院林和道路林规划设计方案（张培旭，2007；王晶，2007；毕巧玲等，2007）。另外，还有学者开始探讨乡村人居林规划建设标准，如张跃虎（2007）提出了太原市生态绿化型、生态经济型、生态园林型和园林游憩型乡村人居林建设标准，姬志胜（1996）提出了晋城市生态绿化型、生态园林型和生态游乐型小康乡村的人居林规划设计标准，并提出了各标准适用推广类型，为我国乡村人居林建设标准化提供了参考。当前对乡村人居林规划设计的研究多基于定性研究，缺少相关理论与技术的支撑。同时，对于乡村人居林规划设计的技术标准研究尚处于探索阶段。今后应重点加强对乡村人居林构建规模的研究和规划设计标准的研究。

综上所述，我国当前对乡村人居林的研究立足点仍多数停留在传统林业角度分析，缺乏从新农村人居林角度进行研究，研究内容多从理论和宏观角度进行探讨，还未涉及乡村人居林构建定量化研究，缺乏构建技术和必要科技支撑。研究方法一般采用传统分析法，缺少新方法的突破。另外一方面，新农村建设在我国已经轰轰烈烈开展起来，但是目前研究中显现各地建设和规划仍然多以政府和专家学者思想统领整个新农村建设，文献资料显示有关农村真实情况基础数据方面相关研究甚少，农民真实意愿相关研究也甚少，新农村建设主体是农民，农民的意愿应当得以充分满足，让农民真正满意，这才是新农村建设的真正内涵与意义所在。

随着城镇化进程的加快和新农村建设的深入开展，未来我国乡村人居林建设发展舞台将更加广阔。因此，当务之急，要立足农村实际，重点掌握乡村人居林的现状特征和村民的基本需求意愿，这是当前开展乡村人居林建设的前提条件，也是今后乡村人居林建设的参考依据。在此基础上开展乡村人居林评价支撑体系、构建技术体系、定量化等相关理论与技术研究，为我国乡村人居林科学合理构建提供理论与技术支撑，同时也起到一种示范作用，对于我国未来乡村人居林建设具有巨大的推动作用。

第2章
CHAPTER 2

乡村人居林
结构与特征

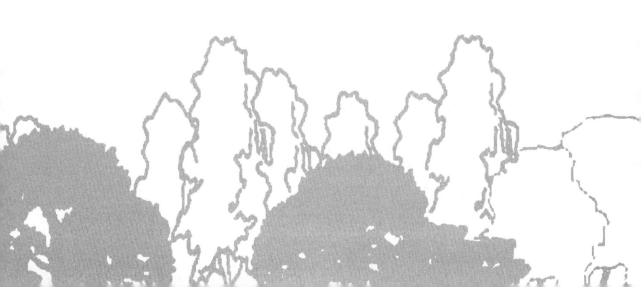

第一节 福建乡村人居林结构与特征

一、福建乡村人居林结构调查

（一）福建省概况与村庄选择

1. 福建省概况

福建省地处我国东南沿海地区，东经 115°50′~120°40′，北纬 23°33′~28°20′，陆地面积 12.14 万 km²，海域面积 13.6 万 km²，受太平洋暖湿气流的影响，气候温和、降雨充沛，植物种类繁多。温、湿条件比同纬度的内陆季风区优越，全省年平均气温 19.6℃，年平均降水量 1342.5mm。地形以低山丘陵为主，在地理分布上呈现出由内陆向沿海从高到低过渡的特点，自然地貌有山区、丘陵、平原、沿海，有"八山一水一分田"之称，是我国自然条件最优越的地区之一（福建省人民政府发展研究中心，2007）。福建省整体经济实力较强，居民生活水平相对较高，城镇人均可支配收入和农民人均纯收入也远远高于全国平均水平，高度发达的经济条件决定了林业发展具有高速发展的基础。福建作为我国林业的发达省，森林覆盖率位于全国第 1 位，且生态体系和产业体系已初具规模，在森林文化发展方面也具有很深的历史底蕴和内涵，在现代林业发展上具有雄厚的条件和基础。同时，福建省还把建设林业现代化作为实现全面建设小康社会的重要战略目标之一全力推进。

闽东地区地处东南沿海，属中亚热带海洋性季风气候。主要包括福州和宁德两市，地形以丘陵山地与沿海小平原相结合为特点，年平均气温 13.4~20.2℃，年平均降雨量在 1250~2350mm，无霜期 235~300d。闽东地区海岸线长 878km，水产资源极为丰富，拥有海洋生物 600 多种，海产养殖业发达。

闽南地区指福建省南部，属于亚热带季风气候，主要包括厦门、漳州和泉州三市。地形有山地、丘陵和平原。年平均气温 18~21℃，年平均降雨量在 1200~1800mm。海域辽阔，海岸线长，是我国著名的鱼米之乡。闽南地区以闽南话为主，是我国著名的华侨之乡，同时也是福建省区位条件优越、经济水平最高的地区。

闽西地区是海内外客家文化的发源地，属中亚热带季风气候区，主要指今龙岩市。自然条件优越，靠近北回归线，气候温和，雨量充沛，冬无严寒，夏无酷暑；年平均气温 18~20℃，年平均降雨量 1600~1700mm，无霜期长达 262~317d。闽西矿产资源和水资源丰富，素有"金山银水"之称，目前已探明的金属、非金属矿达 60 多种，是中国著名的革命老区，又是福建省重点侨区、林区、矿区和旅游区。

闽北地区位于福建省北部，属典型的中亚热带海洋性湿润季风气候，主要指今南平市。年平均气温 17~19℃，日照 1700~2000h。7 月最热，月平均气温 28~29℃；1 月最冷，月平均气温 6~9℃。降雨量 1800mm，无霜期 250~300d，冬无严寒，夏无酷暑，一年四季都适于旅游。闽北地势呈西北、东北高，西南、东南渐低的趋势，地貌特征以丘陵山地为主。

2. 村庄样本点选取

调查样本点的选取，首先在福建省按东南西北四个方位选择了 5 个市，分别是东部福州市、西部龙岩市、南部漳州市和厦门市、北部南平市。在每个样本市中采取等距抽样方法抽取 4 个县，在每个县按照线性随机抽取 5 个村（漳州 4 个村、厦门 3 个村），共选取 88 个村庄，在每个村开展实地调查和问卷调查。

3. 村庄样本量与抽样方法

调查样本抽样采用应用统计学中分层随机抽样法（金勇进等，2008）。分别对福建省按照东、西、南、北地域村庄人居林覆盖率进行试抽样，在此基础上进行各方位乡村抽样样本数量确定。要求在 95% 的概率度保证程度下，使最大相对误差不超过 5%。

$$n = \frac{n_0}{1 + \frac{1}{NV} \sum_{h=1}^{H} W_h S_h^2} \tag{2.1}$$

其中：

$$n_0 = \frac{1}{V} \left(\sum_{h=1}^{H} W_h S_h \right)^2 \tag{2.2}$$

$$V = \left(\frac{\bar{Y}R}{U_\alpha} \right)^2 \tag{2.3}$$

$$S_h^2 = \frac{1}{N_h - 1} \sum_{i=1}^{N_h} (Y_{hi} - \bar{Y}_h)^2 \tag{2.4}$$

式中：n 为子总体的样本量，N 为抽样框的村数量，S_h 为第 h 层的乡村人居林覆盖率的均方差（$h = 1, 2, \cdots, H$），W_h 为权数（第 h 层村数与抽样框的村数比值），R 为总体最大相对误差，$\bar{Y}$ 为乡村人居林覆盖率均值，U_α 为对应置信度的系数（当置信度为 95% 时，U_α 为 1.96）。

$$n = \frac{NU_\alpha^2 \left(\sum_{h=1}^{H} W_h S_h \right)^2}{N\bar{Y}^2 R^2 + U_\alpha^2 \sum_{h=1}^{H} W_h S_h^2} \tag{2.5}$$

确定出各类型抽样村庄样本总数量后，采用内曼最优分配法，确定东部、西部、南部、北部地区最优各需要调查多少村庄样本量。

内曼分配法：

$$n_h = n \frac{W_h S_h}{\sum_{h=1}^{H} WhSh} \tag{2.6}$$

4. 调查村庄数量及分布

根据样本地区分层随机抽样法，最终确定福建省调查样本数量为东部福州市 20 个村、西部龙岩市 20 个村、南部漳州和厦门市 28 个村，北部南平市 20 个村。其中，山区型调查样本数量 22 个，半山型样本数量 21 个，平地型样本数量 23 个，沿海型样本数量 22 个。样本点的分布如表 2-1，图 2-1。

表 2-1 样本数量分布

Tab. 2-1 Distribution of sample size

村庄名称	所在乡镇	方位	所属类型	人口数量（个）	村庄地形	海拔高度（m）
半岭村	竹岐乡	东部	半山型	1000	山脚下	300～400
浦前村	荆溪镇	东部	平地型	1600	平地	50～150
上寨村	白沙镇	东部	平地型	1700	平地	50～150
廷洋村	洋里乡	东部	山区型	600	高山上	800～1000
大坪村	大湖乡	东部	半山型	1500	山脚下	300～400
岱边村	首占镇	东部	沿海型	2000	沿海平原	50～150
佑林村	首占镇	东部	沿海型	600	沿海平原	50～150
文石村	潭头镇	东部	沿海型	1350	沿海平原	50～150
碧岭村	潭头镇	东部	沿海型	2000	沿海平原	50～150
曹朱村	潭头镇	东部	沿海型	2576	沿海平原	50～150
梅洋村	江南乡	东部	山区型	1050	高山上	600～800
南山村	潘渡乡	东部	山区型	380	高山上	600～800
陀市村	潘渡乡	东部	平地型	2400	平地	100～200
定安村	琯头镇	东部	沿海型	3100	沿海平原	50～150
长汀村	鳌江镇	东部	平地型	1300	平地	50～150
西溪村	南岭镇	东部	山区型	1100	高山上	800～1000
梨洞村	南岭镇	东部	半山型	1200	山脚下	300～400
小南洋村	龙江街道	东部	半山型	680	山脚下	200～300
晨光村	海口镇	东部	沿海型	5360	沿海平原	50～150
南厝村	海口镇	东部	沿海型	5100	沿海平原	50～150
温厝村	海沧镇	南部	沿海型	4000	沿海平原	50～150
鼎美村	东孚镇	南部	沿海型	3000	沿海平原	50～150
许庄村	后溪镇	南部	半山型	800	半山腰	300～400
刘五店村	新店镇	南部	沿海型	3000	沿海平原	50～150
窗东村	马巷镇	南部	沿海型	3000	沿海平原	50～150
西林村	新店镇	南部	沿海型	3870	沿海平原	50～150
小坪村	莲花镇	南部	山区型	2000	高山上	600～800
潘涂村	西柯镇	南部	沿海型	10000	沿海平原	50～150
后坂村	马巷镇	南部	沿海型	2000	沿海平原	50～150
西亭村	杏林街道	南部	沿海型	5000	沿海平原	50～150
陈井村	灌口镇	南部	沿海型	2000	沿海平原	50～150
后柯村	东孚镇	南部	沿海型	2000	沿海平原	50～150
南书村	紫泥镇	南部	沿海型	2460	沿海平原	50～150
乔星管村	双弟农场	南部	平地型	930	平地	100～200
巧山村	颜厝镇	南部	平地型	2600	平地	100～200

（续）

村庄名称	所在乡镇	方位	所属类型	人口数量（个）	村庄地形	海拔高度（m）
上寮村	海澄镇	南部	沿海型	2380	沿海平原	50~150
张渠村	山城镇	南部	平地型	1360	平地	50~150
村中村	南坑镇	南部	山区型	1300	高山上	800~1000
南塘村	南坑镇	南部	山区型	1300	高山上	800~1000
上版村	书洋镇	南部	山区型	1200	高山内	600~800
新吴村	陈巷镇	南部	山区型	1400	高山上	600~800
上花村	陈巷镇	南部	平地型	3200	平地	50~150
科山村	枋洋镇	南部	平地型	2000	平地	50~150
积山村	兴泰工业区	南部	平地型	4000	平地	50~150
白沙村	旧镇	南部	沿海型	4100	沿海平原	50~150
山前村	霞美镇	南部	沿海型	3800	沿海平原	50~150
下楼村	大南坂镇	南部	平地型	1200	平地	50~150
车本村	石榴镇	南部	山区型	408	高山上	1000~1200
郑坊村	大同镇	西部	半山型	1180	山脚下	400~600
陈坊村	策武乡	西部	平地型	2700	平地	50~150
陈坑村	河田镇	西部	半山型	1886	山脚下	400~500
张地村	铁长乡	西部	山区型	1000	高山上	800~1000
芦地村	铁长乡	西部	山区型	943	高山上	800~1000
大绩村	中堡镇	西部	半山型	1700	山脚下	400~600
教文村	武东乡	西部	山区型	900	高山内	600~800
卦坑村	中山镇	西部	半山型	100	山脚下	400~600
阳民村	中山镇	西部	平地型	1240	平地	100~200
垇坑村	城厢乡	西部	平地型	1800	平地	100~200
富光村	中都镇	西部	半山型	480	高山上	800~1000
白玉村	临城镇	西部	半山型	1030	半山腰	400~500
扁山村	旧县乡	西部	山区型	820	高山内	1000~1200
上浦村	湖洋乡	西部	平地型	1000	平地	50~150
茜黄村	白砂镇	西部	半山型	700	山脚下	400~500
许坊村	北团镇	西部	平地型	1005	平地	100~200
文峰村	北团镇	西部	半山型	670	半山腰	400~500
华垅村	姑田镇	西部	平地型	1400	平地	50~150
上堡村	姑田镇	西部	平地型	3070	平地	100~200
布地村	揭乐乡	西部	半山型	100	高山内	800~1000
长城村	石屯镇	北部	平地型	2600	平地	100~200
梅坡村	星溪乡	北部	半山型	1060	山脚下	300~400
高林村	铁山镇	北部	山区型	2069	高山内	1000~1200
李屯洋村	铁山镇	北部	半山型	1190	山脚下	300~400
洋舍村	镇前镇	北部	山区型	1000	高山上	1000~1200
曹岩村	房道镇	北部	山区型	600	高山上	1000~1200

（续）

村庄名称	所在乡镇	方位	所属类型	人口数量（个）	村庄地形	海拔高度（m）
连地村	房道镇	北部	半山型	1560	山脚下	400～600
峡头村	房道镇	北部	山区型	900	高山上	1000～1200
东安村	建安街道	北部	平地型	2300	平地	100～200
良种场村	东风镇	北部	半山型	300	山脚下	300～400
周源村	沿山镇	北部	山区型	700	高山内	800～1000
古山村	沿山镇	北部	半山型	2050	山脚下	300～400
王亭村	水北镇	北部	半山型	1600	山脚下	300～400
龙斗村	水北镇	北部	平地型	2040	平地	100～200
杨梅岭村	水北镇	北部	山区型	890	高山内	800～1000
上梅村	上梅乡	北部	山区型	1612	高山内	800～1000
里江村	上梅乡	北部	山区型	920	高山上	600～800
茶景村	上梅乡	北部	半山型	2300	半山腰	400～500
黄村	星村镇	北部	平地型	1700	平地	50～150
曹墩村	星村镇	北部	平地型	1600	平地	50～150

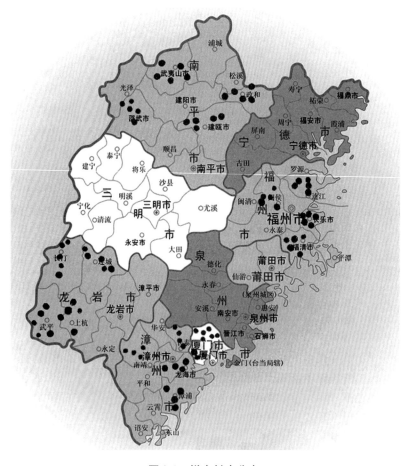

图2-1　样本村庄分布

Fig. 2-1　Distribution of sample villages

5. 村庄类型界定与乡村人居林种类

(1)村庄类型界定 按照乡村人居林植物组成特征和分布特点,本研究将乡村类型划分为山区型、半山型、平地型和沿海型4类。其中,山区型主要位于高山上或高山内,多数海拔在800~1500m;半山型主要位于山脚下或半山腰,多数海拔在400~600m;平地型主要位于平地区域,多数海拔在50~150m;沿海型主要位于沿海平原区,多数海拔在50~150m。

(2)研究内容与区域界定 调查研究单元选择行政村为研究对象,对于自然村较多且分散的行政村采用调查行政村所在村村民集中居住区。

调查和研究内容主要包括庭院林、道路林、水岸林、风水林和游憩林五个部分,研究区域主要为村民居住活动区。其中,庭院林边界界定包括房前屋后,其他类型林边界以村民居住活动所能达到范围为边界。

(二)调查方法

1. 调查时间安排

外业调查总共分两次进行。第一次时间为2009年3月4日至5月7日,共计63天,主要对福建省乡村人居林植物组成现状进行普查,同时开展问卷调查。第二次时间为7月30日至8月16日,共计18天,主要在第一次调查基础上选取4种类型典型乡村人居林开展二次调查,获取乡村人居林质量评价和结构优化模型基础数据。

2. 具体调查测定和分析方法

(1)乔木调查方法

调查内容:主要包括乔木的树种、株数、胸径、树高、冠幅、健康状况、是否新种等内容。同时,还对道路林、水岸林、风水林和游憩林乔木分布区域和分布状况也进行调查。

对乔木进行每木检尺,测定胸径、树高、冠幅、枝下高,同时记录出现株数和栽植时间。

乔木健康等级采用评分法。根据国家森林资源连续清查技术规定(国家林业局,2003),按照林木的生长发育、外观表象特征及受灾情况特征综合评定森林健康状况,划分为健康、较健康、正常、不健康4个等级进行评分(表2-2)。

表2-2 林木健康等级评定标准

Tab. 2-2 Grading standards for forest health

健康等级	评定标准	分数
健康	林木生长发育良好,枝干发达,树叶大小和色泽正常,能正常结实和繁殖,未受任何灾害	90~100
较健康	林木生长发育较好,树叶偶见发黄、褪色或非正常脱落(发生率10%以下),结实和繁殖受到一定程度的影响,未受灾或轻度受灾	80~90
正常	林木生长发育一般,树叶存在发黄、褪色或非正常脱落现象(发生率10%~30%),结实和繁殖受到抑制,或受到中度灾害	60~80
不健康	林木生长发育达不到正常状态,树叶多见发黄、褪色或非正常脱落(发生率30%以上),生长明显受到抑制,不能结实和繁殖,或受到重度灾害	0~60

是否新种乔木,采用访谈法,通过对村民问询、交谈获得。

分布状况中,乔木分布长度通过卷尺测量单株乔木长度,然后相加获得,其他分布情况如实记录。

（2）灌木调查方法

调查内容:主要包括灌木的种类、株数、地径、株高、冠幅、健康状况、是否新种等内容。同时,还对道路林、水岸林和游憩林灌木分布区域和分布状况也进行调查。

对灌木进行每木(丛)检尺,测定地径、株高、冠幅、枝下高,同时记录出现株数和栽植时间。在进行株数统计时,对分权较多、丛生的灌木,只统计丛。灌木的健康等级、是否新种、分布长度参考乔木的测定。

（3）草本调查方法

调查内容:主要包括草本的种类、株数、地径、株高、冠幅、健康状况、是否新种等内容。同时,还对道路林、水岸林和游憩林草本分布区域和分布状况也进行调查。

对草本进行每木登记,分别记录地径、株高、冠幅、枝下高,同时记录出现株数和栽植时间。草本的健康等级、是否新种、分布长度参考乔木的测定。

（4）藤本调查方法

调查内容:主要包括藤本的种类、株数、地径、株高、冠幅、健康状况、是否新种等内容。

主要参数测定:

对藤本进行每木登记,分别记录地径、株高、冠幅、枝下高,同时记录出现株数和栽植时间。藤本高的测定采用直尺测量,每株藤本的高度测量地面到藤本垂直生长最高点的长度值;藤本冠幅的测定采用藤本所依附墙体面积长×宽。藤本的健康等级、是否新种参考乔木的测定。

（5）竹类调查方法

为了分析和计算方便,竹类将大型竹种(竹高4m以上)归入乔木测定,按照乔木方法进行调查;小型竹种(4m以下)列入灌木,按灌木方法进行测定与统计。

（6）物种多样性调查方法

乡村人居林作为一个受人工干扰强烈的植物群落,其物种多样性调查方法采用城市森林、城市公园群落调查方法(高贤明等,1998;兰思仁,2002;雷海清等,2005;林凤,2008),在选定的调查村庄内设立20m×20m标准样地。在每个标准样地内,对所有的植物采用每木登记法,分别记录植物的种名、胸径、株高、冠幅、枝下高、株数等信息,然后计算乡村人居林的物种多样性指标(Scott等,1987;Keith等,2000;Moser等,2002),计算公式如下:

Patrick 丰富度指(S)

$$S = R \qquad (2.7)$$

Simpson 多样性指数(D)

$$D = 1 - \sum_{i=1}^{n} \frac{N_i(N_i - 1)}{N(N - 1)} \qquad (2.8)$$

Shannon-Wiener 多样性指数(H)

$$H = - \sum_{i=1}^{n} P_i \ln P_i \qquad (2.9)$$

Pielou 均匀度指数(J)

$$J = \frac{H}{\ln S} \qquad (2.10)$$

相似度指数计算公式

Jaccard 相似度系数(S_j)：

$$S_j = \frac{a}{a + b + c} \qquad (2.11)$$

式中，a 是群落 A 和群落 B 共有的物种数量，b 是群落 B 有但群落 A 没有的物种数量，c 是群落 A 有但群落 B 没有的物种数量。

二、乡村庭院林结构特征

当前，我国对乡村庭院林研究主要在庭院绿化树种选择、栽培种植技术和绿化模式探讨 3 个方面，且研究比较零散，只针对某一类型庭院。以省域尺度，结合乡村人居林植物组成特征和分布特点，对福建省进行乡村类型划分，在全省范围内开展乡村庭院林结构特征分析，对摸清福建省乡村庭院林资源与特征，指导福建省新农村绿化建设具有重要现实意义。

(一)庭院林科、属、种组成特征

福建省乡村庭院林植物组成种类丰富，整体包括 86 个科、186 个属、245 个种(表2-3)，以棕榈科、桑科、蔷薇科、木犀科、木兰科、禾本科、豆科、大戟科、百合科、天南星科、芸香科为主。

1. 不同地势地形庭院林科、属、种组成特征

从庭院林组成种类来看，乡村庭院林的科、属、种组成种类丰富，总体呈现明显的规律性：沿海型 > 平地型 > 半山型 > 山区型。从科、属、种内部组成来看，乡村庭院林科的变化幅度最小为 22.09%，而属、种变化幅度较大且相近，分别为 28.50% 和 27.75%。

从庭院林植物组成数量来看，总体差异性较大，且呈现显著特征：沿海型 > 平地型 > 山区型 > 半山型。其中，沿海型乡村庭院植物组成数量明显较大，占总体数量的 52.83%，是平地型的 2.01 倍，山区型的 4.90 倍，半山型的 5.22 倍。平地型乡村庭院植物组成数量占总体数量的 26.27%，而山区型和半山型乡村庭院林植物数量仅占 10.78% 和 10.12%，乡村庭院林植物组成数量表明当前在乡村庭院林建设中，沿海型乡村庭院林建设相对较好，植物组成丰富，而山区型和半山型庭院林建设相对滞后。

2. 不同地理位置庭院林科、属、种组成特征

从庭院林组成种类来看，庭院林科、属、种总体组成分布呈现明显的规律性：南部 > 东部 > 西部 > 北部。从科、属、种内部组成来看，乡村庭院林属的变化幅度最大，占 36.02%，其次为种的变化幅度，占 30.61%，而科的变化幅度最小，为 26.75%。这表明不同方位庭院林科、属、种的变化幅度大于不同地貌类型，庭院林植物种类受气候的影响

大于温度影响。

从庭院林组成数量来看，总体差异性较大，且呈现出显著特征：南部＞东部＞西部＞北部。且南部乡村庭院植物组成数量明显比重较大，占总体数量的48.85%，东部乡村庭院植物组成数量占总体的27.63%，而西部和北部乡村庭院林植物数量仅占14.01%和9.51%，乡村庭院林植物组成数量表明当前在乡村庭院林建设中，南部和东部乡村庭院林建设相对较好，而西部和北部庭院林建设相对滞后。

这种结构的产生主要与气候条件、村民经济水平和村民意识有关。其中，植物组成种类主要受气候条件的影响，东部和南部属于亚热带季风气候，植物组成种类相对丰富，西部和北部属于中亚热带季风区，植物组成种类相对较少。而沿海型主要位于东部和南部，山区型和半山型主要位于西部和北部。植物组成数量也与村民经济水平和村民意识有关，南部与东部、沿海型与平地型经济水平较高，村民绿化意识较强，庭院林种植植物数量较多，而西部与北部、山区型与半山型村民经济水平较低，村民绿化意识较弱，庭院林种植植物数量较少。

表2-3　庭院林植物科、属、种比较

Tab. 2-3　The comparison of plants in the family, genus and species with courtyard forest

类　型		科		属		种		株数	
		数量	比例（%）	数量	比例（%）	数量	比例（%）	数量	比例（%）
地势地形	山区型	52	60.47	83	44.62	104	42.45	2442	10.78
	半山型	58	67.44	98	52.69	120	48.98	2292	10.12
	平地型	63	73.26	115	61.83	144	58.78	5948	26.27
	沿海型	71	82.56	136	73.12	172	70.20	11962	52.83
地理位置	东部	64	74.42	117	62.90	141	57.55	6256	27.63
	南部	64	74.42	132	70.97	156	63.67	11061	48.85
	西部	49	56.98	71	38.17	86	35.10	3173	14.01
	北部	41	47.67	65	34.95	81	33.06	2154	9.51
总计		86	100	186	100	245	100	22644	100

（二）庭院林乔、灌、花（草）、藤本组成特征

福建省乡村庭院林植物组成种类和数量总体呈现明显规律性：乔木＞花草＞灌木＞藤本（表2-4）。其中，乔木种类占总体47.35%，数量占总体47.56%；其次为花草，种类占总体29.39%，数量占总体33.63%；而灌木和藤本种类和数量均较少。这表明当前在乡村庭院林建设中乔木仍为主体，其次为花草，而藤本植物应用较少。

1. 不同地势地形庭院林乔、灌、花（草）、藤本组成特征

从庭院林组成种类来看，乔木变化幅度不大，而灌木和花草变化幅度较大，藤本种类相对单一。其中，庭院林乔木种类趋于一致，变化幅度仅为12.93%，而庭院林灌木种类差别较大，变化幅度达44.9%。其中，沿海型灌木种类明显丰富，占总体77.55%，其次为平地型，占46.94%，而山区型和半山型则相对贫乏，仅占34.69%和32.65%。庭院林

花草种类差别也较大，变化幅度达 43.05%，其中，沿海型花草种类明显丰富，占总体 69.44%，其次为平地型和半山型，分别占 51.39% 和 40.28%，而山区型植物种类则相对单一，仅占 26.39%。庭院林藤本植物沿海型种类丰富，而平地型、半山型和山区型都比较单一。

从庭院林组成数量来看，沿海型庭院林的乔木、灌木、花草、藤本分布数量均为最多，其次为平地型，而半山型和山区型分布数量均较少。从山区型庭院林组成数量来看，总体呈现特征为：乔木 > 灌木 > 花草 > 藤本，且分别占 69.45%、16.71%、13.35% 和 0.49%，表明当前在山区型乡村庭院林建设中乔木组成数量占绝大比重，山区型乡村庭院林建设中仍以乔木为主。从半山型和平地型庭院林组成数量来看，总体呈现特征为：乔木 > 花草 > 灌木 > 藤本，且半山型比例为 58.20%、31.41%、10.60% 和 0.57%，平地型比例为 58.56%、25.05%、14.59% 和 1.80%，表明当前在半山型和平地型乡村庭院林建设中乔木仍为主体，但花草数量已经明显增加，位居总数量第二。从沿海型庭院林组成数量来看，总体呈现特征为花草 > 乔木 > 灌木 > 藤本，且分别占 42.61%、35.59%、18.26% 和 3.54%，表明当前在沿海型乡村庭院林建设中花草数量占据主体，其次为乔木，而灌木和藤本数量比重较少。

2. 不同地理位置庭院林乔、灌、花(草)、藤本组成特征

从庭院林组成种类来看，依然是灌木和花草变化幅度较大，乔木变化幅度不大，而藤本种类单一。其中，灌木种类变化幅度为 32.65%，花草种类变化幅度为 58.33%，这表明不同方位庭院林花草的变化幅度大于不同地貌类型，庭院林花草种类与地区的关系更紧密，不同的地区气候条件差异性决定了花草种类的差异。同时还表明不同地貌类型庭院林灌木的变化幅度大于不同方位类型，庭院林灌木种类与地貌类型的关系更紧密，不同地貌类型村民的需求成为影响灌木种类的重要因素。

从庭院林组成数量来看，南部庭院林的乔木、灌木、花草、藤本分布数量均为最多，其次为东部，而西部和北部分布数量均较少。从东部庭院林组成数量来看，总体呈现特征为：花草 > 乔木 > 灌木 > 藤本，且分别占 43.65%、36.57%、17.45% 和 2.32%，这表明在东部乡村庭院林建设中花草数量占绝大比重，已经成为庭院林建设的主体。从南部、西部和北部庭院林组成数量来看，呈现总体特征为：乔木 > 花草 > 灌木 > 藤本，其中南部比例为 47.52%、31.72%、17.09% 和 3.68%，西部比例为 55.59%、27.45%、16.89% 和 0.06%，北部比例为 67.87%、23.44%、8.59% 和 0.09%，这表明当前在南部、西部和北部乡村庭院林建设中乔木仍为主体，但花草数量已经明显增加，位居第二。

这种结构的产生主要与村民经济水平和村民喜好有关。其中，村民经济水平较高地区，尤其是东部、南部、沿海型村庄，由于经济条件较好，村民庭院普遍开展了绿化，尤其是花草的种植，而经济水平较差的地区庭院种植种类和数量都较少。村民的喜好也是产生这种结构的一个重要因素，东部、南部、沿海型村民，经济条件好，种植花草已经成为了一种需要和爱好，使得庭院种植植物的种类和数量都较多。

表2-4 庭院林乔、灌、花草、藤本构成比较

Tab. 2-4 The composition comparison of arbor, shrub, herbage and vine with courtyard forest

类　型		乔木		灌木		花草		藤本	
		种类	数量	种类	数量	种类	数量	种类	数量
地势地形	山区型	66	1696	17	408	19	326	2	12
	半山型	73	1334	16	243	29	702	2	13
	平地型	81	3483	23	868	37	1490	3	107
	沿海型	77	4257	38	2184	50	5097	7	424
地理位置	东部	72	2288	27	1092	40	2731	2	145
	南部	74	5256	26	1890	51	3508	5	407
	西部	56	1764	15	536	13	871	2	2
	北部	59	1462	11	185	9	505	2	2
总计		116	10770	49	3703	72	7615	8	556

（三）庭院林主要林种组成特征

福建省乡村庭院林植物种类组成规律为：观赏性＞林果性＞用材性＞其他，数量组成以林果性和观赏性用途植物为主（表2-5）。因为植物一般兼有多种用途，这里仅采用庭院植物的最主要用途，其中，其他用途主要包括经济、原料、香料、油料、药用、绿篱等。从庭院林植物种类组成来看，观赏性植物由152种组成，占总体57.14%，其次为林果性和用材性植物，分别占总体16.54%和15.41%，而其他用途植物仅占总体10.91%。这表明当前在乡村庭院林建设中植物观赏性、林果性和用材性三种用途特征显著，尤其观赏性已成为最主要特征。从庭院林植物数量组成来看，林果型和观赏型植物分别占总体数量的42.83%和40.96%，这表明当前在乡村庭院中村民种植的主要目的是为了观赏和食用。

1. 不同地势地形庭院林林种组成特征

从庭院林组成种类来看，林果性和用材性植物的变化幅度较小，而观赏性植物的变化幅度较大。其中，林果性植物的变化幅度仅为11.36%，用材性植物的变化幅度为21.95%，而观赏性植物的变化幅度达49.34%。从乡村庭院林种类组成比重来看，依山区型、半山型、平地型和沿海型变化，观赏性植物种类逐渐丰富，林果性、用材性和其他用途植物种类比例逐渐减少，乡村庭院林用途特征日益呈现单一化发展趋势。

从庭院林组成数量来看，山区型和半山型乡村庭院林建设都以林果为主要目的，观赏性次之。平地型和沿海型乡村庭院林建设中都以观赏和林果两种为主要目的。从林果性分布特征来看，总体特征呈现：沿海型＞平地型＞山区型＞半山型，且分别占总体54.84%、23.29%、11.03%和10.84%，说明当前沿海型保留下来的林果数量最多，其次为平地型、山区型种植林果数量比半山型多。从观赏性分布特征来看，总体特征呈现：沿海型＞平地型＞半山型＞山区型，且分别占总体57.96%、27.48%、7.40%和7.16%，这表明当前沿海型庭院观赏性植物数量多，其次为平地型，而山区型和半山型乡村庭院观赏性植物数量仍然较少。

2. 不同地理位置庭院林林种组成特征

从庭院林组成种类来看，依然是林果性和用材性种类的差异性较小，观赏性种类的差异性较大。其中，林果性植物的变化幅度为 15.91%，用材性植物的变化幅度仅为 4.88%，而观赏性植物的变化幅度达 43.42%。这表明不同方位的用材性植物变化幅度小于不同地貌类型，用材性植物种类主要与不同地貌类型的村民需求有关。从乡村庭院林种类组成比重看，东部和南部观赏性植物种类所占比重大于西部和北部，其中东部和南部观赏性植物种类所占比重均超过 60%，而西部和北部观赏性植物种类所占比重仅占 45% 左右。

从庭院林组成数量来看，东部以观赏性为主，南部以林果性为主，而西部和北部均以观赏和林果两种为主。从林果性分布特征来看，总体特征呈现：南部＞东部＞西部＞北部，且分别占总体 56.20%、23.59%、10.91% 和 9.30%，说明当前南部保留下来林果数量最多，其次为东部，西部和北部林果数量相当。从观赏性分布特征来看，总体特征呈现：南部＞东部＞西部＞北部，且分别占总体 42.06%、32.14%、14.91% 和 10.89%，这表明当前南部庭院观赏性植物数量多，其次为东部，而西部和北部乡村庭院观赏性植物数量仍然较少。

这种由林果性和观赏性为主的乡村庭院林结构与乡村经济水平和传统文化习惯有关。经济水平较差的村庄，多种植桃树、梨树、柿树等林果性树种，种植的目的主要是村民为了满足自己食用需要和经济收入，而经济水平较高的村庄，多种植大王椰子、假槟榔、蒲葵等观赏性树种，种植的目的是为了满足自身观赏需要和生活需要。同时，庭院种植结构还与当地传统文化保留习惯有关，东部和南部、沿海型和平地型有些村庄，长期以来普遍有种植龙眼的习惯，且保留完好，使得龙眼成为村庄的主要庭院植物。

表 2-5　庭院林主要林种组成比较

Tab. 2-5　The composition comparison of the main tree species with courtyard forest

类　型		林果		观赏		用材		其他	
		种类	数量	种类	数量	种类	数量	种类	数量
地势地形	山区型	23	1070	44	664	24	228	13	480
	半山型	27	1051	57	686	23	348	13	207
	平地型	29	2259	78	2549	24	483	13	657
	沿海型	26	5318	119	5376	15	564	12	704
地理位置	东部	29	2288	85	2981	14	549	13	438
	南部	25	5450	103	3901	13	645	15	1065
	西部	22	1058	39	1383	13	344	12	388
	北部	22	902	37	1010	12	85	10	157
总计		44	9698	152	9275	41	1623	29	2048

(四)庭院林优势种特征

由表2-6可见，福建省乡村庭院林前十种优势植物能够充分反映和代表不同类型和方位的庭院林优势种。从不同地势地形来看，乡村庭院林 10 种优势植物累计所占数量比例均占 50% 以上，其中，山区型 9.62% 植物种类所占数量比重为 56.3%，半山型 8.33% 植物种类所占数量比重为 52.3%，平地型 6.94% 植物种类所占数量比重为 51.5%，沿海型 5.81% 植物种类所占数量比重为 59.5%；从不同地理位置来看，乡村庭院林 10 种优势植物累计所占数量比例均占绝大多数，其中东部 7.09% 植物种类所占数量比重为 48.99%，南部 6.41% 植物种类所占数量比重为 58.29%，西部 11.63% 植物种类所占数量比重为 57.17%，北部 12.34% 植物种类所占数量比重为 61.75%。因此，10 种主要优势植物能够从整体上反映和代表整个福建省乡村庭院林优势植物的基本情况。

表 2-6　庭院林主要优势植物占总体数量比重

Tab. 2-6　The proportion of the dominant advantage plants with courtyard forest

类型		10 种优势植物所占比例（%）	其他植物所占比例（%）
地势地形	山区型	56.3	43.7
	半山型	52.3	47.7
	平地型	51.5	48.5
	沿海型	59.5	40.5
地理位置	东部	48.99	51.01
	南部	58.29	41.71
	西部	57.17	42.83
	北部	61.75	38.25

表 2-7　庭院林主要优势植物组成比较

Tab. 2-7　The composition comparison of dominant advantage plants with courtyard forest

类型		项目	优势植物									
			1	2	3	4	5	6	7	8	9	10
地势地形	山区型	优势种	棕榈	桂花	桃树	梨树	柿树	枇杷	柑橘	李树	龙眼	茶花
		株数	246	244	222	168	136	96	78	68	66	50
		比例（%）	10.1	10.0	9.1	6.9	5.6	3.9	3.2	2.8	2.7	2.0
	半山型	优势种	桂花	枇杷	龙眼	杉木	柑橘	桃树	梨树	板栗	柿树	棕榈
		株数	252	180	132	120	117	111	105	66	60	54
		比例（%）	11.0	7.9	5.8	5.2	5.1	4.8	4.6	2.9	2.6	2.4
	平地型	优势种	龙眼	桂花	苏铁	枇杷	榕树	茶树	桃树	兰花	柿树	香樟
		株数	795	773	243	243	225	178	173	165	138	130
		比例（%）	13.4	13.0	4.1	4.1	3.8	3.0	2.9	2.8	2.3	2.1
	沿海型	优势种	龙眼	苏铁	杧果	榕树	三角梅	九里香	番石榴	木瓜	枇杷	苦楝
		株数	3060	768	744	700	372	356	340	276	268	244
		比例（%）	25.6	6.4	6.2	5.9	3.1	3.0	2.8	2.3	2.2	2.0
地理位置	东部	优势种	龙眼	苏铁	榕树	杧果	苦楝	番石榴	枇杷	枣树	桂花	三角梅
		株数	548	526	424	423	220	214	202	192	171	145
		比例（%）	8.76	8.41	6.78	6.76	3.52	3.42	3.23	3.07	2.73	2.32
	南部	优势种	龙眼	榕树	苏铁	杧果	木瓜	九里香	三角梅	番石榴	桂花	桃树
		株数	3102	560	429	421	388	369	353	317	268	241
		比例（%）	28.04	5.06	3.88	3.81	3.51	3.34	3.19	2.87	2.42	2.18

（续）

类型		项目	优势植物									
			1	2	3	4	5	6	7	8	9	10
地理位置	北部	优势种	桂花	桃树	杉木	枇杷	棕榈	女贞	茶花	梨树	柑橘	柿树
		株数	602	183	155	152	150	127	126	112	107	100
		比例(%)	18.97	5.77	4.88	4.79	4.73	4.00	3.97	3.53	3.37	3.15
	北部	优势种	桂花	枇杷	棕榈	梨树	桃树	柑橘	兰花	罗汉松	李树	白玉兰
		株数	348	170	148	146	137	111	78	77	70	45
		比例(%)	16.16	7.89	6.87	6.78	6.36	5.15	3.62	3.57	3.25	2.09

由表2-7可见，福建省不同类型和方位的乡村庭院林植物组成差异明显。从不同地势地形来看，山区型和半山型乡村庭院林优势植物由经济树种组成，而平地型和沿海型乡村庭院林优势植物由观赏性和经济性树种共同组成。从不同地理位置来看，西部和北部乡村庭院林优势植物由经济性树种组成，而东部和南部乡村庭院林优势植物由观赏性和经济性树种共同组成。

1. 不同地势地形庭院林优势种特征

山区型乡村庭院林优势植物有：棕榈、桂花、桃树、梨树、柿树、枇杷、柑橘、李树、龙眼和茶花（图2-2），其中棕榈和桂花比例均在10%以上，棕榈数量最多，占10.1%，多为传统保留下来的庭院树种，其次为桂花，占10.0%，多是随着近年来城市化进程被引进山区。其他优势植物多以传统经济性果树为主，主要包括：桃树、梨树、柿树、枇杷、柑橘、李树等传统树种。

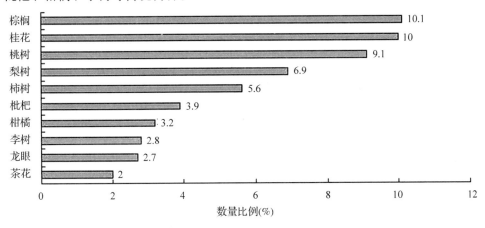

图2-2 山区型乡村庭院林主要植物数量分布

Fig. 2-2 The quantity distribution of main plants in mountainous type courtyard

半山型乡村庭院林优势植物有：桂花、枇杷、龙眼、杉木、柑橘、桃树、梨树、板栗、柿树和棕榈（图2-3），其中桂花比例最高，占11.0%，这表明半山型乡村庭院林比山区型受城市化影响更大，其他优势植物仍以经济性果树为主，主要包括：枇杷、龙眼、柑橘、桃树、梨树、板栗、柿树等。

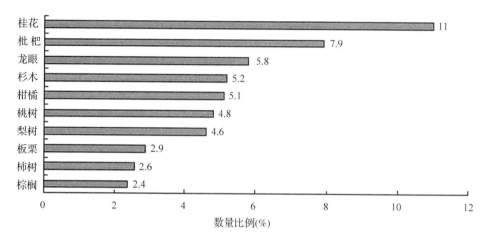

图2-3 半山型乡村庭院林主要植物数量分布

Fig. 2-3 The quantity distribution of main plants in hill type courtyard

平地型乡村庭院林优势植物有：龙眼、桂花、苏铁、枇杷、榕树、茶树、桃树、兰花、柿树和香樟（图2-4），其中，龙眼和桂花比例均在10%以上，龙眼数量最多，占13.4%，多为平地传统保留下来的庭院树种，其次为桂花，占13.0%，多为近年来村民生活需求种植。其他优势植物以观赏性和经济性相结合为主，包括：苏铁、榕树、茶树、兰花等观赏性植物和枇杷、桃树、柿树等经济树种。

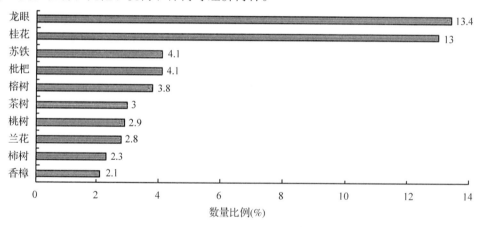

图2-4 平地型乡村庭院林主要植物数量分布

Fig. 2-4 The quantity distribution of main plants in plain type courtyard

沿海型乡村庭院林优势植物有：龙眼、苏铁、杧果、榕树、三角梅、九里香、番石榴、木瓜、枇杷和苦楝（图2-5），其中龙眼数量最多，占25.6%，多为沿海型乡村传统保留树种，其他优势植物多以观赏性和经济性相结合为主，主要包括：苏铁、榕树、三角梅、九里香等观赏性植物和杧果、番石榴、木瓜、枇杷等沿海型经济树种。

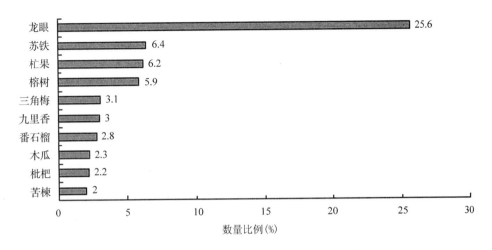

图2-5 沿海型乡村庭院林主要植物数量分布

Fig. 2-5 The quantity distribution of main plants in coastal type courtyard

2. 不同地理位置庭院林优势种特征

东部乡村庭院林优势植物有：龙眼、苏铁、榕树、杧果、苦楝、番石榴、枇杷、枣树、桂花和三角梅（图2-6），其中龙眼、苏铁、榕树和杧果数量相对较多，龙眼、榕树和杧果多为传统保留下来的庭院树种，苏铁是近年来广大村民门口喜欢种植的植物，这与闽东生态文化有关，其他优势植物多以传统经济性果树和观赏性植物为主，主要包括：番石榴、枇杷、枣树等经济性果树和桂花、三角梅等观赏性植物。

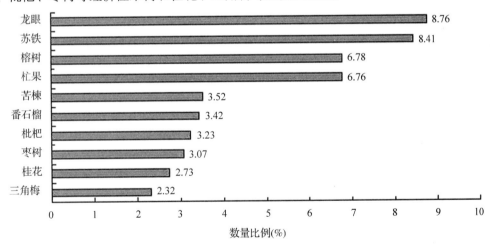

图2-6 东部乡村庭院林主要植物数量分布

Fig. 2-6 The quantity distribution of main plants in east courtyard

南部乡村庭院林优势植物有：龙眼、榕树、苏铁、杧果、木瓜、九里香、三角梅、番石榴、桂花和桃树（图2-7），其中龙眼数量比例最高，占28.04%，多为传统保留下来庭院树种，其他优势植物多以观赏性和经济性相结合为主，主要包括：榕树、苏铁、九里香、三角梅、桂花等观赏性植物和杧果、番石榴、木瓜、桃树等经济树种。

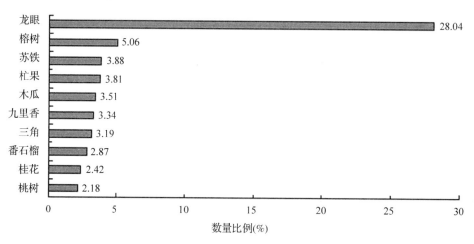

图 2-7　南部乡村庭院林主要植物数量分布

Fig. 2-7　The quantity distribution of main plants in south courtyard

西部乡村庭院林优势植物有：桂花、桃树、杉木、枇杷、棕榈、女贞、茶花、梨树、柑橘和柿树（图 2-8），其中桂花比例最高，占 18.97%，这表明桂花在近年来被西部乡村村民所广泛种植，已经成为西部乡村的优势植物，其他优势植物以经济性果树为主，主要包括：桃树、枇杷、梨树、柑橘、柿树等。

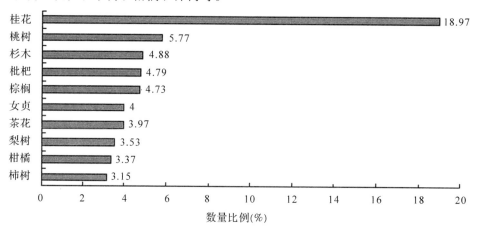

图 2-8　西部乡村庭院林主要植物数量分布

Fig. 2-8　The quantity distribution of main plants in west courtyard

北部乡村庭院林优势植物有：桂花、枇杷、棕榈、梨树、桃树、柑橘、兰花、罗汉松、李树和白玉兰（图 2-9），其中桂花比例最高，占 16.16%，这表明北部乡村庭院林仍以桂花为主要优势植物，其他优势植物仍以经济性果树为主，主要包括：枇杷、梨树、桃树、柑橘、李树等。

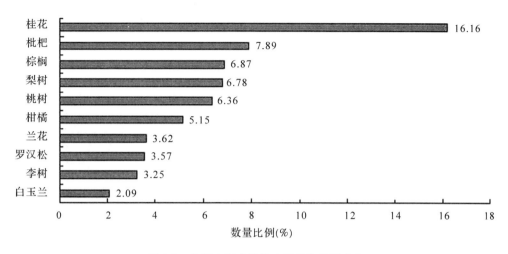

图2-9 北部乡村庭院林主要植物数量分布

Fig. 2-9 The quantity distribution of main plants in north courtyard

庭院林优势种组成差异的原因主要有3个：一是与传统文化保留有关，如龙眼、榕树、棕榈等植物，受当时乡村需求和传统文化的影响，被大量保留下来，成为乡村庭院的优势植物；二是与引进植物有关，如桂花等植物，多随着城市化进程被广泛引入乡村庭院中，也成为庭院的优势植物；三是与当地村民的实际需求有关，如山区型和半山型村民对林果性树种的需求较高，常见经济性植物成为了庭院的优势植物，而沿海型村民对观赏性植物的需求较高，常见观赏性植物成为庭院的优势植物。

（五）庭院林应用频率特征

乡村庭院林植物应用频率反映了村民对于植物的喜好程度。福建省乡村庭院林应用频率较高的植物多由传统庭院种植保留下来，主要有龙眼、杧果、榕树、桃树、柿树、梨树、棕榈等（表2-8），近年来桂花种植较为普遍，同时，枇杷、罗汉松、茶花、三角梅、番石榴、苏铁、木瓜、九里香等种植也较多。

1. 不同地势地形庭院林应用频率特征

山区型乡村庭院林应用频率前10位是：桃树、桂花、梨树、柿树、棕榈、枇杷、龙眼、茶花、番石榴和李树。其中桃树应用频率最高，达到21.4，应用频率在10以上的还有桂花、梨树、柿树、棕榈、枇杷。这表明山区型乡村村民对桃树、梨树、柿树、枇杷等传统经济果树的喜爱。

半山型乡村庭院林应用频率前10位是：桂花、龙眼、枇杷、桃树、杉木、梨树、柑橘、柿树、板栗和苏铁。其中桂花应用频率最高，达到31.4，应用频率在10以上的还有龙眼、枇杷、桃树、杉木，应用频率在5~10的还有梨树、柑橘、柿树和板栗，这表明半山型乡村村民对于桂花的喜欢程度高，同时对于龙眼、枇杷、桃树、梨树、柑橘、柿树、板栗等经济树种还存在依赖关系。

平地型乡村庭院林应用频率前10位是：龙眼、桂花、枇杷、榕树、苏铁、茶树、桃树、月季、番石榴、柿树。其中龙眼应用频率最高，达到30.9，其次为桂花，达到23.9，应用频率在 10 以上的还有枇杷、榕树、苏铁、茶树，这表明平地型乡村龙眼保留较多，观赏性植物桂花、榕树、苏铁、茶树、月季等受到村民普遍喜爱，同时，枇杷、桃树、番石榴、柿树等经济树种村民仍喜欢种植。

沿海型乡村庭院林应用频率前 10 位是：龙眼、榕树、杧果、苏铁、三角梅、枇杷、番石榴、九里香、苦楝和木瓜。其中龙眼应用频率最高，达到 41.9，应用频率 10 以上的还有榕树、杧果、苏铁，应用频率 5～10 的有三角梅、枇杷、番石榴、九里香、苦楝、木瓜。这表明沿海型乡村龙眼保留最多，村民庭院普遍喜欢种植榕树、苏铁、三角梅、九里香等观赏性植物，同时，杧果、枇杷、番石榴、木瓜等经济树种也广受欢迎。

2. 不同地理位置庭院林应用频率特征

东部乡村庭院林应用频率前 10 位是：龙眼、杧果、榕树、苏铁、枇杷、苦楝、桂花、番石榴、三角梅和枣树。其中龙眼应用频率最高，达到 22.7，应用频率在 10 以上的还有杧果、榕树、苏铁，这表明东部乡村庭院保留龙眼较多，庭院林村民普遍喜欢种植榕树、苏铁、桂花、三角梅等观赏性植物，同时，杧果、枇杷、番石榴、枣树等经济树种也广受欢迎。

南部乡村庭院林应用频率前 10 位是：龙眼、榕树、杧果、三角梅、番石榴、苏铁、桃树、桂花、九里香和木瓜。其中龙眼应用频率最高，达到 48.6，其次为榕树，应用频率为 13.6，同时，杧果、三角梅、番石榴、苏铁、桃树、桂花、九里香和木瓜的应用频率也均在 6 以上。这表明南部乡村龙眼保留最多，村民庭院普遍喜欢种植榕树、三角梅、苏铁、桂花、九里香等观赏性植物，同时，杧果、番石榴、桃树、木瓜等经济树种也广受欢迎。

西部乡村庭院林应用频率前 10 位是：桂花、枇杷、桃树、杉木、柑橘、板栗、梨树、茶花、女贞和柿树。其中桂花应用频率最高，达到 29.8，应用频率在 10 以上的还有枇杷、桃树、杉木、柑橘。板栗、梨树、茶花、女贞和柿树的应用频率也在 9 以上。这表明西部乡村对于桂花的喜欢程度高，同时对于枇杷、桃树、梨树、柑橘、板栗、梨树、柿树等经济树种还存在依赖关系。

北部乡村庭院林应用频率前 10 位是：桂花、枇杷、梨树、桃树、棕榈、绿竹、李树、罗汉松、柿树和枣树。其中桂花应用频率最高，达到 28.3，应用频率在 10 以上的还有枇杷、梨树、桃树、棕榈，应用频率在 5～10 的有绿竹、李树、罗汉松、柿树、枣树。这表明山区型乡村村民对枇杷、梨树、桃树、李树、柿树、枣树等传统经济果树的喜爱。

应用频率反映了村民对植物的喜好，而这种喜好实际上与村民的实际需求相联系，是综合了村民的现实情况、经济水平、思想意识基础上的客观反映。落后地区的村民经济水平较低，思想意识朴实，庭院种植植物的根本目的是为了满足基本生活需要，有的甚至在庭院种植蔬菜，因此对林果性树种的需求相对较为强烈；而经济发达地区的村民经济水平较高，思想意识先进，美化绿化庭院成为了村民实际需要，因此，对于观赏性植物的需求相对较为强烈。

表 2-8 庭院林植物应用频率比较

Tab. 2-8 The comparison of applied frequency of plants with courtyard forest

类型		项目	应用频率									
			1	2	3	4	5	6	7	8	9	10
地势地形	山区型	植物	桃树	桂花	梨树	柿树	棕榈	枇杷	龙眼	茶花	番石榴	李树
		频率	21.4	17.5	13.6	12.7	12.1	10.7	0.6	0.5	0.5	0.4
	半山型	植物	桂花	龙眼	枇杷	桃树	杉木	梨树	柑橘	柿树	板栗	苏铁
		频率	31.4	18.3	15.7	12.0	10.1	9.2	7.9	7.6	7.1	4.7
	平地型	植物	龙眼	桂花	枇杷	榕树	苏铁	茶树	桃树	月季	番石榴	柿树
		频率	30.9	23.9	13.1	12.0	11.4	10.6	8.3	7.4	7.2	7.0
	沿海型	植物	龙眼	榕树	杧果	苏铁	三角梅	枇杷	番石榴	九里香	苦楝	木瓜
		频率	41.9	15.8	15.2	10.2	9.7	7.3	7.0	6.9	6.0	5.1
地理位置	东部	植物	龙眼	杧果	榕树	苏铁	枇杷	苦楝	桂花	番石榴	三角梅	枣树
		频率	22.7	15.4	14.2	12.4	9.7	8.5	6.9	6.9	6.7	5.7
	南部	植物	龙眼	榕树	杧果	三角梅	番石榴	苏铁	桃树	桂花	九里香	木瓜
		频率	48.6	13.6	9.6	9.1	9.0	8.3	7.7	7.4	6.8	6.7
	西部	植物	桂花	枇杷	桃树	杉木	柑橘	板栗	梨树	茶花	女贞	柿树
		频率	29.8	17.2	16.9	12.6	11.1	9.5	9.5	9.2	9.2	9.2
	北部	植物	桂花	枇杷	梨树	桃树	棕榈	绿竹	李树	罗汉松	柿树	枣树
		频率	28.3	19.4	17.1	15.1	10.5	6.2	5.8	5.8	5.4	5.0

（六）庭院林植物组成多样性

福建省乡村庭院林植物组成多样性总体表现为：Patrick 丰富度指数：乔木＞花草＞灌木＞藤本，Simpson 多样性指数和 Shannon－Wiener 多样性指数表现一致：乔木＞灌木＞花草＞藤本，Pielou 均匀度指数为：灌木＞乔木＞花草＞藤本，这表明当前在乡村庭院林建设中，乔木在丰富乡村庭院林、增加多样性和均匀度方面作用巨大，灌木在增加庭院林多样性和均匀度方面具有显著作用，而花草在增加庭院林丰富度和多样性指数方面发挥巨大作用。

1. 庭院林乔木组成多样性特征

由表 2-9 可见，从不同地势地形来看，庭院林乔木组成丰富度指数为：平地型＞沿海型＞半山型＞山区型，这表明当前乡村庭院林平地型乔木组成最丰富，其次为沿海型和半山型，而山区型因为多为传统乔木树种，丰富度最低；乔木组成 Simpson 指数和 Shannon-Wiener 指数表现基本一致，总体水平较高，其中，半山型多样性最高，沿海型多样性最低，这与当前沿海型庭院林多为传统保留单一龙眼、榕树有关；Pielou 指数总体表现也相对较高，其中，半山型＞山区型＞平地型＞沿海型，这表明当前半山型庭院林乔木组成均匀度最高，而沿海型最低，沿海型保留龙眼、榕树已经对沿海型乡村庭院林多样性和均匀度造成了严重影响。

表 2-9　庭院林乔木组成多样性指数

Tab. 2-9　The composition diversity index of arbor with courtyard forest

	类型	Patrick 指数(S)	Simpson 指数(D)	Shannon-Wiener 指数(H)	Pielou 指数(J)
地势地形	山区型	66	0.9335	4.6892	0.7758
	半山型	73	0.9534	5.0530	0.8163
	平地型	81	0.9262	4.8600	0.7666
	沿海型	77	0.8279	3.9275	0.6267
地理位置	东部	72	0.9484	4.9610	0.8015
	南部	74	0.7953	3.7621	0.6078
	西部	56	0.9466	4.6847	0.8032
	北部	59	0.9420	4.7789	0.8124

从不同地理位置来看，庭院林乔木组成丰富度指数为：南部＞东部＞北部＞西部，这表明当前乡村庭院林南部乔木组成最丰富，其次为东部，而北部和西部多为传统乡村乔木树种，丰富度相对较低；乔木组成 Simpson 指数和 Shannon – Wiener 指数表现基本一致，总体水平较高，其中，东部、西部和北部多样性较高，而南部多样性最低，这与当前南部庭院林多为传统保留单一龙眼、榕树有关；Pielou 指数总体表现也相对较高，其中，东部、西部和北部庭院林乔木组成均匀度较高，而南部均匀度则较低，这表明南部保留龙眼、榕树已经对南部乡村庭院林多样性和均匀度造成了严重影响。

2. 庭院林灌木组成多样性特征

由表 2-10 可见，从不同地势地形来看，庭院林灌木组成丰富度指数为：沿海型＞平地型＞山区型＞半山型，这表明当前沿海型乡村庭院灌木种类最丰富，其次为平地型，而山区型和半山型由于灌木多为绿篱，组成丰富度相对较低；灌木组成 Simpson 指数和 Shannon-Wiener 指数总体多样性相对较高，基本差别不大；Pielou 指数总体表现也相对较高，其中，半山型＞山区型＞平地型＞沿海型，这表明当前半山型和山区型庭院林灌木组成均匀度高，其次为平地型，而沿海型最低。

从不同地理位置来看，庭院林灌木组成丰富度指数为：东部＞南部＞西部＞北部，这表明当前东部和南部乡村庭院灌木种类最丰富，而西部和北部由于灌木多为绿篱，组成丰富度相对较低；灌木组成 Simpson 指数和 Shannon-Wiener 指数总体多样性相对较高，其中南部和西部多样性相对较高，而东部和北部相对较低；Pielou 指数总体表现也相对较高，其中，西部＞南部＞北部＞东部，这表明当前西部庭院林灌木组成均匀度高，其次为南部和北部，而东部最低。

表 2-10　庭院林灌木组成多样性指数
Tab. 2-10　The composition diversity index of shrub with courtyard forest

	类型	Patrick 指数(S)	Simpson 指数(D)	Shannon-Wiener 指数(H)	Pielou 指数(J)
地势地形	山区型	17	0.8735	3.3889	0.8291
	半山型	16	0.8838	3.3725	0.8431
	平地型	23	0.8452	3.2647	0.7217
	沿海型	38	0.8389	3.5001	0.6669
地理位置	东部	27	0.7295	3.0366	0.6386
	南部	26	0.8763	3.5587	0.7762
	西部	15	0.8667	3.1997	0.8404
	北部	11	0.7514	2.5084	0.7251

3. 庭院林草本组成多样性特征

由表 2-11 可见，从不同地势地形来看，庭院林花草组成丰富度为：沿海型 > 平地型 > 半山型 > 山区型，这表明当前沿海型乡村庭院林花草组成最丰富，而平地型、半山型和山区型花草种类相对较少，Simpson 指数、Shannon-Wiener 指数和 Pielou 指数总体表现一致，沿海型花草组成多样性和均匀度均最高，其次为平地型和半山型，而山区型花草组成多样性和均匀度均最低。

从不同地理位置来看，庭院林花草组成丰富度为：南部 > 东部 > 西部 > 北部，这表明当前南部乡村庭院林花草组成最丰富，而东部、西部和北部花草种类相对较少，Simpson 指数、Shannon-Wiener 指数和 Pielou 指数总体表现一致，南部和东部花草组成多样性和均匀度均较高，而西部和北部花草组成多样性和均匀度均较低。

表 2-11　庭院林花草组成多样性指数
Tab. 2-11　The composition diversity index of herbage with courtyard forest

	类型	Patrick 指数(S)	Simpson 指数(D)	Shannon-Wiener 指数(H)	Pielou 指数(J)
地势地形	山区型	19	0.4634	1.8569	0.4371
	半山型	29	0.5939	2.4043	0.4949
	平地型	37	0.6780	2.7679	0.5313
	沿海型	50	0.9368	4.6155	0.8178
地理位置	东部	40	0.9110	4.2180	0.7980
	南部	51	0.9245	4.3856	0.7731
	西部	13	0.5152	1.7534	0.4488
	北部	9	0.5590	1.8810	0.5437

4. 庭院林藤本组成多样性特征

由表 2-12 可见，从不同地势地形来看，庭院林藤本组成丰富度为：沿海型 > 平地型 > 半山型 = 山区型，这表明当前沿海型乡村庭院林藤本植物组成最丰富，其他类型均较低，Simpson 指数和 Shannon-Wiener 指数总体水平较低，四个类型的藤本组成多样性均较低，其中 Simpson 指数为：山区型＞半山型＞沿海型＞平地型，Shannon-Wiener 指数为：沿海型＞山区型＞半山型＞平地型，Pielou 指数总体表现也较低，其中：山区型＞半山型＞平地型＞沿海型。

从不同地理位置来看，庭院林藤本组成丰富度为：南部＞东部＝西部＝北部，这表明当前南部乡村庭院林藤本植物组成最丰富，其他类型均较低，从 Simpson 指数、Shannon-Wiener 指数和 Pielou 指数来看，东部和南部总体水平表现较低，而西部和北部藤本植物则几乎没有。

乡村庭院林作为一种受人工干扰强烈的乡村生态群落结构，其植物组成多样性会受到庭院植物配置的影响，经济水平落后的乡村庭院植物组成多为传统树种，种类组成较为单一，丰富度较低；而经济水平较高的乡村庭院植物组成多为传统植物与外来植物相结合，同时注重乔、灌、草合理搭配，丰富度较高。同时乡村植物的多样性和均匀度还受到传统保留植物的影响，大量的传统保留植物降低了庭院植物的多样性和均匀度。

表 2-12　庭院林藤本组成多样性指数

Tab. 2-12　The composition diversity index of vine with courtyard forest

	类型	Patrick 指数(S)	Simpson 指数(D)	Shannon-Wiener 指数(H)	Pielou 指数(J)
地势地形	山区型	2	0.3030	0.6500	0.6500
	半山型	2	0.2821	0.6194	0.6194
	平地型	3	0.1535	0.4797	0.3027
	沿海型	7	0.2270	0.8238	0.2934
地理位置	东部	2	0.0123	0.0539	0.0539
	南部	5	0.1146	0.4138	0.2069
	西部	2	1.000	1.000	1.000
	北部	2	1.000	1.000	1.000

（七）庭院林植物组成相似度

福建省乡村庭院林植物组成相似度大致呈现规律：乔木＞灌木＞花草＞藤本，这表明庭院乔木的相似程度最高，其次为灌木，而庭院花草和藤本的相似程度较低。

1. 庭院林乔木组成相似度特征

由表 2-13 可见，从不同地势地形来看，平地型和沿海型、平地型和半山型乔木相似度较高；从不同地理位置来看，东部和南部、西部和北部乔木相似度较高。

从不同地势地形来看，山区型和沿海型乔木 Jaccard 相似度指数为最低 0.3883，其次半山型和沿海型 Jaccard 相似度指数为 0.4151，这表明沿海型与山区型和半山型乡村庭院林乔木种类差异性大，因为山区型和半山型多以传统经济果树为主，而沿海型多以观赏型和经济果树共同组成为主。平地型和沿海型乔木 Jaccard 相似度指数为最高 0.5340，其次为半山型和平地型 Jaccard 相似度指数为 0.5248，这表明平地型与半山型和沿海型乡村庭院林乔木种类差异性最小，因为平地型是介于沿海和半山型之间过渡类型，乔木组成上既

表2-13 庭院林乔木组成 Jaccard 相似度指数

Tab. 2-13 The composition Jaccard similarity index of arbor with courtyard forest

	类型	A	B	C	D
地势地形	山区型 A		0.4946	0.5000	0.3883
	半山型 B	46		0.5248	0.4151
	平地型 C	49	53		0.5340
	沿海型 D	40	44	55	
地理位置	东部 A		0.4747	0.3830	0.4043
	南部 B	48		0.3000	0.3069
	西部 C	36	30		0.4684
	北部 D	38	31	37	

有类似于半山型乔木，又有类似于沿海型乔木，同时，由于气候原因，类似于沿海型乔木更多于半山型乔木。

从不同地理位置来看，南部和西部乔木 Jaccard 相似度指数为最低 0.3000，其次为南部和北部 Jaccard 相似度指数为 0.3069，这表明南部与西部和北部乡村庭院林乔木种类差异性大，因为西部和北部属于中亚热带季风区，而南部属于亚热带季风气候区，植物组成差异性较大。东部和南部乔木 Jaccard 相似度指数为最高 0.4747，其次为西部和北部 Jaccard 相似度指数为 0.4684，这表明东部与南部、西部和北部乡村庭院林乔木种类差异性最小，因为东部和南部都属于沿海区域，乔木组成上以沿海型气候为特色，而西部和北部都属于内陆区域，乔木组成上更相似。

2. 庭院林灌木组成相似度特征

由表2-14可见，从不同地势地形来看，半山型和平地型、半山型和山区型灌木相似度较高，从不同地理位置来看，西部和北部、东部和南部灌木相似度较高。

从不同地势地形来看，山区型和沿海型灌木 Jaccard 相似度指数为最低 0.3095，其次

表2-14 庭院林灌木组成 Jaccard 相似度指数

Tab. 2-14 The composition Jaccard similarity index of shrub with courtyard forest

	类型	A	B	C	D
地势地形	山区型 A		0.4348	0.4286	0.3095
	半山型 B	10		0.4444	0.3171
	平地型 C	12	12		0.3261
	沿海型 D	12	13	15	
地理位置	东部 A		0.4167	0.4138	0.3571
	南部 B	15		0.3103	0.2500
	西部 C	12	9		0.4706
	北部 D	10	7	8	

为半山型和沿海型灌木 Jaccard 相似度指数为 0.3171，这表明沿海型与山区型和半山型灌木组成差异性大，因为山区型和半山型灌木组成多以绿篱为主，而沿海型灌木多以观赏性植物为主。半山型和平地型灌木 Jaccard 相似度指数为最高 0.4444，其次为半山型和山区型灌木 Jaccard 相似度指数为 0.4348，这表明半山型与平地型和山区型乡村庭院林灌木种类差异性最小，因为半山型是介于山区型和平地型之间过渡类型，灌木组成上既有类似山区型的灌木，又有类似平地型的灌木，同时，由于半山型乡村多向平地型靠拢，灌木组成上更相似于平地型。

从不同地理位置来看，南部和北部灌木 Jaccard 相似度指数为最低 0.2500，其次为南部和西部 Jaccard 相似度指数为 0.3103，这表明南部与北部和西部乡村庭院林灌木种类差异性大，因为西部和北部灌木组成多以绿篱为主，而南部灌木组成多以观赏性植物为主。西部和北部灌木 Jaccard 相似度指数为最高 0.4706，其次东部和南部 Jaccard 相似度指数为 0.4167，这表明西部和北部、东部与南部乡村庭院林灌木种类差异性最小，因为西部和北部都属于内陆区域，灌木组成相似且种类少，而东部和南部都属于沿海区域，灌木组成相似但种类多，因此西部和北部灌木相似度高于东部和南部。

3. 庭院林草本组成相似度特征

由表 2-15 可见，从不同地势地形来看，平地型和沿海型、平地型和山区型草本相似度较高，从不同地理位置来看，西部和北部、东部和南部草本相似度较高。

表 2-15　庭院林草本组成 Jaccard 相似度指数

Tab. 2-15　The composition Jaccard similarity index of herbage with courtyard forest

	类型	A	B	C	D
地势地形	山区型 A		0.2000	0.3659	0.2545
	半山型 B	8		0.3469	0.3167
	平地型 C	15	17		0.4032
	沿海型 D	14	18	24	
地理位置	东部 A		0.3235	0.2000	0.1628
	南部 B	22		0.2000	0.1481
	西部 C	9	11		0.4444
	北部 D	7	8	8	

从不同地势地形来看，山区型和半山型草本 Jaccard 相似度指数为最低 0.2000，其次为山区型和沿海型草本 Jaccard 相似度指数为 0.2545，这表明山区型与半山型和沿海型草本组成差异性大，因为山区型和半山型庭院不仅共有种类数量最少，仅有 8 种，而且共同没有的种类也少，因此相似度较低；而山区型和沿海型由于气候原因草本植物组成差异性大也导致相似度较低。平地型和沿海型草本 Jaccard 相似度指数为最高 0.4032，其次为山区型和平地型草本 Jaccard 相似度指数为 0.3659，这表明平地型与沿海型和山区型乡村庭院林草本种类差异性最小，因为平地型与沿海型庭院不仅花草组成上丰富，而且共有种数量居多，因此相似程度最高，而平地型与山区型则由于共同没有的花草种类居多，因此总体相似度也呈现较高。

从不同地理位置来看，北部和南部草本 Jaccard 相似度指数为最低 0.1481，其次为北部和东部 Jaccard 相似度指数为 0.1628，这表明北部与南部和东部乡村庭院林草本种类差异性大，这主要与不同方位的气候、地域和经济水平有关。西部和北部草本 Jaccard 相似度指数为最高 0.4444，其次为东部和南部 Jaccard 相似度指数为 0.3235，这表明西部和北部、东部与南部乡村庭院林草本种类差异性最小，因为西部和北部都属于内陆区域，经济水平相对较低，庭院种植花草相似且种类较少，而东部和南部都属于沿海区域，经济水平相对较高，庭院种植花草相似且种类较多，因此西部和北部花草相似度高于东部和南部。

4. 庭院林藤本组成相似度特征

由表 2-16 可见，从不同地势地形来看，半山型和平地型、半山型和山区型藤本相似度较高；从不同地理位置来看，东部和西部藤本相似度较高。

表 2-16　庭院林藤本组成 **Jaccard** 相似度指数

Tab. 2-16　The composition Jaccard similarity index of vine with courtyard forest

	类型	A	B	C	D
地势地形	山区型 A		0.3333	0.2500	0.1250
	半山型 B	1		0.6667	0.1250
	平地型 C	1	2		0.2500
	沿海型 D	1	1	2	
地理位置	东部 A		0.2500	1.000	0
	南部 B	1		0.2500	0
	西部 C	1	1		0
	北部 D	0	0	0	

从不同地势地形来看，山区型和沿海型、半山型和沿海型藤本 Jaccard 相似度指数均为最低 0.1250，这表明沿海型与山区型和半山型藤本组成差异性大，这主要是因为沿海型藤本植物种类相对丰富，而山区型和半山型种类相对较少，两者共有种少、非共有种多导致相似度较低。平地型和半山型藤本 Jaccard 相似度指数为最高 0.6667，其次为半山型和山区型藤本 Jaccard 相似度指数为 0.3333，这表明半山型与平地型和山区型乡村庭院林藤本种类差异性最小，因为半山型是介于山区型和平地型之间过渡类型，藤本组成上既有类似于山区型的藤本，又有类似于平地型藤本，同时，由于半山型乡村多向平地型靠拢，藤本组成上更相似于平地型。

从不同地理位置来看，北部与东部、南部、西部的藤本 Jaccard 相似度指数均为 0，这表明北部藤本种类与其他方位均不相同，而东部和西部的藤本 Jaccard 相似度指数为 1，说明东部和西部所出现的藤本种类完全相同。

这种植物相似程度之间的差异主要受气候条件和经济条件的影响。其中，气候条件是决定庭院林植物相似度的主要因素，亚热带季风气候和中亚热带气候区的生长的植物本身就具有差别，是降低植物相似度的一个主要方面，同时经济条件也决定了庭院植物的相似程度，经济差别较大的乡村，庭院植物在组成种类差别较大，植物相似度较低，而经济差别较小的乡村，庭院植物在组成种类上差别较小，植物相似度较高。

（八）庭院林水平分布特征

1. 不同地势地形庭院林水平分布特征

由图2-10可见，从不同径级上的种类分布来看，径级区间在30cm以下范围内的树种数量占据比重较大，其中，10cm以下径级上的树种数量最多，其次为20~30cm径级之间的树种数量。从庭院乔木径级分布趋势来看，总体呈现两个高峰，分别是10cm以下径级和20~30cm径级。龙眼、桃树、梨树、柿树、枇杷、棕榈、榕树、杧果、番石榴、苦楝是庭院林主要分布树种。

从不同径级上的数量分布来看，庭院林乔木径级结构存在较大差异。其中山区型庭院多数乔木分布在10~20cm径级结构范围内，半山型和平地型庭院在分布区间上存在明显"双峰"型，以10cm以内和20~30cm之间分布乔木数量最多，而沿海型庭院多数乔木分布在30~40cm径级区间范围内。从庭院林乔木分布径级区间来看，山区型、半山型和平地型30cm以上大径级乔木数量较少，分别仅占9.07%、18.10%和6.86%，而沿海型30cm以上大乔木占总数量的43.03%。

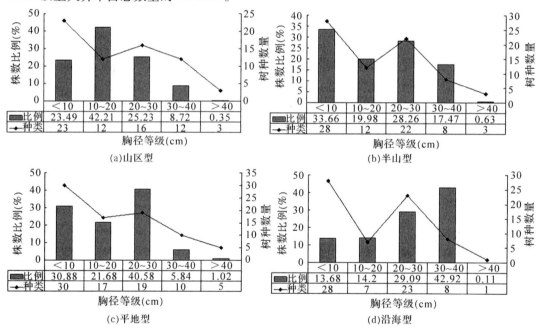

图2-10　庭院林不同类型乔木树种不同胸径等级上数量和种数分布

Fig. 2-10　The distribution of arbor individuals and species in different DBH class in different types with courtyard forest

2. 不同地理位置庭院林水平分布特征

如图2-11所示，从不同径级上的种类分布来看，东部庭院树种分布呈现"双峰"型，以10cm以下和20~30cm径级分布种类最多，而南部、西部和北部均以20cm以下径级分

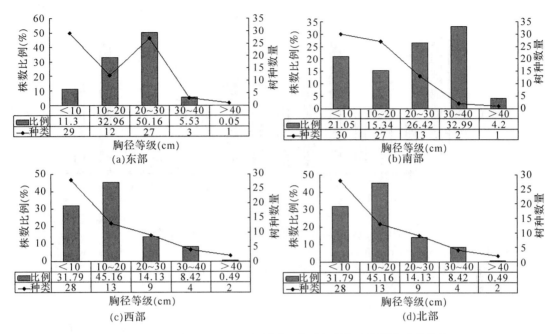

图2-11 庭院林不同方位乔木树种不同胸径等级上数量和种数分布

Fig. 2-11 The distribution of arbor individuals and species in different DBH class in different directions with courtyard forest

布种类最多。

从不同径级上的数量分布来看，庭院林乔木径级结构存在较大差异。其中东部庭院多数乔木分布在20～30cm径级结构范围内，南部庭院在分布区间上存在明显"双峰"型，以10cm以内和20～40cm之间分布乔木数量最多。而西部和北部庭院多数乔木分布在20cm以下径级范围内。从庭院乔木分布径级区间来看，东部、西部和北部30cm以上大径级乔木数量较少，分别仅占5.58%、8.91%和2.97%，而南部30cm以上大乔木占总数量的37.19%。

3. 庭院林主要乔木树种水平分布特征

如图2-12所示，从乡村庭院林应用数量最多的15个乔木树种的平均径级大小的比较来看，各个树种的平均胸径相差很大，在数量最多的15个树种中拥有30cm以上大径级树木最多的分别是龙眼（3012株）、榕树（897株）、香樟（120株）、杧果（682株）、苦楝（212株）和板栗（124株），其大径级树木占庭院林大树总数量的78%。

如图2-13所示，从庭院林主要乔木在不同径级上的数量分布来看，不同树种的径级分布总体呈现两种状态：一种是以小径级为主，其中桃树、梨树、柿树主要分布在10～20cm径级范围内，枇杷、柑橘、李树、番石榴主要分布在10cm以下径级范围内，另一种是以大径级为主，其中龙眼、杧果、榕树、杉木、板栗主要分布在30～40cm范围，少量龙眼、榕树和板栗还零星分布在40cm以上的径级中。另外，棕榈、香樟和苦楝三种乔木分布范围以20～30cm径级为主。

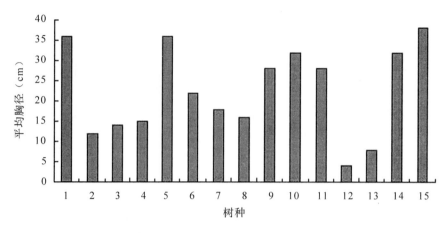

图 2-12 庭院林 15 种主要乔木树种平均胸径数量分布

Fig. 2-12 The individuals distribution of average DBH of 15 dominant tree species with courtyard forest

（1. 龙眼　2. 桃树　3. 梨树　4. 枇杷　5. 榕树　6. 棕榈　7. 柿树　8. 番石榴　9. 香樟

10. 杧果　11. 苦楝　12. 柑橘　13. 李树　14. 杉木　15. 板栗）

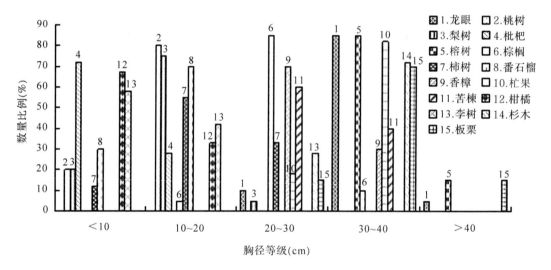

图 2-13 庭院林主要乔木在不同胸径等级上的数量分布

Fig. 2-13 The individuals distribution of dominant tree species

in different DBH class with courtyard forest

庭院林这种水平结构差异的主要原因在于山区型和半山型、西部和北部村民庭院近年来普遍新种植如桃树、梨树、柑橘、柿树等林果性树木，径级较小，而平地型和沿海型、南部和东部村民的庭院中种植的多是传统保留下来的树木，径级较大。从而导致庭院林水平结构呈现出大小径级两种分布格局。这种分布格局在一定程度上体现了乡村庭院林建设过程中存在断层，原始保留下来的多为早前种植，新种植的为近几年种植，而中间有很长一段时间，乡村并不重视庭院林建设。

(九)庭院林垂直分布特征

1. 不同地势地形庭院林垂直分布特征

如图2-14所示,从不同立木层次的种类分布来看,10m以下高度树种分布种类占据较大比重,10m以上大乔木树种分布种类均不足20%,且依山区型、半山型、平地型和沿海型呈现递减趋势,分别为18.18%、16.44%、13.58%和7.79%。其中10m以上乔木主要有:火力楠、马尾松、漆树、千年桐、肉桂、香樟、竹柏、台湾相思、榆树、枫香、油杉、南岭栲、杉木、悬铃木、千年桐、木荷、朴树、桤木、桉树、柳杉、木麻黄、冬青、香樟、木棉。15m以上主要有榆树、枫香、油杉、南岭栲、千年桐、木荷、朴树、桤木、冬青。

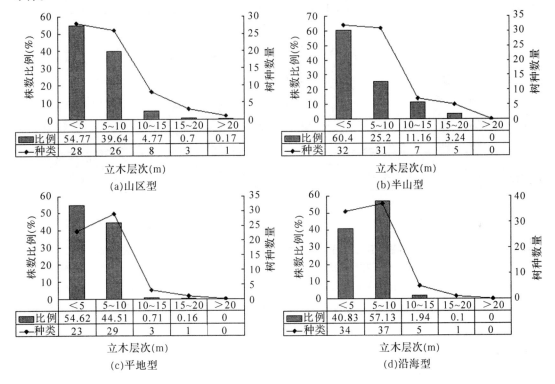

图2-14 庭院林不同地势地形乔木树种不同立木层次上数量和种数分布

Fig. 2-14 The distribution of arbor individuals and species in
different tree stratum in different types with courtyard forest

从不同立木层次上的数量分布来看,庭院林近90%乔木集中分布在10m以下高度,其中,山区型、半山型和平地型乔木平均高均不足5m,而沿海型乔木平均高达5.6m。从组成立木层次的分布区间来看,山区型、半山型和平地型5m以下立木层次的分布数量最多,均占50%以上,而沿海型以5~10m立木层次分布数量最多。龙眼、杧果、榕树、枇杷、桃树、梨树、棕榈、柿树、番石榴、香樟、苦楝、柑橘、李树、杉木、板栗是决定庭院林立木层次的主要乔木树种。

2. 不同地理位置庭院林垂直分布特征

如图 2-15 所示，从不同立木层次的种类分布来看，10m 以下树种分布种类占据绝大比重，10m 以上大乔木树种分布种类均不足 20%。

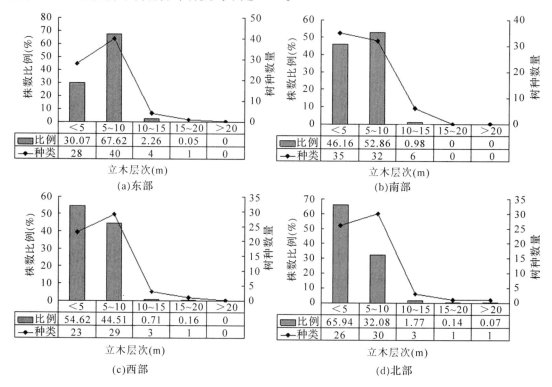

图 2-15　庭院林不同地理位置乔木树种不同立木层次上数量和种数分布

Fig. 2-15　The distribution of arbor individuals and species in
different tree stratum in different directions with courtyard forest

从不同立木层次上的数量分布来看，西部和北部乔木平均高均不足 5m，而东部和南部乔木平均高超过 5m。从组成立木层次的分布区间看，西部和北部 5m 以下立木层次的分布数量最多，均占 50% 以上，而东部和南部以 5~10m 立木层次分布数量最多。

3. 庭院林主要乔木树种垂直分布特征

如图 2-16 所示，从乡村庭院林应用数量最多的 15 个乔木树种的平均高度比较来看，多数树种的平均高度均在 5m 左右，其中，高度略低于 5m 的乔木树种主要有桃树、梨树、枇杷、柑橘、李树、龙眼、番石榴，高度略高于 5m 的乔木树种主要有棕榈、柿树、杧果。平均高度在 8m 以上的树种不多，主要包括板栗、榕树、苦楝、杉木和香樟，而平均高度在 10m 以上的乔木仅有杉木和香樟两种。

如图 2-17 所示，从庭院林主要乔木在不同高度上的分布来看，不同树种的径级分布主要分布在 5~10m 高度范围内，其中 5m 以下为主要分布高度区，其次为 5~10m 区间分布范围。10m 以上高度有分布的树种包括杉木、梨树、板栗、香樟和苦楝，其中 10m 以上高度分布比重占绝大多数的是杉木和香樟。

庭院林这种垂直结构主要与村民种植习惯有关。庭院作为与村民生活居住密切相关的

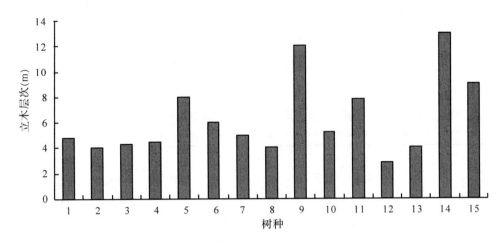

图2-16 庭院林主要乔木树种立木层次数量分布

Fig. 2-16 The individuals distribution of tree stratum of

15 dominant tree species with courtyard forest

（1. 龙眼 2. 桃树 3. 梨树 4. 枇杷 5. 榕树 6. 棕榈 7. 柿树 8. 番石榴

9. 香樟 10. 杧果 11. 苦楝 12. 柑橘 13. 李树 14. 杉木 15. 板栗）

地方，本身种植的乔木不应对居所构成威胁，因此，村民庭院不会种植较高的乔木。同时，近年来村民对庭院绿化较为重视，新种植乔木较多，新种乔木高度普遍不会太高，因此庭院林总体上分布在10m以下的高度范围内，而以5m以下高度分布居多。

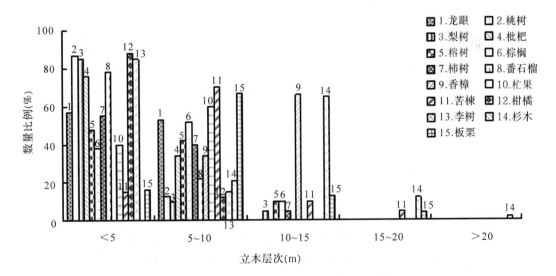

图2-17 庭院林主要乔木在不同立木层次上的数量分布

Fig. 2-17 The individuals distribution of dominant tree species in

different tree stratum with courtyard forest

(十)庭院林植物组成健康状况

福建省乡村庭院林植物健康状况总体表现优秀，其中健康植物、正常植物和不健康植物所占比重分别为5.64%、89.72%、4.64%（表2-17）。

表2-17　庭院林植物组成健康状况比较

Tab. 2-17　The comparison of health condition of plants with courtyard forest

类　型		健康（A）		较健康（B）		正常（C）		较差（D）	
		种类	数量	种类	数量	种类	数量	种类	数量
地势地形	山区型	1	4	9	92	101	2204	18	142
	半山型	2	12	23	229	115	1821	23	230
	平地型	1	1	9	67	139	5695	26	185
	沿海型	1	55	14	816	167	10697	31	394
地理位置	东部	2	51	26	925	136	4996	15	284
	南部	1	10	6	9	142	10485	34	557
	西部	0	0	23	102	78	2844	29	227
	北部	4	11	20	168	75	1892	23	83
总计		4	72	32	1204	231	20317	60	1051

从植物组成健康状况种类分布来看，健康状况一般的植物所占种类最多，植物组成中有60种庭院植物出现不健康状况，占总体植物种类的24.49%，植物组成中仅有32种庭院植物健康状况表现优秀，占总体植物种类的13.06%。常见的健康状况较好的庭院植物包括：桃树、三角梅、杧果、李树、梨树、柑橘、栀子花、油奈、桑树、枫香、香樟、枇杷、小叶女贞、黄金叶、海芋等。健康状况较差的植物包括：棕榈、杨梅、千年桐、枇杷、龙柏、杉木、桂花、女贞、杧果、桉树、紫薇、苏铁、散尾葵、木麻黄、龙眼、假槟榔、黄花槐、红叶茉蕉、番石榴、大王椰子等。

从植物组成健康状况数量分布来看，按地势地形，健康植物所占比重最大为沿海型庭院林，占7.16%，不健康植物所占比重最大为半山型庭院林，占10.03%；按地理位置，健康植物所占比重最大为东部庭院林，占15.60%，不健康植物所占比重最大为西部庭院林，占7.15%。

1. 不同地势地形庭院林健康分布特征

由图2-18可见，庭院林主要组成植物健康状况多数表现一般。从不同地势地形乡村庭院林健康等级比较来看，主要庭院植物在D等级中所占比重最大的为半山型，其中棕榈、杉木和桂花不健康植物所占比例均大于20%，主要庭院植物在A和B等级中占较大比重的是沿海型和山区型，其中三角梅、桃树、梨树健康状况表现优秀。

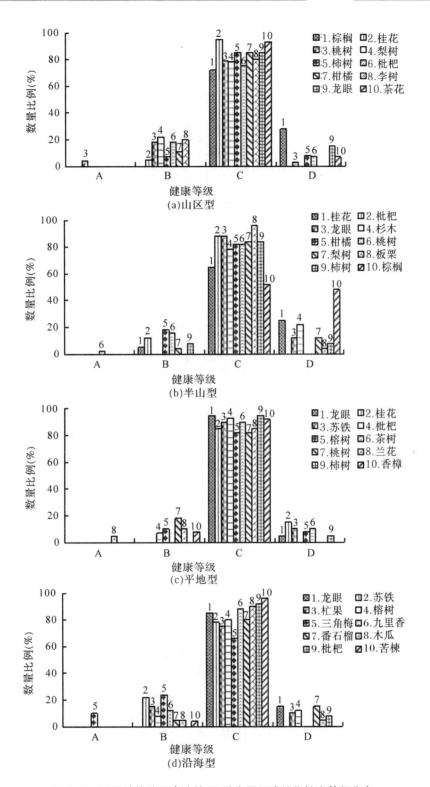

图 2-18 不同地势地形庭院林 10 种主要组成植物健康等级分布

Fig. 2-18 The distribution of health grade of 10 dominant plants in different types of courtyard

（注：A 为健康，B 为较健康，C 为正常，D 为较差，下同）

2. 不同地理位置庭院林健康等级分布

由图 2-19 可见，从不同地理位置庭院林健康等级比较来看，主要庭院植物在 D 等级

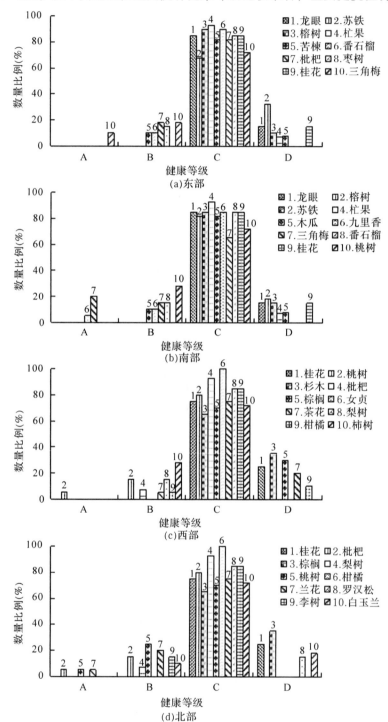

图 2-19 不同地理位置庭院林 10 种主要组成植物健康等级分布

Fig. 2-19 The distribution of health grade of 10 dominant plants in different positions of courtyard

中所占比重最大的为西部，其中杉木、桂花、棕榈和茶花不健康植物所占比例均大于20%，主要庭院植物在 A 和 B 等级中占较大比重的是南部和北部，其中三角梅、桃树、梨树健康状况表现优秀。

庭院林健康状况总体表现较好主要是因为庭院林多为村民自家种植，种植的目的是为了满足自身需要，植物管护相对较好，生长健康。而庭院林中不健康植物产生的主要原因是因为引种或新种庭院植物栽培种植技术不科学，管护不当造成的，同时传统保留下来的庭院植物如棕榈等，管护不足也导致了不健康状况的产生。

(十一)庭院林组成来源

福建省乡村庭院林植物组成以乡土植物为主，其中乡土植物种类和数量分别占总体的70.61%和83.83%，而外来植物种类和数量仅占29.39%和16.7%（表2-18）。从组成庭院林的外来植物分布来看，花草的外来种类和数量均最高，分别占48.61%和23.30%；其次为乔木的种类和数量，分别占27.59%和13.24%，而灌木和藤本外来种类和数量均较低。

表2-18　庭院林组成来源比较

Tab. 2-18　The composition comparison of plant sources with courtyard forest

类型		外来植物				乡土植物			
		数量	比例	种类	比例	数量	比例	种类	比例
总体		3661	16.7	72	29.39	18983	83.83	173	70.61
地势地形	山区型								
	乔木	112	6.60	6	9.09	1593	93.40	60	90.91
	灌木	28	6.86	3	17.65	380	93.14	14	82.35
	花草	12	3.68	5	26.32	314	96.32	14	73.68
	藤本	2	16.67	1	50.00	10	83.33	1	50.00
	半山型 乔木	58	4.34	9	12.33	1276	95.66	64	87.67
	灌木	0	0	0	0	243	100	16	100
	花草	34	4.84	10	34.48	668	95.16	19	65.52
	藤本	0	0	0	0	13	100	2	100
	平地型 乔木	410	11.78	14	17.28	3073	88.22	67	82.72
	灌木	50	5.76	4	17.39	818	94.24	19	82.61
	花草	135	9.06	17	45.95	1355	90.94	20	54.05
	藤本	0	0	0	0	107	100	3	100
	沿海型 乔木	846	19.88	22	28.57	3411	80.12	55	71.43
	灌木	360	16.48	12	31.58	1824	83.52	26	68.42
	花草	1594	31.27	25	50.00	3503	68.73	25	50.00
	藤本	20	4.72	3	42.86	404	95.28	4	57.14
地理位置	东部 乔木	572	25.00	13	18.06	1736	75.00	59	81.94
	灌木	71	6.50	6	22.22	1031	93.50	21	77.78
	花草	757	27.72	18	45.00	2574	72.28	22	55.00
	藤本	0	0	0	0	145	100	2	100

（续）

类型		外来植物				乡土植物			
		数量	比例	种类	比例	数量	比例	种类	比例
地理位置	南部 乔木	739	14.06	18	24.32	4517	85.94	56	75.68
	南部 灌木	317	16.77	5	19.23	1573	83.23	21	80.77
	南部 花草	987	28.14	25	49.02	2521	71.86	26	50.98
	南部 藤本	21	5.16	2	40.00	386	94.84	3	60.00
	西部 乔木	49	2.78	5	8.93	1715	97.22	51	91.07
	西部 灌木	25	4.66	1	6.67	511	95.34	14	93.33
	西部 花草	21	2.41	4	30.77	850	97.59	9	69.23
	西部 藤本	0	0	0	0	2	100	2	100
	北部 乔木	66	4.51	5	8.47	1396	95.49	54	91.53
	北部 灌木	25	13.51	2	18.18	160	86.49	9	81.82
	北部 花草	10	1.98	1	11.11	495	98.02	8	88.89
	北部 藤本	1	50	1	50	1	50	1	50

从不同地势地形庭院林组成来源比较来看，不同类型庭院林组成来源数量差异明显，总体呈现规律性：沿海型＞平地型＞山区型＞半山型，其中沿海型外来植物所占数量比重最大，占23.57%，而半山型外来植物所占数量比例最小，仅占4.01%。从不同类型庭院林组成来源种类比较来看，沿海型外来植物种类占36.05%，其次为平地型，占24.31%，而半山型和山区型外来植物种类相对较少，仅占15.83%和14.42%。

从不同地理位置庭院林组成来源比较来看，不同方位庭院林组成来源数量差异明显，总体呈现规律性：东部＞南部＞北部＞西部，其中东部外来植物所占数量比重最大，占22.38%，而西部外来植物所占数量比例最小，仅占2.99%。从不同方位庭院林组成来源种类比较来看，南部外来植物种类占32.05%，其次为东部，占26.24%，而西部和北部外来植物种类相对较少，仅占11.63%和11.11%。

1. 庭院外来与乡土乔木数量和种数比较

如图2-20所示，按地势地形，从外来乔木组成种类来看，沿海型外来植物种类最多，占沿海型乔木种类的28.57%，山区型外来植物种类所占比例最小，仅为9.09%。从外来乔木组成数量来看，沿海型外来植物所占数量比重最大，占19.88%，半山型外来植物所占数量比重最小，为4.34%。按地理位置，从外来乔木组成种类来看，南部外来植物种类最多，占南部乔木种类的24.32%，西部外来植物种数所占比例最少，仅为6.67%。从外来乔木组成数量来看，东部外来植物所占数量比重最大，占25%，西部外来植物所占数量比重最小，为2.78%。常见的庭院外来乔木主要包括悬铃木、桉树、南洋杉、假槟榔、湿地松、榄仁树、广玉兰、雪松、意大利杨、银桦、蒲葵、散尾葵、梭罗树、檀香紫檀、白杨、菠萝蜜、大王椰子、红枫等。

2. 庭院外来与乡土灌木数量和种数比较

如图2-21所示，按地势地形，从外来灌木组成种类来看，沿海型外来植物种类最多，占沿海型灌木种类的31.58%，而半山型没有外来植物种数。从外来灌木组成数量来看，

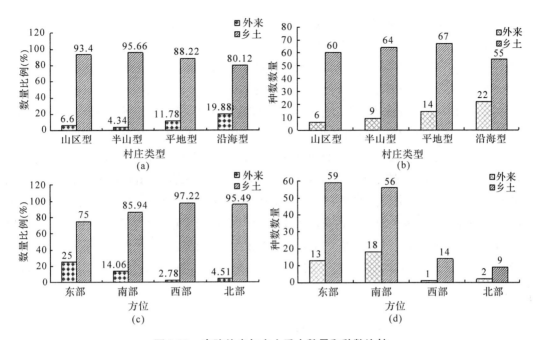

图 2-20 庭院外来与乡土乔木数量和种数比较

Fig. 2-20 The comparison of individuals and species between foreign and local arbor with courtyard forest

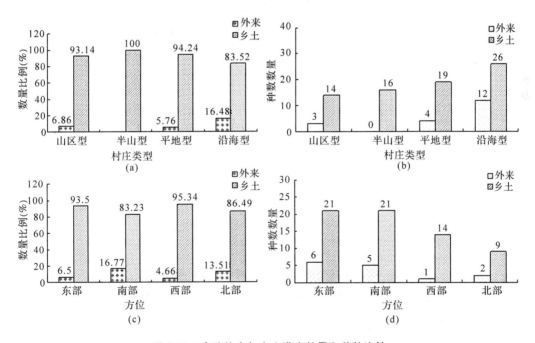

图 2-21 庭院外来与乡土灌木数量和种数比较

Fig. 2-21 The comparison of individuals and species between foreign and local shrub with courtyard forest

沿海型外来植物所占数量比重最大，占 16.48%，而半山型外来植物所占数量比例为 0。按地理位置，从外来灌木组成种类来看，东部外来植物种类最多，占东部灌木种类的

22.22%，而西部外来灌木所占比例仅占6.67%。从外来灌木组成数量来看，南部外来植物所占数量比重最大，占16.77%，而西部外来植物所占数量比例最小为4.66%，常见外来灌木主要包括黄金榕、夹竹桃、鹅掌柴、变叶木、海枣等。

3. 庭院外来与乡土草本植物数量和种数比较

如图2-22所示，按地势地形，从外来草本组成种类来看，沿海型外来草本种类最多，占沿海型草本种类的50%，而山区型外来草本种类所占比例仅为26.32%。从外来草本组成数量来看，沿海型外来花草所占数量比重最大，占31.27%，山区型外来花草数量所占比重最小，为3.68%。按地理位置，从外来草本组成数量来看，南部外来植物所占数量比重最大，占28.14%，北部外来植物所占数量比重最小，为1.98%，从外来草本组成种类来看，南部外来草本种类最多，占草本种类的49.02%，而北部外来草本种数所占比例仅为11.11%。常见的庭院外来花草主要包括彩虹朱蕉、一品红、一串红、吊顶花、富贵竹、龟背竹、万寿菊、万年青、黄虾花、欧洲荚蒾、蟹爪兰、燕子掌、绿巨人、山丹、六月雪、镜面草等。

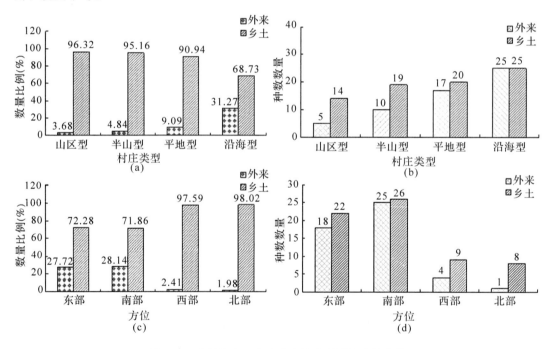

图2-22 庭院外来与乡土草本植物数量和种数比较

Fig. 2-22 The comparison of individuals and species between foreign and local herbage with courtyard forest

4. 庭院外来与乡土藤本数量和种数比较

如图2-23所示，不同类型和不同方位乡村庭院外来藤本数量均很少，所占比例很小。按地势地形，从外来藤本组成种类来看，沿海型外来藤本种类最多，包括3种外来藤本植物，山区型包含1种外来藤本植物，而半山型和平地型没有外来藤本植物。按地理位置，从外来藤本组成种类来看，南部外来藤本种数最多，包括2种外来藤本植物，北部包含1

种外来藤本植物，而东部和西部没有外来藤本植物。常见的庭院外来藤本植物主要包括炮
仗花、龙吐珠、蝙蝠葛等。

庭院外来植物分布的种类和数量与村民的经济水平和个人喜好有关。经济水平较高地
区的村民，绿化意识普遍较高，庭院种植植物的目的是为了满足自身高层次精神需要，他
们更追求植物的名贵性和观赏性，普遍种植名贵外来植物，使庭院外来植物的种类和数量
显著增加，而经济水平较低地区的村民，绿化意识普遍较弱，庭院种植植物的目的是满足
自身基本生活需要，他们更追求植物现实性，普遍种植乡土实用性植物，使庭院外来植物
的种类和数量增加缓慢。同时，某些村民对观赏性、名贵性树木和花草的喜好，也增加了
外来植物的种类和数量。

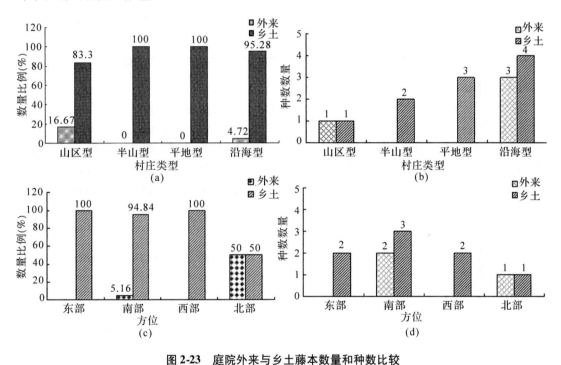

图 2-23 庭院外来与乡土藤本数量和种数比较

Fig. 2-23 The comparison of individuals and species between foreign and local vine with courtyard forest

(十二)庭院林新种植物组成

福建省乡村庭院林新种植物数量并不丰富，新种植物所占比重仅占 9.61%(表 2-19)。
从不同地势地形庭院林新种植物增加数量来看，沿海型庭院新增加植物数量最多，其次为
平地型，而半山型和山区型近期新种植物数量相对较少。从不同地理位置庭院林新种植物
增加数量来看，南部庭院林新增加植物数量最多，其次为西部，而东部和北部新种植物数
量相对较少。

表 2-19　庭院林新种植物与原有植物组成比较

Tab. 2-19　The composition comparison between new plants and original plants with courtyard forest

类型		新种植物		原有植物	
		数量	比例(%)	数量	比例(%)
总　体		2177	9.61	20467	93.39
地势地形	山区型	156	6.4	2286	93.6
	半山型	216	9.4	2076	90.6
	平地型	893	15.0	5050	85.0
	沿海型	912	7.6	11050	92.4
地理位置	东部	238	3.80	6018	96.20
	南部	1314	11.88	9747	88.12
	西部	470	14.81	2703	85.19
	北部	155	7.20	1999	92.80

1. 庭院林新种植物内部组成

如图 2-24 所示，福建省乡村庭院林 10 种主要新种植物能够充分反映和代表不同类型和方位的庭院林新种植物。从不同地势地形来看，半山型所占比重最大，10 种主要新种植物所占比重达到 83%，而其他 3 类也均在 50% 以上。从不同地理位置来看，西部和北部 10 种主要新种植物所占比重均达到 85% 以上，而比重最少的南部也在 58.98%。因此，10 种主要新种植物能够从整体上反映和代表整个福建省乡村庭院林新种植物的基本情况。

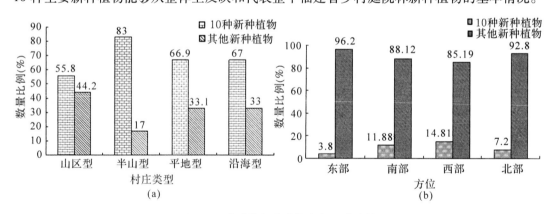

图 2-24　庭院林新种植物内部组成比较

Fig. 2-24　The internal composition comparison of new plants with courtyard forest

由表 2-20 可见，福建省乡村庭院林新种植物多以观赏性、食用性、名贵性为主，其中，观赏性植物主要有桂花、榕树、南洋杉、非洲茉莉、白玉兰、茶花、三角梅、苏铁、茶花、地柏、蒲葵等，食用性植物主要有龙眼、木瓜、枇杷、番石榴、柑橘、桃树、柿树、梨树、柚树等，名贵性植物主要有红豆杉、罗汉松、降香黄檀等。从庭院林新种植物所占数量比重来看，桂花、龙眼、榕树、木瓜、红豆杉、茶花所占比例均大于 10%，为庭院新种植的主要植物。柑橘、蒲葵、地柏、尾叶桉、桃树、梨树、枇杷所占比例均在 5% ~ 10%，为庭院新种植的重要植物。

表 2-20　庭院林主要新种植物组成比较

Tab. 2-20　The composition comparison of main new plants with courtyard forest

类型	项目	新种植物									
山区型	植物	桂花	柑橘	地柏	尾叶桉	蒲葵	番石榴	罗汉松	枇杷	桃树	柿子
	株树	16	12	12	10	10	6	6	5	5	5
	比例	10.3	7.7	7.7	6.4	6.4	3.8	3.8	3.2	3.2	3.2
半山型	植物	红豆杉	桂花	茶花	桃树	梨树	枇杷	木瓜	苏铁	龙眼	柑橘
	株树	39	33	27	18	16	12	9	9	8	8
	比例	18.1	15.3	12.5	8.3	7.4	5.6	4.2	4.2	3.7	3.7
平地型	植物	桂花	茶花	红豆杉	三角梅	枇杷	罗汉松	降香黄檀	柚树	苏铁	榕树
	株树	283	55	52	35	33	33	30	30	23	22
	比例	31.7	6.2	5.8	3.9	3.7	3.7	3.4	3.4	2.6	2.5
沿海型	植物	龙眼	榕树	木瓜	南洋杉	非洲茉莉	白玉兰	枇杷	苏铁	三角梅	番石榴
	株树	220	140	135	55	45	40	35	35	30	30
	比例	19.3	12.3	11.8	4.8	3.9	3.5	3.1	3.1	2.6	2.6
东部	植物	南洋杉	香椿	尾叶桉	枇杷	杧果	木瓜	桂花	龙眼	白玉兰	桃树
	株树	24	24	22	21	20	20	13	13	11	10
	比例	10.08	10.08	8.24	8.82	8.40	8.40	5.46	5.46	4.62	4.20
南部	植物	龙眼	木瓜	桂花	榕树	三角梅	苏铁	茶花	黄金桂	菠萝蜜	番石榴
	株树	191	110	95	73	72	55	48	48	44	39
	比例	14.54	8.37	7.23	5.56	5.48	4.19	3.65	3.65	3.35	2.97
西部	植物	桂花	红豆杉	茶花	柚树	桃树	枇杷	柑橘	苏铁	栀子花	罗汉松
	株树	163	89	48	28	21	14	13	11	8	8
	比例	34.68	18.94	10.21	5.96	4.47	2.98	2.77	2.34	1.70	1.70
北部	植物	柑橘	罗汉松	枇杷	桃树	桂花	石榴	悬铃木	红豆杉	侧柏	柿树
	株树	32	28	18	18	13	8	7	5	5	5
	比例	20.65	18.06	11.61	11.61	8.39	5.16	4.52	3.23	3.23	3.23

注：比例的单位为%。

由表 2-21 可见，福建省近年来庭院新种植物频率较高的有桂花、龙眼、桃树、梨树、木瓜、榕树等，这些新种植物频率均在 10 以上，而茶花、三角梅、枇杷、红豆杉、龙眼、柑橘、番石榴、罗汉松、桃树、柿树等新种植物的频率也较高，均在 5~10 之间，同时，新种植物应用频率在 5 以下相对较高的植物有南洋杉、白玉兰、枇杷、苏铁、朱顶红、罗汉松、香樟、月季、石榴、桉树等。

表 2-21　庭院林新种植物增加频率比较

Tab. 2-21　The comparison of increased frequency of new plants with courtyard forest

类型	项目	新种植物增加频率								
山区型	植物	桂花	柑橘	枇杷	番石榴	罗汉松	桃树	柿树	茶花	红豆杉	桉树
	频率	7.3	5.3	5.3	5.3	5.3	5.1	5.1	5.1	4.9	4.3
半山型	植物	桂花	桃树	梨树	枇杷	红豆杉	龙眼	木瓜	苏铁	石榴	柑橘
	频率	20.7	13.0	10.9	8.7	7.6	5.4	4.3	4.3	3.3	3.3
平地型	植物	桂花	茶花	三角梅	枇杷	罗汉松	苏铁	榕树	香樟	月季	石榴
	频率	23.8	8.3	5.0	5.0	4.6	4.6	4.2	3.8	2.9	2.9
沿海型	植物	龙眼	木瓜	榕树	南洋杉	白玉兰	枇杷	苏铁	番石榴	朱顶红	三角梅
	频率	22	11.5	10	4	4	3.5	3.4	3	3	3
东部	植物	枇杷	杧果	木瓜	桂花	南洋杉	龙眼	桃树	三角梅	欧洲荚蒾	毛杜鹃
	频率	26.2	18.5	11.6	9.7	8.6	7.1	5.6	4	4	4
南部	植物	龙眼	榕树	木瓜	苏铁	三角梅	桂花	枇杷	君子兰	罗汉松	石榴
	频率	28	17.5	10	8.2	7	7	7	5.1	3.2	3.2
西部	植物	桂花	茶花	红豆杉	桃树	枇杷	柑橘	苏铁	罗汉松	番石榴	香樟
	频率	25.6	18.1	9.5	7.2	5.2	4	4	3.2	3.2	3.2
北部	植物	桂花	枇杷	柑橘	桃树	罗汉松	石榴	茶花	红豆杉	柿树	梨树
	频率	10.3	7.2	7.2	5.6	5.6	5.6	3	3	3	3

2. 庭院林新种植物结构

由表 2-22 可见，福建省乡村庭院林新种植物中乔木和花草为主要新种对象。其中乔木为主要组分，占 53.06%，其次为花草占 31.6%，而灌木和藤本新种植物较少。从不同地势地形来看，乔木组成结构中沿海型乔木增加数量最多，占 58.4%，其次为平地型，占 17%，而半山型和山区型乔木增加数量较少。花草组成结构中平地型花草增加数量最多，占 56.3%，其次为沿海型，占 33.6%，而半山型和山区型花草增加数量较少。从不同地理位置来看，乔木组成结构中南部乔木增加数量最多，占 67.01%，其次为东部，占

表 2-22　庭院林新种植物总体结构数量比较

Tab. 2-22　The individuals comparison of new plants structure with courtyard forest

类型		乔木		灌木		草本		藤本	
		数量	比例(%)	数量	比例(%)	数量	比例(%)	数量	比例(%)
总计		1276	100	304	100	760	100	65	100
地势地形	山区型	88	6.9	38	12.5	30	3.9	0	0
	半山型	98	7.7	71	23.4	47	6.2	0	0
	平地型	345	17.0	90	29.6	428	56.3	30	46.2
	沿海型	745	58.4	105	34.5	255	33.6	35	53.8
地理位置	东部	212	16.61	6	1.97	20	2.63	0	0
	南部	855	67.01	22	7.24	644	84.74	65	100
	西部	102	7.99	287	94.41	81	10.66	0	0
	北部	107	8.39	33	10.86	15	1.97	0	0

16.61%，而西部和北部乔木增加数量较少。花草组成结构中南部花草增加数量最多，占84.74%，而西部、东部和北部花草增加数量均较少。

庭院林新种植物组成和结构差异主要与村民需求和村民意识有关，当前，广大村民对于庭院林认识不足，建设热情不高，导致庭院林新种植物总体数量偏少。新种植物结构差异主要是因为落后地区村民思想意识较低，村民对庭院的需求多集中在满足基本生活需要，新种植物更偏重于种植林果性植物，而且在观赏性植物中也仅是种植桂花等普通观赏性植物。而发达地区村民思想意识较高，村民对庭院的需求多集中在满足高层次精神需求上，新种植物更偏向于种植观赏性或名贵性乔木、花草。同时由于庭院林建设过程中村民的互相效仿，导致了新种植物在少数几种植物中表现较为集中。

三、乡村道路林结构特征

乡村道路林作为我国社会主义新农村建设乡村人居林的组成部分，也是乡村绿化建设形象的窗口，越来越受到社会的重视和关注，经常作为乡村环境建设的重要考核指标。但是，由于乡村类型本身多样，乡村道路所处的环境也较为复杂，因而乡村道路林的建设也没有成熟的经验可循。同时，当前国内对乡村道路林种群结构的研究也还较为薄弱，目前对乡村道路林的研究仅局限在植物选择与规划设计两个方面，且研究比较零散，多以理论探讨性研究为主，缺少对乡村道路林结构的整体系统性认识。因此，调查省域尺度不同类型乡村道路林绿化植物组成，揭示其植物组成结构与特征，对乡村人居林树种选择与配置具有一定的借鉴和参考作用。

（一）道路林科、属、种组成特征

福建省乡村道路林科、属、种组成种类较为丰富，共包括41个科、64个属、79个种（表2-23），以棕榈科、樟科、无患子科、桑科、蔷薇科、木犀科、木兰科、大戟科、柏科为主。

表 2-23 道路林植物科、属、种比较

Tab. 2-23 The comparison of plants in the family, genus and species with road forest

类型		科		属		种		株数	
		数量	比例(%)	数量	比例(%)	数量	比例(%)	数量	比例(%)
总计		41	100	64	100	79	100	18295	100
地势地形	山区型	13	31.71	20	31.25	22	27.85	2074	11.34
	半山型	20	48.78	24	37.50	25	31.65	4535	24.79
	平地型	19	46.34	25	39.06	27	34.18	5166	28.24
	沿海型	25	60.98	30	46.88	33	41.77	6520	35.64
地理位置	东部	8	19.51	10	15.63	14	17.72	2386	13.04
	南部	28	68.29	36	56.25	39	49.37	6471	35.37
	西部	14	34.15	17	26.56	17	21.52	989	5.41
	北部	19	46.34	22	34.38	26	32.91	8449	46.18

1. 不同地势地形道路林科、属、种组成特征

从道路林组成种类来看，乡村道路林科、属、种的组成基本呈现规律性：沿海型＞平地型＞半山型＞山区型。从科、属、种内部组成来看，乡村道路林科的变化幅度最大，达到 29.29%，其次为属的变化幅度，到达 15.63%，而种的变化幅度最小，仅占 7.59%。

从道路林组成数量来看，山区型道路林数量明显不足，而半山型、平地型和沿海型道路林数量相对较多。其中，山区型道路林植物组成数量仅占总体的 11.34%，约是半山型的 1/2，平地型的 1/2.5，沿海型的 1/3。乡村道路林植物组成数量表明当前在乡村道路林建设中，沿海型道路林建设相对较好，其次为平地型和半山型，而山区型道路林建设相对滞后。

2. 不同地理位置道路林科、属、种组成特征

从道路林组成种类来看，乡村道路林科、属、种的组成基本呈现规律性：南部＞北部＞西部＞东部。从科、属、种内部组成来看，乡村道路林科的变化幅度最大，达到 48.78%，其次为属的变化幅度，达到 40.62%，而种的变化幅度也达 31.65%。这表明不同方位道路林科、属、种的变化幅度大于不同地貌类型，道路林植物种类受不同方位影响大于不同地貌类型影响。

从道路林组成数量来看，西部道路林数量明显不足，而北部和南部道路林数量相对较多。其中，西部道路林植物组成数量仅占总体的 5.41%，约是东部的 1/2.5，南部的 1/7，北部的 1/9。而北部的道路林数量占到总体的 46.18%，南部的道路林数量也占到总体的 35.37%。乡村道路林植物组成数量表明当前在乡村道路林建设中，北部和南部道路林建设相对较好，其次为东部，而西部道路林建设相对滞后。

这种分布结构的产生主要与村庄布局和政府对乡村道路绿化的重视程度有关。片状、团状布局的乡村，道路绿化就受到一定局限，而沿路分布线性布局的乡村，道路绿化开展条件就比较优越。同时，乡村道路林还与政府对村庄道路绿化的重视程度有关，由于乡村道路林差异多由整条路绿化条数决定，整条路绿化条数越多则总体数量越多，而整条路绿化多由政府和村委组织开展，因此地方政府重视的道路林建设普遍较好，地方政府相对忽视的道路林建设普遍滞后。

（二）道路林主要应用植物组成

福建省乡村道路林应用数量最多的是楠木、杜英、圆柏、乐昌含笑、天竺桂、龙眼、降香黄檀、榕树、杨树、黄金榕、垂叶榕、九里香、假连翘、千年桐、紫薇 15 种（表 2-24）。

从不同地势地形来看，不同类型乡村道路林应用植物组成差异性较大。其中，山区型应用数量较多的有楠木、含笑、杜英、白杨、圆柏、杉木，应用频率较高的有楠木、桃树、梨树、千年桐、毛竹。半山型应用数量较多的有木荷、枫香、紫薇、乐昌含笑、小叶榕，应用频率较高的有香樟、圆柏、桂花。平地型应用数量较多的有降香黄檀、意杨、龙眼、香樟、楠木、天竺桂，应用频率较高的有降香黄檀、香樟、龙眼、桂花。沿海型应用数量较多的有龙眼、降香黄檀、垂叶榕、高山榕、苏铁，应用频率较高的有杧果、小叶榕、垂叶榕、苏铁、金叶假连翘、黄金榕。

表 2-24　道路林主要应用植物组成

Tab. 2-24　The compositon of main applied plants with road forest

类型		植物名称
地势地形	山区型	楠木　桃树　含笑　梨树　杜英　千年桐　白杨　毛竹　圆柏　杉木
	半山型	木荷　马尾松　枫香　香樟　乐昌含笑　苦楝　紫薇　圆柏　杉木　桂花
	平地型	龙眼　天竺桂　黄金榕　杜英　降香黄檀　桂花　意杨　楠木　香樟　圆柏
	沿海型	龙眼　黄金榕　垂叶榕　杧果　苏铁　圆柏　鸡冠刺桐　小叶榕　天竺桂　金叶假连翘
地理位置	东部	小叶榕　天竺桂　圆柏　梅　紫叶李　广玉兰　高山榕　红叶石楠　乐昌含笑　香樟
	南部	龙眼　九里香　垂叶榕　降香黄檀　黄金榕　杧果　圆柏　假槟榔　苏铁　金叶假连翘
	西部	枫香　毛竹　木荷　苦楝　香樟　马尾松　桃树　板栗　千年桐　杉木
	北部	楠木　杜英　乐昌含笑　圆柏　桂花　紫薇　梅　加拿大杨　含笑　柳杉

从不同地理位置来看，不同方位乡村道路林应用植物组成差异性也较大。其中，东部应用数量较多的有小叶榕、天竺桂、高山榕、红叶石楠、乐昌含笑、梅、紫叶李、广玉兰，应用频率较高的有小叶榕、天竺桂、圆柏、梅。南部应用数量较多的有降香黄檀、龙眼、垂叶榕、黄金榕、圆柏，应用频率较高的有龙眼、降香黄檀、垂叶榕、杧果、九里香。西部应用数量较多的有枫香、木荷、毛竹，应用频率较高的有香樟、桃树、毛竹、杉木。北部应用数量较多的有桂花、杜英、乐昌含笑、楠木、紫薇、含笑、加拿大杨、圆柏，应用频率较高的有楠木、杜英、桂花、乐昌含笑、圆柏。

乡村道路林应用植物组成差异在一定程度上反映了不同时期政府和村民的实际需求。当前福建省乡村道路林建设相对滞后，乡村道路林主要以两种形式存在，一种是传统保留植物组成道路林，另一种是近期种植植物组成道路林。其中，传统保留道路林的主要建设者为村民，当时种植目的主要是为了乘凉休憩，偶尔在路的两旁种植几株常见乡土植物，落后地区以千年桐、木荷、苦楝为主，而发达地区以龙眼、榕树、香樟为主。当前乡村新种道路林建设者主要为政府，落后地区种植目的主要是为了取得经济收入，普遍种植楠木、降香黄檀等，而发达地区主要是为了观赏，普遍种植黄金榕、垂叶榕、九里香、假连翘等灌木。不同时期不同需求导致了目前乡村道路林应用植物结构差异性大的现状特征。

（三）道路林分布特征

由表 2-25 可见，福建省乡村道路林分布区域主干道路林最多，占 38.33%，其次为村内路，占 35%，而进村路最少，仅占 26.67%。道路林分布特点以单侧分布道路林最多，占 58.33%，而两侧分布道路林仅占 41.67%。道路林分布结构以整条分布道路林最多，占 61.67%，而零散分布道路林仅占 38.33%。道路林分布长度以 50m 以下最多，占 43.33%，其次为 200m 以上，占 31.67%，而 50~200m 之间长度的道路林最少，仅占 25%。

从不同地势地形来看，不同类型道路林总体分布数量最多为沿海型道路林 22 条，其次为平地型道路林 19 条，而半山型和山区型道路林数量相对较少，仅为 12 条和 7 条。从道路林分布区域来看，山区型、半山型、平地型的主干道、进村路和村内路的道路林分布数量相当，而沿海型分布差异较大，主干道路林分布数量最多 10 条，其次为村内路 9 条，而进村路的道路林数量最少，仅为 3 条。从道路林分布特点来看，山区型、半山型、沿海型的道路林单侧分布较多，而平地型的道路林两侧分布较多。从道路林分布结构来看，山区型和半山型道路林零散分布和整条分布数量相当，而平地型和沿海型道路林整条分布较多。从道路林分布长度来看，山区型各种长度道路林分布数量相当，而半山型、平地型和沿海型均以 50m 以下分布最多，200m 以上次之，50~200m 之间分布数量最少。

从不同地理位置来看，不同方位道路林总体分布数量最多为南部，道路林为 22 条，北部道路林次之，为 18 条，而东部和西部道路林数量相对较少，仅为 12 条和 9 条。从道路林分布区域来看，南部和北部的主干道、进村路和村内路分布数量较多，分别为 21 条和 18 条，而西部道路林分布差异性较大，村内路最多 5 条，而进村路和主干道路林数量仅只有 2 条。从道路林分布特点来看，东部、南部和西部的道路林单侧分布较多，而北部的道路林两侧分布较多。从道路林分布结构来看，南部和西部道路林零散分布和整条分布数量相当，而东部和北部道路林整条分布较多。从道路林分布长度来看，东部以 200m 以上道路林分布为主，而南部和西部以 50m 以下道路林分布为主，北部则较均匀。

表 2-25　道路林分布特征比较

Tab. 2-25　The comparison of plant distribution with road forest

| 类型 | | 分布区域 | | | 分布特点 | | 分布结构 | | 分布长度（m） | | |
		进村路	主干道	村内路	两侧	单侧	零散	整条	<50	50~200	>200
地势地形	山区型	2	3	2	2	5	3	4	3	2	2
	半山型	5	3	4	4	8	6	6	6	2	3
	平地型	6	7	6	11	8	6	13	8	5	6
	沿海型	3	10	9	8	14	8	14	9	5	8
地理位置	东部	1	6	5	5	7	2	10	2	2	8
	南部	3	11	7	7	14	11	10	12	6	3
	西部	2	2	5	3	6	5	5	6	2	1
	北部	10	4	4	10	8	5	12	7	4	7

道路林这种分布结构与形式主要与政府部门重视程度有关。当前，重视道路林建设的乡村，主要包括多数发达地区和少数落后地区的乡村，村内外道路多有分布，且以两侧整体分布为主，建设长度较长。不重视道路林建设的乡村，主要包括多数落后地区和少数发达地区的乡村，由于经济水平条件制约，乡村道路林的建设滞后，村内外道路分布较少，且以单侧零星分布为主，建设长度较短。不同的重视程度导致了目前乡村道路林分布特征的差异。

（四）道路林乔灌组成特征

由表 2-26 可见，福建省乡村道路林共有 56 种乔木，23 种灌木，总体以乔木为主要组分。其中，乔木种类和数量分别占总体的 70.89%、67.38%，而灌木种类和数量仅占总体的 29.11%、32.62%。

表 2-26 道路林乔、灌组成特征比较

Tab. 2-26 The composition comparison between arbor and shrub with road forest

类　型		乔木				灌木			
		种类	比例(%)	数量	比例(%)	种类	比例(%)	数量	比例(%)
总计		56	100	12327	100	23	100	5968	100
地势地形	山区型	20	35.71	1704	13.82	2	8.69	370	6.20
	半山型	18	32.14	1745	14.16	7	30.43	2790	46.75
	平地型	22	39.29	3842	31.17	5	21.74	1324	22.18
	沿海型	21	37.50	5036	40.85	12	52.17	1484	24.87
地理位置	东部	12	21.43	2231	18.10	2	8.69	155	2.60
	南部	27	48.21	4597	37.29	12	52.17	1874	31.40
	西部	15	26.79	973	7.89	2	8.69	16	0.27
	北部	16	28.57	4526	36.72	10	43.48	3923	65.73

1. 不同地势地形道路林乔、灌组成特征

从道路林组成种类来看，乔木组成差异性不大，平地种类最多，达22种，半山型最少也有18种，而灌木组成种类差异明显，沿海型种类最多达12种，山区型最少，仅有2种。从不同类型乡村乔灌组成种类来看，表现性一致，均为乔木种类大于灌木种类。

从道路林组成数量来看，乔木数量以沿海型最高，占总体40.85%，其次为平地型，占31.17%，而半山型和山区型最低，分别占14.16%和13.82%。灌木数量以半山型最多，占总体46.75%，其次为沿海型和平地型，分别占总体24.87%和22.18%，而山区型最少，仅占6.20%。从不同类型乡村乔灌数量组成来看，山区型、平地型和沿海型乡村道路林乔木为主要组成成分，分别占82.16%、74.37%和77.24%，其中乔木在道路林组成中比重最高的是山区型，而半山型则以灌木为道路林主要组成成分，其中，灌木比重高达61.52%，而乔木仅为38.48%（图2-25）。

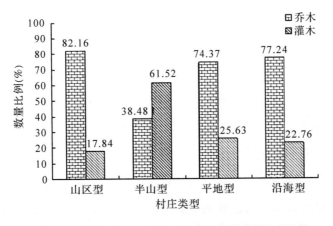

图 2-25 不同地势地形道路林乔木与灌木数量组成比较

Tab. 2-25 The individuals comparison between arbor and shrub on different type of roads

2. 不同地理位置道路林乔、灌组成特征

从道路林组成种类来看,乔木组成以南部种类最多,达 22 种,而东部最少,仅有 12 种,灌木组成以南部种类最多达 12 种,而东部和西部最少,仅有 2 种。从不同方位乡村乔灌组成种类来看,表现一致,均为乔木种类大于灌木种类。

从道路林组成数量来看,乔木数量以南部和北部最多,分别占总体 37.29% 和 36.72%,其次为东部,占 18.10%,而西部最少,仅占 7.89%。灌木数量以北部最多,占总体 65.73%,其次为南部,占总体 31.40%,而东部和西部最少,仅占 2.60% 和 0.27%。从不同方位乡村乔灌组成数量来看,东部、南部和西部乡村道路林以乔木为主要组分,其中,东部、南部和西部乔木数量分别为 93.50%、71.04%、98.38%,而北部乔灌数量比例相接近。乔木在道路林组成中比重最高的是西部,乔木比重达 98.38%,而灌木在道路林中比例最高的为北部,灌木比重高达 46.43%(图 2-26)。

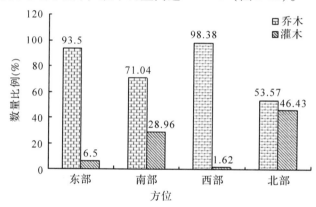

图 2-26　不同方位道路林乔木与灌木数量组成比较

Tab. 2-26　The individuals comparison between arbor and shrub on different direction of roads

这种组成特征主要与乡村道路布局、村民意识和村庄经济水平有关。由于目前福建省乡村道路两边很少预留绿化空间,多是水泥硬化最大化,因此,道路林总体分布数量不足,多数村庄只是零星在道路边种植乔木,而这种道路边乔木种植的主要目的也并不是为绿化美化道路,而是为了走路或休闲乘凉,这种目的性也决定了当前乡村道路林总体种类和数量不会太大。同时,经济水平较高的村庄,尤其是新农村建设示范村,由于进行了村庄总体规划,乡村主要道路两边普遍预留了空间并开展绿化,同时为了追求视觉效果,注重乔木与灌木的使用和搭配,形成了一定数量的乔灌结构。

(五)道路林主要林种组成特征

由表 2-27 可见,福建省乡村道路林观赏性植物种类最丰富,占总体的 55.60%,其次为林果性和用材性植物,分别占总体的 18.99% 和 16.46%,而其他性质用途植物仅占总体 8.86%。从数量组成来看,观赏性植物为主要组分,占总体的 67.58%,其次为用材性植物,占 22.32%,林果性植物仅占 6.20%,而其他性质用途的植物仅占 3.9%。

表2-27　道路林主要林种组成比较

Tab. 2-27　The composition comparison of the main tree species with road forest

类　型		林果		观赏		用材		其他	
		种类	数量	种类	数量	种类	数量	种类	数量
总计		15	1135	44	12363	13	4083	7	714
地势地形	山区型	5	354	13	1511	3	208	1	1
	半山型	3	21	10	3949	9	556	3	9
	平地型	6	539	13	2367	6	1619	2	641
	沿海型	5	221	25	4536	2	1700	2	63
地理位置	东部	3	459	10	1893	1	34	0	0
	南部	7	330	23	4221	6	1856	3	64
	西部	4	26	6	440	6	520	1	3
	北部	1	320	14	5809	5	1673	6	647

1. 不同地势地形道路林主要林种组成特征

从道路林组成种类来看，观赏性植物种类以沿海型最丰富，达到25种，半山型最少，仅有10种。林果性植物种类在四种地势类型中均不丰富，其中平地型最多为6种，而半山型最少为3种。用材性植物种类以半山型种类最多，达到9种，而沿海型则仅有2种。

从道路林组成数量来看，观赏性植物分布数量中沿海型所占比例最高，占总体36.69%，山区型所占比例最低，仅占12.22%。用材性植物分布数量中沿海型和平地型所占比例相对较大，分别占41.64%和39.65%，而半山型和山区型所占比例相对较小，仅占13.62%和5.09%。林果性植物分布数量中平地型最高，占47.49%，其次为山区型和沿海型，分别占31.19%和19.47%，而半山型仅占1.85%，其他性植物分布数量中平地型数量占主要比重，89.78%，而其他三个类型的乡村总和仅占10%。从不同类型乡村主要林种组成数量来看，四种乡村道路林均以观赏性植物数量最多，沿海型、平地型和半山型用材性植物数量列居第二位，分别占26.07%、31.34%和12.26%，而山区型乡村则是以林果性植物列居第二位，比重达17.07%（图2-27）。

2. 不同地理位置道路林主要林种组成特征

从道路林组成种类来看，观赏性植物种类差异显著，南部最丰富，达到23种，西部最少，仅有6种。林果性植物种类南部最多，达到7种，而北部仅有1种。用材性植物种类均不丰富，最多也仅有6种。

从道路林组成数量来看，观赏性植物分布数量中北部和南部所占比例最高，占总体46.99%和34.14%，而西部所占比例最低，仅占3.56%。用材性植物分布数量中南部和北部所占比例相对较大，分别占45.46%和40.97%，而东部所占比例相对较小，仅占0.83%。林果性植物分布数量中东部最高，占40.44%，其次为南部和北部，分别占29.07%和28.19%，而西部仅占2.29%，其他性质用途的植物分布数量中北部数量占主要比重，占90.62%，而其他三个类型的乡村总和不足10%。从不同方位乡村主要林种组成数量来看，东部、南部和北部乡村道路林均以观赏性植物为主，分别占79.34%、65.23%和68.75%，而西部则以用材性植物为道路林主要组分，道路林中用材性植物比重

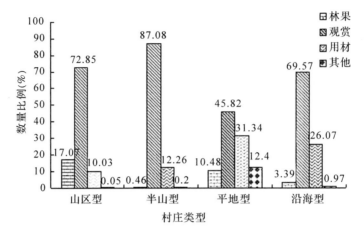

图 2-27　不同类型道路林主要林种数量组成

Fig. 2-27　The individuals comparison of the main tree species on different type of roads

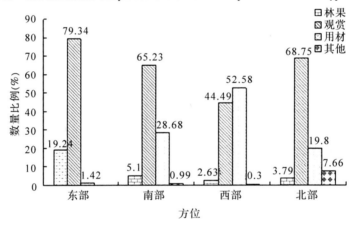

图 2-28　不同方位道路林主要林种数量组成

Fig. 2-28　The individuals comparison of the main tree species on different direction of roads

高达 52.58%（图 2-28）。

　　这种以观赏性植物为主的道路林组成结构是与当前福建乡村的城市化进程相联系的。由于乡村道路林主要林种多由大规模整体道路绿化决定，而福建乡村开展大规模道路绿化多由政府部门组织实施，如新农村示范村等。在道路绿化中普遍借鉴城市模式，种植观赏性植物，从而形成了以观赏性植物为主，传统乡村道路两边零散种植用材性和林果性植物为辅的乡村道路林建设模式。

（六）道路林水平分布特征

　　由表 2-28 和 2-29 可见，福建省乡村道路林乔木树种种类依径级分布呈现金字塔形。其中，在 10cm 以下乔木树种分布最多，占总体的 85.71%，在 10~20cm 径级分布的乔木次之，占总体的 25%，在 20~30cm 径级分布的乔木占总体的 16.07%，而在 30cm 以上径级分布的乔木仅占 14.29%。从数量分布来看，在 10cm 以下径级分布数量最多，占总体的 85.89%，其次为 10~20cm，占总体 11.99%，而 20~30cm 乔木占总体 1.71%，30cm

表 2-28　道路林乔木树种不同胸径等级上种类分布

Tab. 2-28　The species distribution of arbor in different DBH class with road forest

类　型		<10cm		10~20cm		20~30cm		>30cm	
		种类	比例	种类	比例	种类	比例	种类	比例
总计		48	100	14	100	9	100	8	100
地势地形	山区型	11	22.92	1	7.14	2	22.22	6	75.00
	半山型	15	29.17	2	14.29	0	0	2	25.00
	平地型	13	27.08	7	42.86	2	22.22	1	12.50
	沿海型	14	27.08	5	35.71	4	33.33	0	0
地理位置	东部	9	18.75	2	14.28	2	22.22	0	0
	南部	12	25.00	6	42.86	4	44.44	4	50.00
	西部	10	20.83	2	14.28	0	0	6	75.00
	北部	11	22.92	4	28.57	1	11.11	0	0

表 2-29　道路林乔木树种不同胸径等级上数量分布

Tab. 2-29　The individuals distribution of arbor in different DBH class with road forest

类　型		<10cm		10~20cm		20~30cm		>30cm	
		数量	比例	数量	比例	数量	比例	数量	比例
总计		10588	100	1479	100	211	100	49	100
地势地形	山区型	1680	15.87	1	0	13	6.16	10	20.41
	半山型	1690	15.96	19	1.28	0	0	36	73.47
	平地型	2921	27.59	902	60.99	16	7.58	3	6.12
	沿海型	4297	40.58	557	37.66	182	86.26	0	0
地理位置	东部	2018	19.06	33	2.23	180	85.31	0	0
	南部	3795	35.84	766	51.79	26	12.32	10	20.41
	西部	916	8.65	18	1.22	0	0	39	79.59
	北部	3859	36.45	662	44.76	5	2.37	0	0

以上的甚至不足 1%。

1. 不同地势地形道路林水平分布特征

从不同径级上的种类分布来看,平地型和沿海型道路林中 10~20cm 中径级乔木分布种类大于大径级,而山区型道路林中 30cm 以上大径级乔木分布种类大于中径级。从不同径级上的数量分布来看,平地型和沿海型道路林中 10~20cm 中径级乔木分布数量大于大径级,而山区型和半山型道路林中 30cm 以上大径级乔木分布数量大于中径级。从 30cm 以上大径级乔木分布数量来看,半山型最多,而平地型和沿海型道路林则几乎没有大径级乔木分布。

2. 不同地理位置道路林水平分布特征

从不同径级上的种类分布来看,东部、南部和北部道路林中 10~20cm 中径级乔木分布种类大于大径级,而西部道路林中 30cm 以上大径级乔木分布种类大于中径级。从不同径级上的数量分布来看,东部、南部和北部道路林 10~30cm 中径级乔木分布数量大于大径级，而西部道路林30cm以上大径级乔木分布数量大于中径级。从30cm以上大径级乔木分布数量来看，西部最多，而东部和北部道路林则没有大径级乔木分布。

3. 道路林主要乔木树种水平分布特征

由图2-29可见，从乡村道路林应用数量最多的15个乔木的平均胸径来看，多数乔木的平均胸径均为2cm左右的小径级，主要包括：楠木、杜英、白杨、乐昌含笑、紫薇、黄金榕和降香黄檀。而平均胸径在5~10cm之间的乔木树种有意杨、天竺桂、圆柏、垂叶榕、小叶榕，平均胸径在10cm以上的仅有杉木、香樟和龙眼。

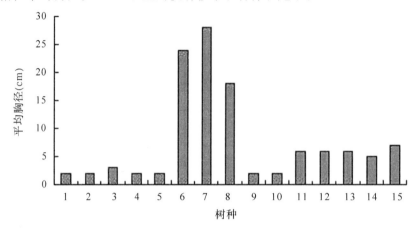

图 2-29　道路林主要乔木平均胸径数量分布

Fig. 2-29　The individuals distribution of average DBH of 15 dominant tree species with road forest

（1. 楠木　2. 杜英　3. 白杨　4. 乐昌含笑　5. 紫薇　6. 杉木　7. 香樟　8. 龙眼　9. 黄金榕　10. 降香黄檀　11. 意杨　12. 天竺桂　13. 圆柏　14. 垂叶榕　15. 小叶榕）

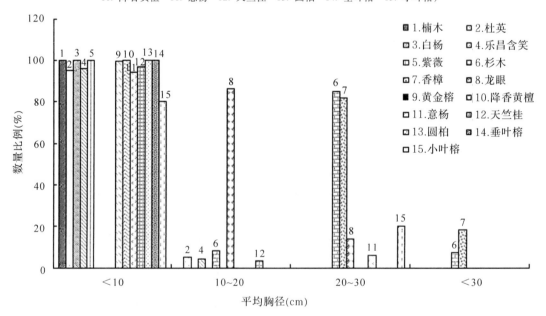

图 2-30　道路林主要乔木在不同胸径等级上的数量分布

Fig. 2-30　The individuals distribution of dominant tree species in different DBH class with road forest

由图 2-30 可见，从道路林主要乔木在不同径级上的分布来看，不同乔木的径级分布总体以小径级为主。只有龙眼、香樟和杉木分布以稍大径级为主，其中龙眼分布范围集中在 10～20cm 径级范围内，香樟和杉木分布范围集中在 20～30cm 径级范围内。少量的小叶榕和龙眼在 20～30cm 径级范围内也有相当数量分布，而 30cm 以上径级只有杉木有分布。

造成道路林这种水平结构的主要原因是长期以来乡村不重视道路林建设，近年来随着经济的发展和新农村建设步伐的加快，乡村道路绿化才开始逐渐被重视，在一些新农村示范村和经济条件较好的村庄，开始种植道路绿化植物，但由于多数是近期种植，平均胸径一般较小，同时，也有少数乡村道路两旁胸径较大的乔木被零星保留下来，从而形成了当前乡村道路林的分布格局。

（七）道路林垂直分布特征

由表 2-30 和表 2-31 可见，福建省乡村道路林乔木树种在不同立木层次上的种类和数量分布以 10m 以下为主，其中 5m 以下种类和数量分布占总体的 64.29% 和 53.45%，5～10m 范围内种类和数量分别占总体的 48.21% 和 46.12%。

1. 不同地势地形道路林垂直分布特征

从不同立木层次上的种类分布来看，山区型和平地型道路林 5～10m 高度的乔木种类最丰富，而半山型和沿海型道路林 5m 以下高度的乔木种类最丰富。从不同立木层次上的数量分布来看，山区型和平地型以 5～10m 高度范围为主，而半山型和沿海型以 5m 以下高度范围为主。从道路林高大乔木分布数量来看，10m 以上高大乔木仅在山区型和半山型中有少量分布，而 20m 以上高度乔木仅半山型道路两边有零星分布。

表 2-30　道路林乔木树种不同立木层次上种类分布

Tab. 2-30　The species distribution of arbor in different tree stratum with road forest

类　　型		<5cm		5～10cm		10～20cm		>20cm	
		种类	比例	种类	比例	种类	比例	种类	比例
总体		36	100	27	100	6	100	1	100
地势地形	山区型	5	13.89	10	37.04	5	83.33	0	0
	半山型	9	25.00	6	22.22	3	50.00	1	100
	平地型	10	27.78	13	48.15	0	0	0	0
	沿海型	16	44.44	10	37.04	0	0	0	0
地理位置	东部	10	27.78	5	18.52	0	0	0	0
	南部	17	47.22	11	40.74	3	50.00	0	0
	西部	7	19.44	5	18.52	4	66.67	1	100
	北部	9	25.00	9	33.33	0	0	0	0

表2-31　道路林乔木树种不同立木层次上数量分布

Tab. 2-31　The individuals distribution of arbor in different tree stratum with road forest

类　型		<5cm		5～10cm		10～20cm		>20cm	
		数量	比例	数量	比例	数量	比例	数量	比例
总体		6589	100	5685	100	50	100	3	100
地势地形	山区型	385	5.84	1303	22.92	16	32	0	0
	半山型	1617	24.54	91	1.60	34	64	3	100
	平地型	1083	16.44	2759	48.53	0	0	0	0
	沿海型	3504	53.18	1532	26.95	0	0	0	0
地理位置	东部	1249	18.96	982	17.27	0	0	0	0
	南部	2613	39.66	1974	34.72	10	20	0	0
	西部	844	12.81	86	1.51	40	80	3	100
	北部	1883	28.58	2643	46.49	0	0	0	0

2. 不同地势地形道路林垂直分布特征

从不同立木层次上的种类分布来看，东部、南部和西部道路林5m以下高度乔木种类最丰富，而北部道路林5m以下和5～10m高度范围乔木种类丰富程度相当。道路林中10m以上高大乔木仅在西部和南部有分布。从不同立木层次上的数量分布来看，东部、南部和西部道路林分布以5m以下高度范围为主，而北部道路林分布以5～10m高度范围为主。从道路林高大乔木分布数量来看，10m以上高大乔木仅在南部和西部有少量分布，而20m以上仅西部道路两边有零星分布。

3. 道路林主要乔木树种垂直分布特征

由图2-31可见，从乡村道路林应用数量最多的15个乔木的立木层次来看，多数乔木的平均高度均在5m以下，主要包括：楠木、杜英、白杨、乐昌含笑、紫薇、黄金榕、降

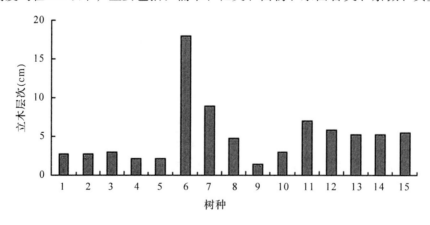

图2-31　道路林主要乔木立木层次数量分布

Fig. 2-31　The individuals distribution of tree stratum of 15 dominant tree species with road forest

(1. 楠木　2. 杜英　3. 白杨　4. 乐昌含笑　5. 紫薇　6. 杉木　7. 香樟　8. 龙眼　9. 黄金榕　10. 降香黄檀　11. 意杨　12. 天竺桂　13. 圆柏　14. 垂叶榕　15. 小叶榕)

香黄檀。而平均高度在 5~10m 之间乔木树种有香樟、龙眼、意杨、天竺桂、圆柏、垂叶榕、小叶榕,平均高度在 10m 以上的仅有杉木。

由图 2-32 可见,从道路林主要乔木在不同立木层次上的分布来看,不同乔木的高度总体分布在 10m 以下范围内。而只有杉木以大径级分布为主,其中分布范围集中在 10~15m 高度范围内的杉木占 64%,分布范围集中在 15m 高度范围以上的占 36%。少量的香樟和龙眼在 10~15m 高度范围内也有零星分布。

道路林这种垂直结构的产生主要是因为长期以来福建乡村没有开展道路绿化,现在的道路林多为近年来新种乔木,而新种乔木的高度一般并不高,同时福建在乡村道路绿化树种选择中普遍种植观赏性、名贵性乔木,而用材性乔木并不多,这就总体上形成了道路林分布以 10m 以下高度为主的格局。

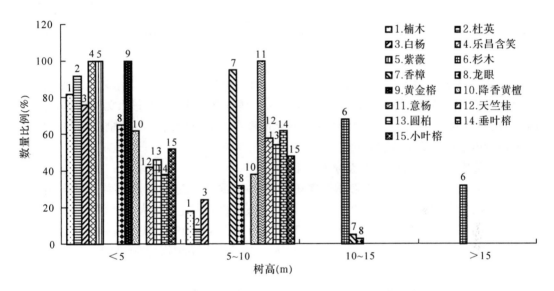

图 2-32 道路林主要乔木在不同立木层次上的数量分布

Fig. 2-32 The individuals distribution of dominant tree species in different tree stratum with road forest

(八)道路林植物组成健康状况

福建省乡村道路林植物健康状况较差,其中健康植物、正常植物和不健康植物所占数量比重分别为 3.41%、61.02%、35.57%(表 2-32)。从道路林植物种类分布来看,植物组成中有 17 种道路植物出现不健康状况,占总体植物种类的 21.52%,植物组成中仅有 2 种庭院植物健康状况表现优秀,占总体植物种类的 2.53%。常见的健康状况较好的植物包括:圆柏、凤凰木、千年桐、火力楠、香樟、枫香、天竺桂、紫薇、黄金榕、垂叶榕,健康状况较差的植物包括:楠木、含笑、杜英、白杨、降香黄檀、棕榈、木荷、红豆杉、乐昌含笑、黑杨、女贞、杧果、假槟榔、木麻黄。

表 2-32　道路林植物组成健康状况比较

Tab. 2-32　The comparison of health condition of plants with road forest

<table>
<tr><td rowspan="2">类　型</td><td colspan="2">健康（A）</td><td colspan="2">较健康（B）</td><td colspan="2">正常（C）</td><td colspan="2">较差（D）</td></tr>
<tr><td>种类</td><td>数量</td><td>种类</td><td>数量</td><td>种类</td><td>数量</td><td>种类</td><td>数量</td></tr>
<tr><td>总体</td><td>1</td><td>3</td><td>3</td><td>621</td><td>65</td><td>11166</td><td>26</td><td>6507</td></tr>
<tr><td rowspan="4">地势地形</td><td></td><td></td><td></td><td></td><td></td><td></td><td></td><td></td></tr>
</table>

类　型		健康（A）		较健康（B）		正常（C）		较差（D）	
类　型		种类	数量	种类	数量	种类	数量	种类	数量
总体		1	3	3	621	65	11166	26	6507
地势地形	山区型	0	0	1	1	15	1418	7	655
地势地形	半山型	0	0	1	18	16	1333	11	3184
地势地形	平地型	1	2	1	600	21	3288	5	1276
地势地形	沿海型	1	1	1	2	25	5125	7	1392
地理位置	东部	0	0	0	0	14	2386	0	0
地理位置	南部	0	0	1	1	34	5093	6	1377
地理位置	西部	0	0	1	1	16	538	2	450
地理位置	北部	1	3	1	619	10	3147	18	4680

1. 不同地势地形道路林健康分布特征

从不同地势地形来看，道路林健康植物所占比重最大为沿海型道路林，健康植物占78.65%，其次为平地型道路林，占75.3%，而不健康植物所占比重最大为半山型道路林，不健康植物占70.21%。从道路林植物种类分布来看，半山型出现不健康植物种类最多，达11种，占半山型道路植物的44%。

2. 不同地理位置道路林健康分布特征

从不同地理位置来看，道路林健康植物所占比重最大为东部道路林，健康植物占100%，其次为南部道路林，占78.72%，而不健康植物所占比重最大为北部道路林，不健康植物占55.39%，其次为西部道路林，不健康植物占45.50%。从道路林植物种类分布来看，北部出现不健康植物种类最多，达18种，占北部道路植物的69.23%。

3. 道路林主要组成植物健康状况分布特征

由图 2-33 可见，从道路林主要组成植物健康等级分布来看，主要植物健康状况较差。其中，楠木、杜英、白杨、含笑、杉木、降香黄檀、意杨不健康植物比例均大于50%，仅有圆柏健康状况较好，而紫薇、黄金榕、香樟、天竺桂、垂叶榕健康状况均一般。

道路林健康状况主要与林木管护水平和林木生长适应性有关。由于乡村道路林管护水平相对较差，树木在成长过程中病虫害等问题不能及时解决，或由于土壤等原因导致树木营养不良等现象时有发生，道路林健康状况表现相对较差，同时由于新种植的乔木，尤其是引进的外来乔木还未完全适应当地条件，不仅成活率难以保证，而且成活的乔木生长也不稳定，健康状况表现也相对较差。

（九）道路林植物组成来源

福建省乡村道路林植物组成总体以乡土植物为主，其中，乡土植物种类和数量分别占总体的86.83%和79.75%，而外来植物种类和数量仅占总体的13.17%和20.25%（表2-33）。

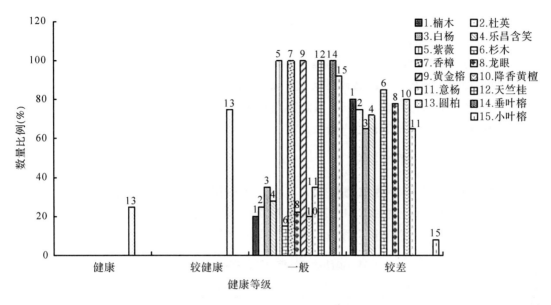

图2-33　道路林主要组成植物健康等级分布

Fig. 2-33　The distribution of health grade of 15 dominant plants with road forest

表2-33　道路林植物组成来源比较

Tab. 2-33　The composition comparison of plant sources with road forest

类型		乡土植物				外来植物			
		种类	比例(%)	数量	比例(%)	种类	比例(%)	数量	比例(%)
总计		63	100	15886	100	16	100	2409	100
地势地形	山区型	20	50.00	1914	12.05	2	12.50	160	6.64
	半山型	24	60.00	4533	28.53	1	6.25	2	0.08
	平地型	24	60.00	3927	24.72	3	18.75	1239	51.43
	沿海型	22	55.00	5512	34.70	11	68.75	1008	41.84
地理位置	东部	11	27.50	2236	14.08	1	6.25	150	6.23
	南部	16	40.00	5463	34.39	11	68.75	1008	41.84
	西部	14	35.00	982	6.18	1	6.25	7	0.29
	北部	11	27.50	7205	45.35	5	31.25	1244	51.64

　　从不同地势地形来看，道路林植物组成中沿海型外来植物种类最丰富，占沿海型道路林植物种类的33.3%，而山区型、半山型和沿海型道路林外来植物种类较少。从不同类型数量比较来看，平地型外来植物数量最多，占总体外来植物的51.43%，其次为沿海型，占总体外来植物的41.84%，而半山型则不足1%。从不同类型外来植物所占的比重来看，平地型道路林外来植物所占比重最大，占23.98%，而半山型道路林外来植物所占比重最小，不足1%。

　　从不同地理位置来看，道路林组成中南部外来植物种类最丰富，占南部道路林植物种类的40.74%，而东部、西部和北部道路林外来植物种类较少。从不同方位数量比较来看，北部外来植物数量最多，占总体外来植物的51.64%，其次为南部，占总体外来植物的

41.84%。从不同类型外来植物所占的比重来看，南部道路林外来植物数量比例最高，占15.58%，而西部道路林外来植物数量比例最少，不足1%。

道路林这种组成现状，说明当前福建省乡村道路林建设中多数村庄仍以乡土植物为主，但同时由于个别村庄在道路林建设中大规模引进种植外来植物，尤其是经济水平较高的新农村示范村、沿海发达型乡村，在进村路和村内主干道中普遍采用外来观赏植物，从而导致道路林建设中外来植物也占一定比重。

（十）道路林新种植物组成

福建省乡村道路林新种植物较多，其中，新种植物种类达26种，数量占总体的52.3%，而原有植物仅占总体的47.7%（表2-34）。常见的新种植物主要包括：楠木、含笑、杜英、降香黄檀、欧美杨、香樟、苦楝、乐昌含笑、九里香、圆柏、黄金榕等。

表2-34　道路林新种植物和原有植物组成比较

Tab. 2-34　The composition comparison between new plants and original plants with road forest

类型		新种植物				原有植物			
		种类	比例（%）	数量	比例（%）	种类	比例（%）	数量	比例（%）
总计		32	100	9569	100	67	100	8726	100
地势地形	山区型	3	9.38	540	5.64	19	28.36	1534	17.58
	半山型	6	18.75	3405	35.58	21	31.34	1130	12.94
	平地型	8	25.00	1877	19.62	20	29.85	3289	37.69
	沿海型	20	62.5	3747	39.16	28	41.79	2773	31.78
地理位置	东部	1	3.13	38	0.40	14	20.89	2348	26.91
	南部	19	59.38	3924	41.01	24	35.82	2547	29.19
	西部	2	6.25	17	0.18	16	23.88	972	11.14
	北部	8	25.00	5590	58.42	22	32.83	2859	32.76

从不同地势地形来看，新种植物的种类分布中沿海型种类最丰富，达到20种，而山区型新种植物种类最少，仅有3种。从不同类型的数量分布来看，沿海型新种植物最多，其次为半山型和平地型，而山区型新种植物最少。从不同类型新种植物所占比重来看，沿海型道路林新种植物所占比重最大、占62.50%，其次为平地型道路林，占25.00%，而山区型道路林新种植物所占比重最小，仅占9.38%。

从不同地理位置来看，新种植物的种类分布以南部种类最丰富，达到19种，而东部和西部新种植物种类最少，分别为1种和2种。从不同方位的数量分布来看，北部新种植物最多，其次为南部，而东部和西部新种植物最少。从不同方位新种植物所占比重来看，南部道路林新种植物数量最多，占59.38%，其次为北部道路林，占25.00%，而东部道路林新种植物数量最少，仅占3.13%。

道路林新种植物较多的现状说明近年来福建省乡村逐渐开始重视道路林建设，许多新农村典型村、经济上富裕起来的村庄开展了道路绿化。同时新种植物组成中经济上欠发达乡村普遍种植单一树种，且以楠木、降香黄檀等名贵经济型树种为主，数量相对较少，而经济发达地区普遍新种植观赏性植物，种类丰富，数量较多，从而导致新种植物在不同类型和方位上的差异。

四、乡村水岸林结构特征

近年来，我国正在开展新农村建设，由于乡村水岸林与村民生活息息相关，已经成为乡村人居林建设的一个重要组成部分。乡村水岸林不仅具有护坡、护岸、净化水质的功能，更为重要的是美化环境、提供游憩场所及增加经济收入等功能。国外对水岸林进行了较多的研究，更多关注河流景观、水岸带植被结构以及人们对水岸带的利用价值，但较少涉及人居与水岸林的关系。然而，我国目前关于水岸林的研究，主要是针对一般水岸林的研究，且多局限在植物选择和建设模式两个方面，且以探讨性研究为主。当前，国内外尚无人对乡村居住区周围水岸林进行系统深入的研究，更无人从乡村居住区的特点角度对植被结构与特征进行研究，难以对乡村人居林建设进行科学指导。因此，根据乡村和经济社会特点，划分乡村类型，对乡村水岸林进行全面调查，探讨乡村人居林植物组成特征和分布特点，对乡村水岸林植物选择具有一定的借鉴意义。

（一）水岸林科、属、种组成特征

福建省乡村水岸林科、属、种组成较为丰富，共包括30个科、42个属、48个种（表2-35），以杨柳科、樟科、榆科、禾本科、金缕梅科、胡桃科、蔷薇科、无患子科为主。

1. 不同地势地形水岸林科、属、种组成特征

从水岸林组成种类来看，山区型、半山型和平地型水岸林科、属、种组成特征基本一致，种类相对丰富，而沿海型水岸林科、属、种组成相对单一，仅包括9个科、9个属和10个种。从科、属、种内部组成来看，乡村水岸林科、属、种的变化幅度基本一致，变化幅度最大为属，达到29.27%，而变化幅度最小为种，也达到25.53%。

从水岸林组成数量来看，总体差异性较大，其中，平地型水岸林植物组成数量最多，占水岸林总体的63.92%，是山区型的3.42倍、半山型的10.49倍、沿海型的5.67倍。其次为沿海型和山区型，而半山型水岸林植物数量最少，仅占水岸林总体的6.1%。

2. 不同地理位置水岸林科、属、种组成特征

从水岸林组成种类来看，南部、西部和北部水岸林科、属、种组成特征基本一致，种类相对丰富，而东部水岸林科、属、种组成相对单一，仅包括6个科、6个属和6个种。从科、属、种内部组成来看，乡村水岸林科、属、种的变化幅度基本一致，变化幅度最大为属，达到38.09%，而变化幅度最小为科，也达到23.33%。

从水岸林组成数量来看，总体差异性较大。其中，西部水岸林植物组成数量最多，占水岸林总体的39%，是南部的1.23倍、北部的1.89倍、东部的4.53倍。其次为南部和北部，而东部水岸林植物数量最少，仅占水岸林总体的8.6%。

表 2-35 水岸林植物科、属、种比较

Tab. 2-35 The comparison of plants in the family, genus and species on waterside forest

类　型		科		属		种		株数(不含丛生)	
		数量	比例(%)	数量	比例(%)	数量	比例(%)	数量	比例(%)
总计		30	100	42	100	48	100	2395	100
地势地形	山区型	17	56.67	21	50.00	22	45.83	448	18.71
	半山型	16	53.33	19	45.24	20	41.67	146	6.10
	平地型	15	50.00	20	47.62	22	45.83	1531	63.92
	沿海型	9	30.00	9	21.43	10	20.83	270	11.27
地理位置	东部	6	20.00	6	14.29	6	12.50	206	8.60
	南部	13	43.33	15	35.71	15	31.25	760	31.73
	西部	16	53.33	22	52.38	23	47.92	934	39.00
	北部	13	43.33	18	42.86	19	39.58	495	20.67

水岸林这种结构的产生主要与乡村水系结构和数量有关。一方面，山区型、半山型和平地型以河流、溪水为主，而沿海型以湖泊、池塘为主，这种结构决定了不同类型水岸林的种类和数量。另一方面，平地型乡村河流较多，植物组成数量相对比较丰富，同时，西部是福建的水系发源地，水系较为丰富，西部的水岸林种类和数量也相对丰富。不同的水系结构和数量差异导致了乡村水岸林植物种类和数量在分布上的差异。

(二)水岸林主要应用植物组成

福建省乡村水岸林主要应用植物包括芦苇、龙眼、毛竹、绿竹、朴树、枫香、枫杨、香樟、垂柳、长梗柳 10 种(表 2-36)。

从不同地势地形来看，不同类型乡村水岸林主要应用植物组成差异明显，其中，山区型、半山型和平地型水岸林以河流和小溪为主，主要植物组成较一致，包括芦苇、毛竹、绿竹、朴树、枫香、枫杨、垂柳和河曲柳等，而沿海型水岸林以湖泊为主，植物组成与山区型、半山型和平地型差异较大，包括黄金榕、杧果、木麻黄、小叶榕、天竺桂等观赏性植物。

从不同地理位置来看，不同方位乡村水岸林主要应用植物组成差异性也较大，其中，西部水岸林建设较好，枫杨、枫香、垂柳已成为乡村水岸林的主要绿化树种，而东部、南部和北部的水岸林建设相对较差，绿化植物组成相对较杂。

造成水岸林这种应用植物组成差异的主要原因在于村民需求目的和思想意识不同。湖泊型水岸林的建设目的主要是为了观赏，因此，周围普遍以蒲葵、金叶假连翘等观赏性植物为主，而河流、溪流型水岸林的建设目的主要是为了防洪、涵养水源，因此周围种植以枫杨、河曲柳等植物为主。同时，西部作为福建水源的发源地，村民对保护水源思想意识较高，水岸林植物组成相对较多，而其他多数乡村对水岸林建设不重视，水系旁分布仅是野生生长的芦苇，零星分布着几棵树，水岸林植物组成相对较少。

表 2-36 水岸林主要应用植物组成

Tab. 2-36 The compositon of main applied plants on waterside forest

类型		植物名称
地势地形	山区型	朴树 毛竹 麻竹 绿竹 香樟 千年桐 芦苇 枫香 枫杨 长梗柳
	半山型	枫香 绿竹 枫杨 香樟 长梗柳 毛竹 垂柳 板栗 芦苇 油柰
	平地型	龙眼 毛竹 垂柳 绿竹 枫杨 枫香 意杨 朴树 香樟 芦苇
	沿海型	龙眼 黄金榕 木麻黄 芒 蒲葵 金叶假连翘 朴树 小叶榕 芦苇 天竺桂
地理位置	东部	小叶榕 天竺桂 广玉兰 龙眼 梅 桂花
	南部	龙眼 毛竹 香樟 金叶假连翘 黄金榕 绿竹 垂柳 芦苇 木麻黄 蒲葵
	西部	枫杨 枫香 朴树 毛竹 香樟 板栗 垂柳 绿竹 意杨 芦苇
	北部	枫香 苦楝 香樟 毛竹 垂柳 朴树 梅 杉木 芦苇 油柰

（三）水岸林分布特征

由表 2-37 可见，福建省乡村水岸林分布以河岸林最多，占 53.85%，其次为溪水林，占 32.69%，而水塘周围最少，仅占 13.46%。从水岸林分布特点来看，以两岸和单侧分布水岸林为主，分别占 48.08% 和 46.15%，而四周分布水岸林仅占 5.77%。从水岸林分布结构来看，整条分布水岸林和零散分布水岸林数量比例相当，各占 50%。从水岸林分布长度来看，水岸林分布长度 50m 以下最多，占 57.69%，其次为 100m 以上，占 20.08%，而 50～100m 之间长度的水岸林最少，仅占 22.23%。

表 2-37 水岸林分布特征比较

Tab. 2-37 The comparison of plant distribution on waterside forest

类型		分布区域			分布特点			分布结构		分布长度（m）		
		河水	溪水	水塘	两岸	单侧	四周	零散	整条	<50	50～100	>100
地势地形	山区型	5	6	0	8	3	0	4	7	4	5	2
	半山型	7	4	1	5	7	0	9	3	8	3	1
	平地型	14	6	2	11	10	1	8	14	13	1	8
	沿海型	2	1	4	1	4	2	5	2	5	1	1
地理位置	东部	2	1	0	0	3	0	1	2	2	1	0
	南部	6	4	6	6	7	3	7	9	10	3	3
	西部	10	6	1	9	8	0	8	9	9	3	5
	北部	10	6	0	10	6	0	10	6	9	3	4

从不同地势地形来看，平地型水岸林分布数量最多为 22 条，半山型和山区型次之，分别为 12 条和 11 条，而沿海型水岸林数量相对较少，仅为 7 条。从不同类型水岸林分布区域来看，山区型、半山型和平地型都以河水和溪水的水岸林分布为主，而沿海型以水塘为主，其中平地型以河水型水岸林所占比重为最大，占平地型分布数量的 63.64%。从不同类型水岸林分布特点来看，山区型以两岸分布为主，沿海型以单侧分布为主，而半山型

和平地型两岸分布和单侧分布数量相当。从不同类型水岸林分布结构来看，平地型和山区型水岸林以整条紧密分布数量所占比重为主，而半山型和沿海型水岸林以零散分布数量为主。从不同类型水岸林分布长度来看，山区型和半山型以100m以下分布最多，平地型以50m以下和100m以上两个分布区间数量最多，而沿海型则以50m以下分布数量最多。

从不同地理位置来看，西部水岸林分布数量最多为17条，南部和北部次之，均为16条，而东部水岸林数量相对较少，仅为3条。从不同方位乡村水岸林分布区域来看，东部、西部和北部都以河水和溪水的水岸林分布为主，而南部以水塘分布为主，其中南部水塘型水岸林所占比重为最大，占水塘型分布数量的85.71%。从不同方位乡村水岸林分布特点来看，东部以单侧分布为主，北部以两岸分布为主，而南部和西部两岸分布和单侧分布数量相当。从不同方位乡村水岸林分布结构来看，北部水岸林以零散分布数量为主，而南部和西部水岸林以整条紧密分布数量居多。从不同方位乡村水岸林分布长度来看，均以50m以下分布最多，同时，南部、西部和北部100m以上水岸林也有少量分布。

水岸林这种分布特征的产生主要是因为福建乡村水系分两种情况，一种是流经村内区域的主要河流，两岸水岸林建设相对较好，以整条紧密分布为主，水岸林建设长度较长；另一种是村内非主要河流或溪水，两岸水岸林建设相对较差，以零散分布为主，水岸林建设长度较短，从而形成了福建乡村水岸林两级分化严重的格局。

(四)水岸林乔、灌组成特征

由表2-38可见，福建省乡村水岸林共有40种乔木，5种灌木，总体以乔木为主要组分。其中，乔木种类和数量分别占总体的88.89%和92.57%，而灌木种类和数量仅占总体的11.11%和7.43%。

表2-38　水岸林乔、灌组成特征比较

Tab. 2-38　The composition comparison between arbor and shrub on waterside forest

类型		乔木				灌木			
		种类	比例(%)	数量	比例(%)	种类	比例(%)	数量	比例(%)
	总计	40	100	2217	100	5	100	178	100
地势地形	山区型	18	45.00	418	18.85	1	20.00	30	16.85
	半山型	18	45.00	146	6.59	0	0	0	0
	平地型	18	45.00	1449	65.36	2	40.00	82	46.07
	沿海型	7	17.50	204	9.20	2	40.00	66	37.08
地理位置	东部	5	12.50	176	7.94	1	20.00	30	16.85
	南部	13	32.50	694	31.30	2	40.00	66	37.08
	西部	22	55.00	932	42.04	1	20.00	2	1.12
	北部	18	45.00	415	18.72	1	20.00	80	44.94

1. 不同地势地形水岸林乔、灌组成特征

从水岸林组成种类来看，乔木组成差异较大，其中，山区型、半山型和沿海型乡村水岸林植物种类均有18种，而沿海型乡村水岸林植物种类最少，仅有7种。灌木组成种类均较少，其种类最多仅2种。从不同类型乡村乔灌组成种类来看，表现一致，均为乔木种类大于灌木种类。

从水岸林组成数量来看，乔木数量以平地型最高，占总体的65.36%，其次为山区型，占18.85%，而沿海型和半山型最低，分别占9.2%和6.59%。灌木数量以平地型最多，占灌木总体的46.07%，其次为沿海型和山区型，分别占总体的37.08%和16.85%，而半山型则没有。从不同类型乡村乔灌数量组成来看，山区型、半山型、平地型和沿海型乡村水岸林均以乔木为主要组成成分，灌木数量较少。其中乔木在水岸林组成中比重最高的是半山型，而灌木比重最高的是沿海型，占24.44%，这与沿海型以湖泊、水塘为主的分布有关（图2-34）。

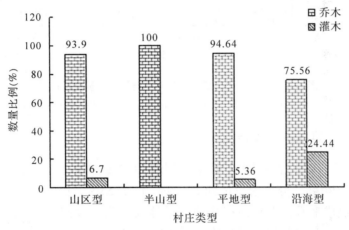

图2-34 不同地势地形水岸林乔木与灌木数量组成比较

Fig. 2-34 The individuals comparison between arbor and shrub on different type of waterside forest

2. 不同地理位置水岸林乔、灌组成特征

从水岸林组成种类来看，乔木组成以西部种类最多，达22种，其次为北部和南部，而东部种类最少，仅有5种。灌木组成种类均较少，其种类最多仅2种。从不同方位乡村乔灌组成种类来看，表现一致，均为乔木种类大于灌木种类。

从水岸林组成数量来看，乔木数量以西部最高，占总体的42.04%，其次为南部，占31.30%，而北部和东部最低，分别占18.72%和7.94%。灌木数量以北部最多，占总体的44.94%，其次为南部和东部，分别占总体的37.08%和16.85%，而西部则最少，仅占1.12%。从不同方位乡村乔灌组成数量来看，东部、南部、西部和北部乡村水岸林均以乔木为主要组成成分，灌木数量较少。其中乔木在水岸林组成中比重最高的是西部，占99.79%，而灌木在东部、南部和北部水岸林中也有一定分布，其中比重最高的是北部，占16.16%（图2-35）。

水岸林这种乔灌组成结构是由水岸林的生态功能特点决定的。河流、溪水型水岸林由于水的流动性大，种植灌木对保持水土和涵养水源生态功能小，而且在涨水时期灌木容易被冲走，而乔木水土保持和涵养水源功能较好，在河流、溪水涨水时期不仅不容易被冲走，而且能起到保护堤岸作用，所以水岸林整体以乔木为主，少量灌木是由湖泊周围观赏性灌木组成。

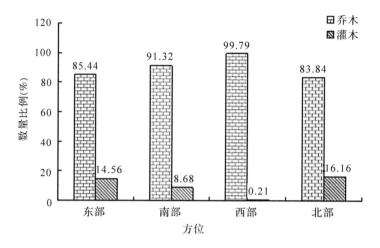

图 2-35 不同地理位置水岸林乔木与灌木数量组成比较

Fig. 2-35 The individuals comparison between arbor and shrub on different direction of waterside forest

（五）水岸林主要林种组成特征

由表 2-39 可见，福建省乡村水岸林观赏性植物种类最丰富，占总体的 38.30%，其次为林果性和用材性植物，分别占总体的 29.79% 和 25.53%，而其他性植物仅占总体的 6.38%。从数量组成来看，观赏性植物和林果性植物为主要组成部分，分别占总体的 38.79% 和 36.91%，其次为用材性植物，占总体的 18.87%，而其他性质用途的植物仅占 5.43%。

1. 不同地势地形水岸林主要林种组成特征

从水岸林组成种类来看，观赏性植物以平地型最丰富，达到 10 种，而半山型和沿海型最少，仅有 5 种。林果性植物以山区型最丰富，达到 10 种，而沿海型最少，仅有 2 种。用材性植物以半山型和平地型种类最多，均达到 7 种，而沿海型则仅有 1 种。

表 2-39 水岸林非丛生植物主要林种组成比较

Tab. 2-39 The composition comparison of the main tree species of non – clustered plants on waterside forest

类型		林果		观赏		用材		其他	
		种类	数量	种类	数量	种类	数量	种类	数量
总计		14	884	18	929	12	452	3	170
地势地形	山区型	10	145	6	136	3	57	2	110
	半山型	7	50	5	40	7	56	0	0
	平地型	4	526	10	669	7	336	0	0
	沿海型	2	123	5	84	1	3	1	60
地理位置	东部	2	100	4	106	0	0	0	0
	南部	7	599	4	90	3	11	1	60
	西部	9	148	7	450	7	296	1	40
	北部	7	37	4	283	8	145	1	70

从水岸林组成数量来看，观赏性植物分布数量中平地型所占比例最高，占总体的72.01%，而半山型所占比例最低，仅占4.31%。林果性植物分布数量中平地型最高，占59.50%，而半山型所占比例最低，仅占5.66%。用材性植物分布数量中平地型所占比例相对较大，占74.33%，而沿海型所占比例最小，不足1%。其他性质用途植物分布数量主要集中在山区型和沿海型，其中山区型所占比重为64.71%，而沿海型所占比重为35.29%。

2. 不同地理位置水岸林主要林种组成特征

从水岸林组成种类来看，观赏性植物以西部最丰富，达到7种，而其他均为4种。林果性植物以西部最丰富，达到9种，而东部最少，仅有2种。用材性植物以北部种类最多，达到8种，其次为西部7种，而东部则没有。

从水岸林组成数量来看，观赏性植物分布数量中西部所占比例最高，占总体的48.44%，而南部所占比例最低，仅占9.69%。林果性植物分布数量中南部最高，占67.76%，而北部所占比例最低，仅占4.18%。用材性植物分布数量中西部所占比例相对较大，占65.49%，而东部则没有。其他性质用途的植物分布数量主要集中在南部和北部，其中南部数量占的比重为35.29%，而北部占的比重为41.18%。

另外，水岸林丛生植物多为毛竹、绿竹、麻竹等竹类，且数量居多，多呈连续状分布，长度少则三五米，多则几十米，丛生竹类的用途主要是用来食用和用材。从不同地势地形水岸林分布长度上来看，平地型水岸林竹类分布长度最长，达到1197m，其次为半山型和山区型，长度分别达到120m和108m。从不同地理位置水岸林分布长度上来看，西部水岸林竹类分布长度最长，达到1098m，其次为南部和北部，长度分别为212m和115m，竹类已经成为水岸林的主要分布植物（图2-36）。

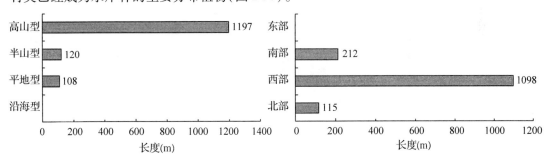

图2-36 水岸林丛生植物分布长度比较

Fig. 2-36 The comparison of distribution length of clustered plants on waterside forest

当前水岸林这种结构是与乡村实际需求相联系的。多数乡村在水岸林建设中重视植物选择，一方面发挥生态功能、绿化美化水系，另一方面还重视其他如经济、社会等功能的发挥。南部乡村河流两岸普遍种植龙眼，一方面可以绿化河岸、保持水土，同时还可以取得林果经济收入，多数乡村河流两岸普遍种植毛竹、绿竹等竹类，也是在护岸保持生态功能基础上取得食用价值，多功能需求已经成为乡村水岸林植物选择的一个重要方面。

（六）水岸林水平分布特征

1. 不同地势地形水岸林水平分布特征

由图 2-37 可见，从不同径级上的种类分布来看，山区型和沿海型不同径级区间的种类差异不大，而半山型和平地型水岸林不同径级区间差异明显。其中，半山型呈现出"中间小，两头大"的分布格局，以 10cm 以下和 40cm 以上分布种类最丰富，而平地型呈现"双峰"型格局，以 40cm 以上和 20～30cm 径级分布种类最多。

从不同径级上的数量分布来看，水岸林径级结构存在较大差异，其中山区型水岸林分布呈现出"中间小，两头大"的分布格局，以 10cm 以下和 40cm 以上径级区间分布最多。半山型水岸林呈现"双峰"型分布格局，以 10～20cm 和 40cm 以上径级分布最多。而平地型多数乔木分布在 20～30cm 径级区间，沿海型分布在 10～20cm 径级区间内。从水岸林分布径级区间来看，山区型、半山型和平地型 30cm 以上大径级乔木数量保留较多，分别占 36.26%、45.9% 和 40.34%，而沿海型水岸林没有 30cm 以上大乔木。

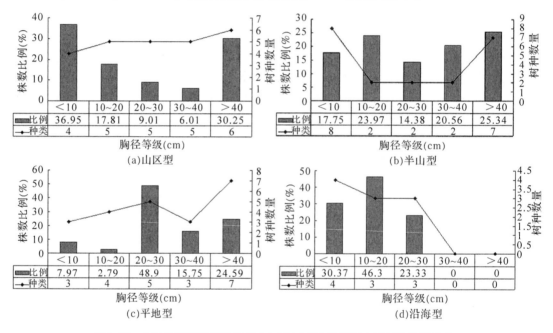

图 2-37　水岸林不同地形地势乔木树种不同胸径等级上数量和种数分布

Fig. 2-37　The distribution of arbor individuals and species in different DBH class in different types on waterside forest

2. 不同地理位置水岸林水平分布特征

由图 2-38 可见，从不同径级上的种类分布来看，东部、南部和北部不同径级区间上种类与数量分布趋势一致，东部以 10cm 以下小径级分布种类最多，南部以 20～30cm 中径级分布种类最多，北部以 40cm 以上大径级分布种类最多，而西部则随着径级增加种类呈现上升趋势，40cm 以上种类最丰富。

从不同径级上的数量分布来看，水岸林径级结构存在较大差异，其中东部以 10cm 以下小径级分布最多，南部以 20～30cm 中径级分布最多，北部以 40cm 以上大径级分布最多，而西部水岸林径级分布区间呈现"双峰"型，以20～30cm和40cm以上径级分布数量最多。从水岸林分布径级区间来看，西部和北部30cm以上大径级乔木保留较多，其中，西部最多，为427株，占西部总量的46.97%，其次为北部250株，占北部总量的52.19%，南部30cm以上大乔木有少量分布，仅占22.19%，而东部水岸林则没有大乔木。

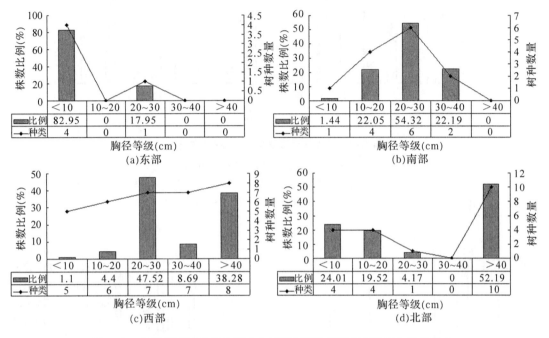

图 2-38 水岸林不同地理位置乔木树种不同胸径等级上数量和种数分布

Fig. 2-38 The distribution of arbor individuals and species in different DBH class in different directions on waterside forest

3. 水岸林主要植物水平分布特征

由图2-39可见，从乡村水岸林应用数量最多的15种主要植物的平均胸径来看，水岸林主要植物以中、大径级为主。多数植物的平均胸径均在20cm以上，主要包括：龙眼、枫杨、垂柳、杉木、千年桐、枫香、香樟、朴树、苦槠。其中，枫香、香樟、朴树、苦槠的平均胸径甚至达到了40cm以上。而在10cm以下小径级分布的仅有毛竹、绿竹、小叶榕和长梗柳。

由图2-40可见，从水岸林主要植物在不同径级上的数量分布来看，水岸林主要植物的径级分布较均匀，在大、中、小径级中分布数量均丰富。其中，枫香、香樟、朴树、垂柳、苦槠以40cm以上大径级分布为主，龙眼、枫杨、苦楝、板栗、千年桐以20cm左右中径级分布为主，而毛竹、绿竹、长梗柳、小叶榕以10cm以下小径级分布为主。

水岸林水平结构以大中径级乔木为主的主要原因在于，目前福建乡村水岸林周围种植的乔木多为早先种植得以保留下来的大乔木，胸径普遍较大，因此水岸林总体上大径级分布数量较多。但同时，近年来由于村民在水系周围普遍种植毛竹、绿竹等小径级植物，以及在池塘、湖泊等周围种植观赏性植物，使小径级植物在水岸林分布中也占有一定比例。

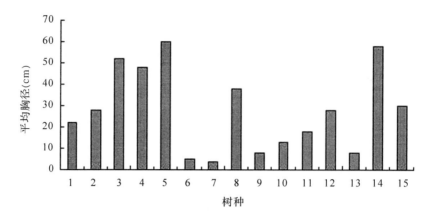

图 2-39　水岸林主要植物平均胸径数量分布

Fig. 2-39　The individuals distribution of average DBH of 15 dominant tree species on waterside forest

（1. 龙眼　2. 枫杨　3. 枫香　4. 香樟　5. 朴树　6. 毛竹　7. 绿竹　8. 垂柳　9. 小叶榕

10. 苦楝　11. 板栗　12. 杉木　13. 长梗柳　14. 苦槠　15. 千年桐）

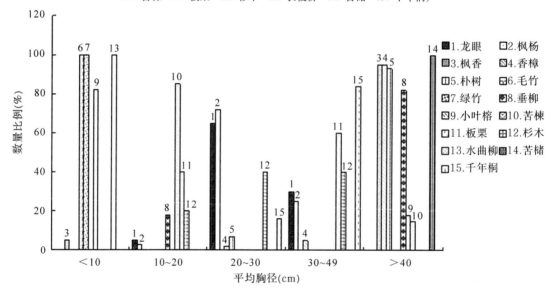

图 2-40　水岸林主要植物在不同胸径等级上的数量分布

Fig. 2-40　The individuals distribution of dominant tree species in different DBH class on waterside forest

（七）水岸林垂直分布特征

1. 不同地势地形水岸林垂直分布特征

由图 2-41 可见，从不同立木层次的种类分布来看，山区型、半山型和平地型水岸林 5～10m 高度的乔木种类最丰富，而沿海型水岸林 5m 以下高度的乔木种类最丰富。

从不同立木层次的数量分布来看，立木层次主要集中在 5～15m 高度范围内，其中，5～10m 高度分布数量占总体的 50.85%，10～15m 高度分布数量占总体的 32.74%。从水岸林数量分布区间来看，山区型、半山型和平地型水岸林分布以 5～15m 高度范围比重最

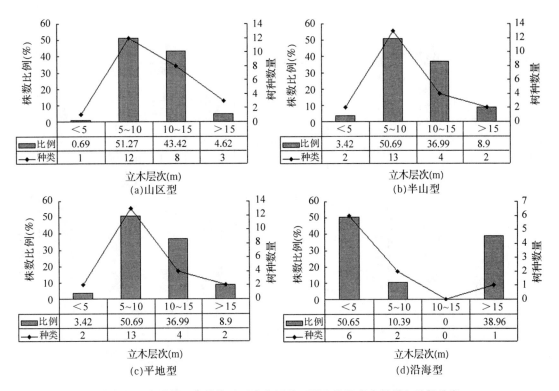

图 2-41 水岸林不同地势地形乔木树种不同立木层次上数量和种数分布

Fig. 2-41 The distribution of arbor individuals and species in different tree stratum
in different types on waterside forest

大，而沿海型则恰恰相反，以 5m 以下和 15m 以上高度范围为主。

2. 不同地理位置水岸林垂直分布特征

由图 2-42 可见，从不同立木层次的种类分布来看，东部、西部和北部水岸林 5~10m 高度的乔木种类最丰富，而南部水岸林 5m 以下高度的乔木种类最丰富。从水岸林大乔木分布种类来看，西部和北部 10m 以上高度的乔木分布种类较多，而东部和南部则很少。

从不同立木层次的数量分布来看，东部和南部乔木较少，而西部和北部乔木较多。从水岸林数量分布区间来看，东部和南部均以单峰形式出现，以 5~10m 高度分布为主，西部主要集中在 5~15m 高度范围内，而北部则呈现"中间小、两头大"的分布格局。

3. 水岸林主要植物垂直分布特征

由图 2-43 可见，从乡村水岸林应用数量最多的 15 种主要植物的立木层次来看，水岸林主要植物以高大乔木为主。多数主要植物的平均高度均在 10m 左右，主要包括：枫杨、朴树、毛竹、绿竹、苦楝、苦槠、千年桐。而平均高度在 5m 左右的植物仅有龙眼、垂柳、小叶榕、杉木。

由图 2-44 可见，从水岸林主要植物在不同立木层次上的数量分布来看，主要植物的立木分布区间集中在 5~15m 高度范围内。其中，龙眼、垂柳、苦楝、杉木以 5~10m 高度分布范围为主，枫杨、毛竹、绿竹、朴树、板栗、千年桐以 10~15m 高度分布范围为主。

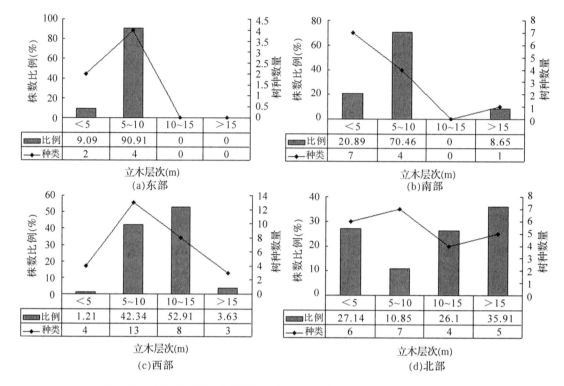

图2-42　水岸林不同地理位置乔木树种不同立木层次上数量和种数分布

Fig. 2-42　The distribution of arbor individuals and species in different tree stratum

in different directions on waterside forest

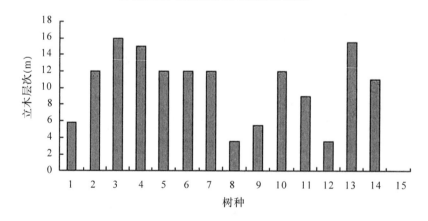

图2-43　水岸林15种主要树种立木层次、高度分布

Fig. 2-43　The height distribution of tree stratum of 15 dominant tree species on waterside forest

（1. 龙眼　2. 枫杨　3. 枫香　4. 香樟　5. 朴树　6. 毛竹　7. 绿竹　8. 垂柳　9. 小叶榕

10. 苦楝　11. 板栗　12. 杉木　13. 长梗柳　14. 苦槠　15. 千年桐）

　　水岸林这种以高大乔木为主的分布格局主要是因为福建乡村水系植物多是长期保留下来的乔木，时间长，生长高大，而近期种植的毛竹、绿竹等竹类由于是速生树种，生长较快，普遍也比较高大，所以形成了水岸林总体立木层次较高的格局。虽然湖泊、池塘等周

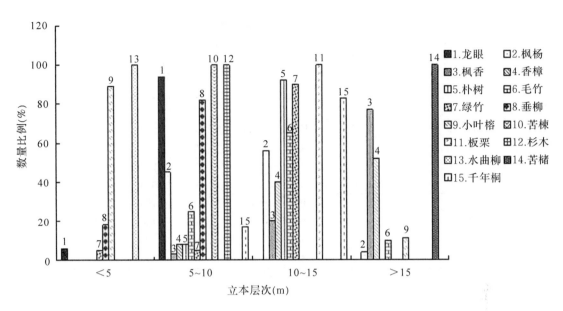

图 2-44 水岸林主要植物在不同立木层次上的数量分布

Fig. 2-44 The individuals distribution of dominant tree species in different tree stratum on waterside forest

围植物的生长高度较小，但由于数量不多，总体比例也较小。

（八）水岸林植物组成健康状况

福建省乡村水岸林植物健康状况较好，其中健康植物、正常植物和不健康植物所占比重分别为15.82%、75.24%、8.94%（表2-40）。从水岸林植物种类分布来看，健康状况一般的植物所占种类最多，植物组成中有9种植物出现不健康状况，占总体的18.75%，植物组成中仅有2种植物健康状况表现优秀，占总体的4.17%。常见的健康状况较好的植物包括：朴树、枫杨、枫香、香樟、青梅、柿树等，健康状况较差的植物包括：毛竹、绿竹、马尾松、油柰、含笑、苦楝、杉木、木麻黄等。

1. 不同地势地形水岸林健康分布特征

从不同地势地形来看，水岸林植物组成中健康植物所占比重最大为半山型水岸林，健康植物占97.26%，其次为山区型水岸林，占96.65%，而不健康植物所占比重最大的为沿海型水岸林，不健康植物占28.15%。从水岸林植物组成健康状况种类分布来看，健康状况一般的植物种类所占比重最大，其中，沿海型出现不健康植物比例最高，达40%，平地型出现不健康植物的种类最多，达6种。

2. 不同地理位置水岸林健康分布特征

从不同地理位置来看，水岸林植物组成中健康植物所占比重最大的为东部水岸林，健康植物占100%，其次为西部水岸林，占95.61%，而不健康植物所占比重最大的为北部水岸林，不健康植物占20.81%。从水岸林植物组成健康状况种类分布来看，西部健康植物种类和数量最多，同时，西部出现不健康植物比例和数量也最多。

表 2-40 水岸林植物组成健康状况比较

Tab. 2-40 The comparison of health condition of plants on waterside forest

类 型		健康（A）		较健康（B）		正常（C）		较差（D）	
		种类	数量	种类	数量	种类	数量	种类	数量
总计		2	4	9	374	43	1802	9	214
地势地形	山区型	0	0	6	164	21	269	2	15
	半山型	2	4	4	8	15	130	5	4
	平地型	0	0	3	203	17	1209	6	119
	沿海型	0	0	0	0	6	194	4	76
地理位置	东部	0	0	0	0	6	206	0	0
	南部	0	0	0	0	6	690	2	70
	西部	1	2	7	295	19	596	5	41
	北部	1	2	5	80	15	310	3	103

3. 水岸林主要组成植物健康分布特征

由图 2-45 可见，从水岸林主要组成植物健康等级分布来看，水岸林多数植物健康状况正常。其中，枫杨、绿竹、长梗柳、香樟健康状况表现较好，在健康等级中所占比重较高，而苦楝和毛竹的健康状况较差，苦楝 72% 处于不健康水平，毛竹也有 45% 处于不健康水平。

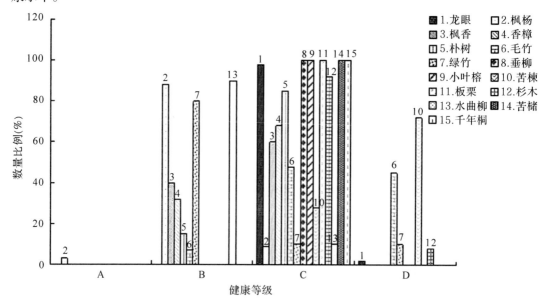

图 2-45 水岸林 15 种主要组成植物健康等级分布

Fig. 2-45 The distribution of health grade of 15 dominant plants on waterside forest

水岸林健康状况主要与林木管护水平、树木生长适应性和风俗习惯有关。由于水岸林多生长在水系周围，而村民对水的依赖性较强，利益关系更直接，所以对保护水源及周边林木的意识更强，而且，水岸林由于生长在水边，自然资源条件相对较好，树木生长状况较好。同时，村内水岸林通常被福建村民认为是风水林的主要组成部分，风水林作为福建一种重要文化资源，村民对其保护意识较强，因此林木生长状况也相对较好。

(九)水岸林组成来源

福建省乡村水岸林植物组成以乡土植物为主，其中乡土植物种类和数量分别占总体的93.75%和89.77%，而外来植物种类和数量仅占总体的6.25%和10.23%（表2-41）。常见的水岸林外来植物有意杨、蒲葵、长梗柳。

表2-41 水岸林组成来源比较

Tab. 2-41 The composition comparison of plant sources on waterside forest

类 型		乡土植物				外来植物			
		种类	比例(%)	数量	比例(%)	种类	比例(%)	数量	比例(%)
总计		44	100	2210	100	4	100	185	100
地势地形	山区型	21	47.72	418	18.91	1	25.00	30	16.22
	半山型	19	43.18	143	6.47	1	25.00	3	1.62
	平地型	21	47.72	1381	62.49	1	25.00	150	81.08
	沿海型	9	20.45	268	12.13	1	25.00	2	1.08
地理位置	东部	5	11.36	176	7.96	1	25.00	30	16.22
	南部	14	31.82	758	34.29	1	25.00	2	1.08
	西部	21	47.73	781	35.34	2	50.00	153	82.70
	北部	19	43.18	495	22.40	0	0	0	0

从不同地势地形来看，水岸林外来植物种类较少，均只有1种。从不同类型数量比较来看，平地型外来植物数量最多，占总体的81.08%，其次为山区型，占总体的16.22%，而半山型和沿海型则不足2%。从不同类型外来植物所占的比重来看，平地型水岸林外来植物所占比重最大，占9.80%，而沿海型水岸林外来植物所占比重最小，不足1%。

从不同地理位置来看，水岸林外来植物西部有2种，东部和南部有1种，而北部水岸林则没有外来植物。从不同方位数量比较来看，西部外来植物数量最多，占总体的82.70%，其次为东部，占总体的16.22%，而南部和北部则不足2%。从不同方位外来植物所占的比重来看，西部水岸林外来植物所占比重最大，占16.38%，其次为东部，占14.56%，而南部和北部水岸林则几乎没有外来植物。

由于当前福建乡村对水岸林认识不足，建设相对滞后，因此，福建水岸林这种以乡土植物为主的分布格局主要是由传统保留下来的植物所形成，这种分布格局主要与水系周围的特定环境有关，水系周围土壤水分充足，种植植物要求能够在湿润的土壤中生长，而外来植物的生态适应性一般较弱，在以前科技水平较低的情况下，乡村种植的外来植物很难被保留下来，因此形成了目前以乡土植物为主的水岸林分布格局。

五、乡村风水林结构特征

风水林体现着南方村庄文化、民风习俗意识，是乡村人居林的一个重要组成部分。乡村风水林是在乡风民约的制约下保存下来的，虽然带着迷信色彩，但它是乡村人居林的宝贵财富。一方面，其经过长期的气候考验而留存，是乡村人居林建设树种选择与配置模式最重要的依据；另一方面，由于风水林主要分布在乡村居住区周围，在乡村水源涵养和水土保持方面起着无可替代的作用，对维护乡村生态安全，美化和改善乡村居住环境起着重要的作用；同时，乡村风水林也是乡村生态文化的重要载体。我国当前正处于社会主义新农村建设探索阶段，乡村风水林作为乡村人居林的重要组成部分，越来越受到社会普遍关注。然而，我国当前对乡村风水林研究仅局限在结构布局、树种选择和森林文化 3 个方面，且多以理论探讨性研究为主，缺少对乡村风水林结构的整体系统性认识，鉴于此，以福建省为例，根据福建村庄的分布特点，将福建乡村划分为山区型、半山型、平地型和沿海型四类，开展乡村风水林结构特征研究，对乡村人居林建设树种选择具有重要指导意义和参考价值。

（一）风水林科、属、种组成特征

福建省乡村风水林科、属、种组成较为丰富，共包括 35 个科、55 个属、69 个种（表2-42），以樟科、桑科、壳斗科、金缕梅科、禾本科、蔷薇科、无患子科、山茶科、杉科、漆树科为主。

1. 不同地势地形风水林科、属、种组成特征

从风水林组成种类来看，山区型、半山型和平地型风水林以片林为主，科、属、种组成种类相对丰富，而沿海型风水林多以孤立木形式存在，科、属、种组成相对单一，仅包括 8 个科、8 个属和 10 个种。从科、属、种内部组成来看，乡村风水林科、属、种的变化幅度均较大，其中，属的变化幅度最大，达到 56.36%，科的变化幅度达到 48.57%，而种的变化幅度也达到 46.38%。

从风水林组成数量来看，山区型风水林数量最多，其次为半山型和平地型，而沿海型风水林数量最少。从组成风水林数量比重来看，山区型风水林所占比重最大，为 45.58%，而沿海型风水林比重最小，仅占 12.54%，这与沿海型风水林多以单株分布结构有关。

2. 不同地理位置风水林科、属、种组成特征

从风水林组成种类来看，乡村风水林科、属、种的组成基本呈现规律性：西部 > 北部 > 东部 > 南部。从科、属、种内部组成来看，乡村风水林科、属、种的变化幅度相对不大，其中，科的变化幅度最大，达到 28.57%，属的变化幅度达到 23.64%，种的变化幅度达到 18.84%。这表明不同地理位置风水林科、属、种的变化幅度小于不同地貌类型，不同地貌类型对风水林植物种类的影响大于不同地理位置的影响。

从风水林组成数量来看，北部风水林数量最多，其次为西部和南部，而东部风水林数量较少，从组成风水林数量比重来看，北部风水林所占比重最大，为 38.87%，而东部风水林比重最小，仅占 9.33%，这主要体现了福建不同方位的地域文化特点。

这种乡村风水林分布格局与福建地域文化有着密切联系，福建风水文化底蕴深厚，其中闽东以湿地生态文化为主，闽南孕育着闽台妈祖生态文化，闽西是典型的客家文化和革命胜地，闽北则孕育着闽江源生态文化。不同的文化形成了不同的风水林结构布局，如妈祖文化多以寺庙为主，因此单株风水树结构较多，而闽江源文化、湿地文化则多以片林为主，不同的地域文化决定了福建乡村风水林分布的结构与布局的差异。

表 2-42 风水林植物科、属、种比较

Tab. 2-42 The comparison of plants in the family, genus and species with geomantic forest

类 型		科		属		种		株数	
		数量	比例(%)	数量	比例(%)	数量	比例(%)	数量	比例(%)
总计		35	100	55	100	69	100	1029	100
地势地形	山区型	25	71.43	39	70.91	42	60.87	469	45.58
	半山型	20	57.14	27	49.09	32	46.38	230	22.35
	平地型	19	54.29	23	41.82	24	34.78	201	19.53
	沿海型	8	22.86	8	14.55	10	14.49	129	12.54
地理位置	东部	16	45.71	17	30.91	21	30.43	96	9.33
	南部	10	28.57	15	27.27	17	24.64	240	23.32
	西部	20	57.14	28	50.91	30	43.48	293	28.47
	北部	18	51.43	27	49.09	29	42.03	400	38.87

(二)风水林主要应用植物组成

福建省乡村风水林主要应用植物以榕树、香樟、枫香、龙眼、木荷、细柄阿丁枫、石楠、蚊母、朴树、锥栗为主(表 2-43)。

从不同地势地形来看,山区型主要风水植物有锥栗、榕树、香樟、细柄阿丁枫、蚊母、楠木、木荷、柳杉、苦槠、火力楠、枫香、红枫和铁杉。半山型主要风水植物有香樟、枫香、石楠、木荷、蚊母和细柄阿丁枫。平地型主要风水植物有榕树、香樟、木荷、龙眼和枫香。沿海型主要风水植物有榕树、香樟和龙眼。此外,山区型和半山型风水林中还常伴生有大量丛生、散生竹林。

从不同地理位置来看,东部主要风水植物有榕树、香樟、枫香、石楠。南部主要风水植物有榕树、龙眼、杧果。西部主要风水植物有香樟、枫香、木荷、石楠、细柄阿丁枫。北部主要风水植物有杜英、枫香、苦槠、木荷、蚊母、香樟、楠木。此外,西部和北部风水林中也常伴生有大量丛生、散生竹林。

表 2-43 风水林主要应用植物组成

Tab. 2-43 The compositon of main applied plants with geomantic forest

频率	植物名称
$f = 13.7$	榕树 香樟
$f = 5.2$	枫香 龙眼 木荷 细柄阿丁枫
$f = 4.4$	石楠 蚊母 朴树 锥栗
$f = 2.8$	楠木 苦槠 科木 杧果 柳杉
$f = 2$	重阳木 红枫 火力楠 板栗

乡村风水林应用植物主要与当地气候和地域文化有关。一方面乡村风水林受当地气候条件的影响,如南部气候区风水林适宜种植闽南特色植物,风水林以榕树、龙眼、杧果等为主,而西部和北部气候较为寒冷,植物以香樟、细柄阿丁枫、蚊母、楠木、木荷等为

主。另一方面乡村风水林也受到地域文化的影响，妈祖文化在闽南较为盛行，因此以妈祖文化为代表的榕树、龙眼等风水树数量相对较多。

（三）风水林分布特征

由表2-44可见，福建省乡村风水林分布数量较多，调查村庄中共有100棵单株风水树和58处片状风水林，平均每村约有风水林（树）2处。主要分布区域集中在村口、庙祠、房周、墓地、山腰、围村、水口和村内其他地方，其中在村口和庙祠分布数量最多。

1. 不同地势地形风水林分布特征

从风水林分布类型来看，山区型和半山型风水林多以片林形式存在，所占比重分别为57.14%和52.63%，而平地型和沿海型多以单株形式存在，所占比重分别为75%和88.1%。从风水林分布所占比重来看，片林在风水林中所占比重最高为山区型，占57.14%，而单株乔木在风水林中所占比例最高为沿海型，占88.10%。

从风水林分布区域来看，山区型和半山型风水林分布以村口为主，而平地型和沿海型风水林分布以庙祠为主。从不同方位风水林分布区域来看，山区型风水林分布区域集中在村口，占47.62%，庙祠、房周、墓地、山腰、围村和水口也略有分布。半山型风水林分布区域也集中在村口，占34.21%，同时，庙祠和墓地的风水林分布也较多。平地型风水林分布区域集中在庙祠，占27.78%，另外，村口和村内其他地方的风水林分布也较多。沿海型风水林分布区域集中分布在庙祠，占50%，同时，村内其他地方的风水林分布也较多。

2. 不同地理位置风水林分布特征

从风水林分布类型来看，西部和北部风水林多以片林形式存在，所占比重分别为63.64%和85.71%，而东部和南部多以单株形式存在，所占比重分别为80%和88.1%。从风水林分布所占比重来看，片林在乡村风水林中所占比重最高为北部，占54.55%，单株乔木在乡村风水林中所占比例最高为南部，占85.71%。

从风水林分布区域来看，西部和北部风水林分布以村口为主，南部风水林分布以庙祠为主，而东部则分布较均匀。从不同方位风水林分布区域来看，东部风水林分布区域不集中，在村口、庙祠、房周、山腰、围村、水口和村内其他地方均有分布。南部的风水林集中分布在庙祠，占53.57%，同时，村口和村内其他地方的风水林分布也较多。西部风水林分布区域集中分布在村口，占33.33%，另外，水口和庙祠的风水林分布也较多。而北部风水林分布区域也集中分布在村口，占38.64%，同时，墓地和水口的风水林分布也较多。

乡村风水林分布特征体现了当前福建乡村对风水林的重视，平均每村都有两处风水林，这是与福建当地讲究风水的文化特色相联系的。风水林多分布在村口和庙祠，主要是为了提高乡村风水和保佑家庭平安。其中，沿海型和南部由于受妈祖文化的影响，庙祠分布较多，而庙祠周围一般以种植单棵风水树为主，而其他类型和方位的风水林主要是为了提高村庄或者自家风水，一般以片林形式在村口、水口和其他地方分布较多。

表2-44 风水林分布特征比较

Tab. 2-44 The comparison of plant distribution with geomantic forest

类型		分布类型		分布区域							
		单株	片林	村口	庙祠	房周	墓地	山腰	围村	水口	其他
总计		100	58	43	42	13	8	9	7	13	23
地势地形	山区型	18	24	20	4	4	2	4	3	3	2
	半山型	18	20	13	7	3	6	2	1	4	2
	平地型	27	9	8	10	3	0	2	1	5	7
	沿海型	37	5	2	21	3	0	1	2	1	12
地理位置	东部	20	5	8	2	3	0	2	1	1	8
	南部	48	8	7	30	1	0	1	4	0	13
	西部	12	21	11	7	5	0	2	0	7	1
	北部	20	24	17	3	4	8	4	2	5	1

(四)风水林主要功能特征

由表2-45可见,福建省乡村风水林现阶段主要功能仍是风水和迷信功能。50.63%的风水林以发挥风水功能为主,21.52%的风水林以迷信功能为主。另外,游憩功能也成为风水林的一项主要功能,有16.46%的风水林已经成为乡村游憩场所。而挡风功能和观赏功能作用日益淡化,仅占9.49%和1.90%。

从不同地势地形来看,山区型、半山型和平地型乡村风水林以风水功能为主,而沿海型风水林以游憩功能为主。从山区型风水林主要功能分布来看,风水功能所占比重最大,占64.29%,其次为生态功能,占19.05%,而游憩和迷信功能所占比重较低。从半山型风水林主要功能分布来看,风水功能所占比重最大,占68.42%,其次为迷信功能,占18.42%,而生态功能和游憩功能所占比重较低。从平地型风水林主要功能分布来看,风水功能所占比重最大,占44.44%,其次为迷信功能,占30.56%,而游憩、观赏和生态功能所占比重较低。从沿海型风水林主要功能分布来看,游憩功能所占比重最大,占38.1%。其次为迷信功能和风水功能,分别占30.95%和26.19%,而生态功能所占比重较低。

从不同地理位置来看,东部、西部和北部乡村风水林以风水功能为主,而南部风水林以迷信和游憩功能为主。从东部风水林主要功能分布来看,风水功能所占比重最大,占72%,其次为游憩功能,占20%,而其他功能所占比重较低。从南部风水林主要功能分布来看,迷信功能所占比重最大,占39.29%,其次为游憩功能,占32.14%,而挡风功能和观赏功能所占比重较低。从西部风水林主要功能分布来看,风水功能所占比重最大,占60.61%,其次为迷信功能,占27.27%,而挡风、游憩和观赏功能所占比重较低。从北部风水林主要功能分布来看,风水功能所占比重最大,占72.73%。其次为挡风功能,占13.64%,而其他功能所占比重较低。

这种功能结构表明福建乡村风水林正在由传统风水、迷信功能向游憩功能转型。这种功能转型主要表现为目前西部和北部风水林依然以传统风水、迷信等功能为主,而南部和东部的部分风水树已经开始被开发成为以游憩功能为主的风水林，有的村庄甚至将风水树用护栏保护起来，同时在风水树下设立石桌凳、健身器材等，完全开发成村内游憩活动场所。

表2-45　风水林主要功能特征比较

Tab. 2-45　The comparison of main functional characteristics with geomantic forest

类　型		风水		迷信		挡风		游憩		观赏	
		数量	比例（%）	数量	比例（%）	数量	比例（%）	数量	比例（%）	数量	比例（%）
总计		80	100	34	100	15	100	26	100	3	100
地势地形	山区型	27	33.75	3	8.82	8	53.33	4	15.38	0	0
	半山型	26	32.50	7	20.59	4	26.67	1	3.85	0	0
	平地型	16	20.00	11	32.35	1	6.67	5	19.23	3	100
	沿海型	11	13.75	13	38.24	2	13.33	16	61.54	0	0
地理位置	东部	18	22.50	0	0	1	6.67	5	19.23	1	33.33
	南部	10	12.50	22	64.71	4	26.67	18	69.23	2	66.67
	西部	20	25.00	9	26.47	4	26.67	0	0	0	0
	北部	32	40.00	3	8.82	6	40.00	3	11.54	0	0

（五）风水林保护状况

福建省乡村风水林总体保护状况较好，80.38%的风水林没有遭到破坏，仅有19.62%的风水林遭受了破坏或开始退化，其中10.13%的风水林受到较大程度破坏或开发（表2-46）。当前，乡村风水林退化的原因多由于种植经济树种导致风水林群落演替出现退化或半退化，而风水树破坏多由于在风水树下进行开发生产导致破坏严重。

表2-46　风水林保护状况比较

Tab. 2-46　The comparison of protection status with geomantic forest

类　型		Ⅰ级		Ⅱ级		Ⅲ级		Ⅳ级		Ⅴ级	
		数量	比例（%）	数量	比例（%）	数量	比例（%）	数量	比例（%）	数量	比例（%）
总计		13	100	58	100	56	100	15	100	16	100
地势地形	山区型	9	69.23	16	27.59	8	14.29	4	26.67	5	31.25
	半山型	3	23.08	16	27.59	10	17.86	4	26.67	5	31.25
	平地型	1	7.67	14	24.14	16	28.57	4	26.67	1	6.25
	沿海型	0	0	12	20.69	22	39.28	3	20.00	5	31.25
地理位置	东部	6	46.15	8	13.79	7	12.50	4	26.67	0	0
	南部	0	0	17	29.31	34	60.71	0	0	5	31.25
	西部	4	30.77	10	17.24	8	14.29	5	33.33	6	37.50
	北部	3	23.08	23	39.66	7	12.50	6	40.00	5	31.25

从不同地势地形来看，乡村风水林保护中山区型和半山型乡村风水林保护程度较好，在Ⅰ级和Ⅱ级中所占比重较大，其中，山区型Ⅰ级和Ⅱ级所占比重为59.52%，半山型Ⅰ

级和Ⅱ级所占比重为50%，而平地型和沿海型则保护程度一般。

从不同地理位置来看，乡村风水林保护中北部和东部乡村风水林保护程度较好，南部则保护程度一般，而西部保护程度较低。其中，北部和东部在Ⅰ级和Ⅱ级中所占比重较大，北部Ⅰ级和Ⅱ级所占比重为59.09%，东部Ⅰ级和Ⅱ级所占比重为56%，而西部在Ⅲ级和Ⅳ级中所占比重较高，为33.33%。

风水林保护状况主要受村民重视程度和开发手段的影响。目前，多数福建乡村村民对风水林保护意识比较强，认为风水林可以提高村庄风水、保佑家庭平安，对村内风水林和风水树开展有效保护，因此，总体上风水林保护状况较好。但同时，在风水林或风水树中，也有部分村民为了取得经济效益，或种植其他植物导致风水林逐渐退化，或在风水树下开发生产，破坏风水树的生长环境，导致了少数风水林出现了不同程度的破坏。

（六）风水林水平结构特征

1. 不同地势地形风水林水平分布特征

由图2-46可见，从不同径级上的种类分布来看，山区型、半山型和平地型风水林种类较丰富，而沿海型风水林种类相对单一。从不同径级上的种类分布来看，山区型、半山型和平地型不同径级上的种类分布相似，均在50～100cm径级分布最多，而沿海型则是100～150cm种类分布最多。

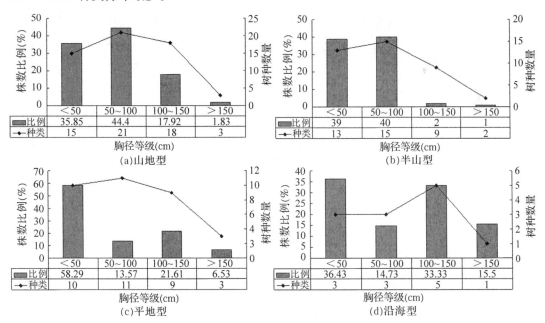

图2-46 风水林不同地势地形乔木树种不同胸径等级上数量和种数分布

Fig. 2-46 The distribution of arbor individuals and species in different DBH class in different types with geomantic forest

从不同径级上的数量分布来看，乡村风水林径级结构存在较大差异。其中，山区型和半山型风水林以100cm以下径级为主，平地型风水林集中分布在50cm以下径级范围内，而沿海型则呈现双峰型，以50cm以下和100～150cm径级分布数量最多。从风水林分布径级区间来看，100cm以上大乔木分布比重最大的是沿海型，占48.83%，其次为平地型和山区型，分别占28.14%和19.75%，而半山型仅占5%，同时，各类型50cm以下径级乔木分布数量仍占相当比重，这些乔木主要是成片风水林或风水林伴生树种。

2. 不同地理位置风水林水平分布特征

如图2-47所示，从不同径级上的种类分布来看，西部和北部风水林种类较丰富，而东部和南部风水林种类相对单一。从不同径级上的种类分布来看，西部和南部50cm以下径级分布种类最多，东部和北部50～100cm径级分布种类最多。

从不同径级上的数量分布来看，乡村风水林径级结构存在较大差异。其中，西部和北部风水林以100cm以下径级为主，东部风水林集中分布在100～150cm径级范围内，而南部则呈现双峰型，以50cm以下和100～150cm径级分布数量最多。从风水林分布径级区间来看，100cm以上大乔木分布比重最大为东部，占83.34%，其次为南部，占34.17%，而西部和北部比重较小，仅占13.06%和17.30%，同时，西部和北部50cm以下径级分布数量仍占相当比重，这些乔木主要是成片风水林或风水林伴生树种。

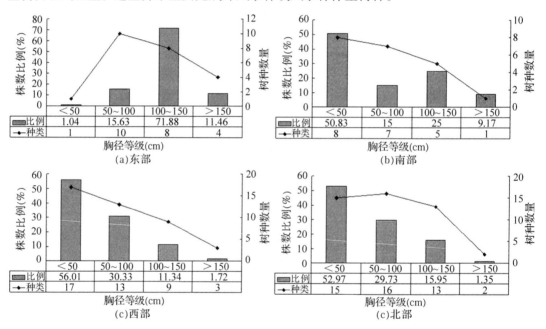

图2-47 风水林不同地理位置乔木树种不同胸径等级上数量和种数分布

Fig. 2-47 The distribution of arbor individuals and species in different DBH class in different directions with geomantic forest

3. 风水林主要植物水平分布特征

如图2-48所示，从乡村风水林应用数量最多的10种主要植物的平均胸径来看，风水林主要植物平均胸径以60cm以上大径级为主。主要包括：榕树、香樟、枫香、木荷、细柄阿丁枫、石楠、蚊母、朴树。其中，榕树、香樟、细柄阿丁枫和朴树的平均胸径甚至达到了100cm以上。而龙眼和锥栗的平均胸径较小，均在30cm以下。

由图2-49可见，从风水林主要植物在不同径级上的分布来看，风水林主要植物径级分布以50～100cm比重最大。其中，枫香、香樟、石楠、蚊母的比重均超过60%，榕树、

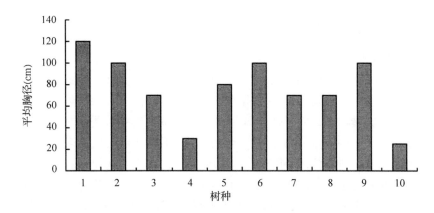

图2-48 风水林主要植物平均胸径数量分布

Fig. 2-48 The individuals distribution of average DBH of 10 dominant tree species with geomantic forest

（1. 榕树 2. 香樟 3. 枫香 4. 龙眼 5. 木荷 6. 细柄阿丁枫 7. 石楠 8. 蚊母 9. 朴树 10. 锥栗）

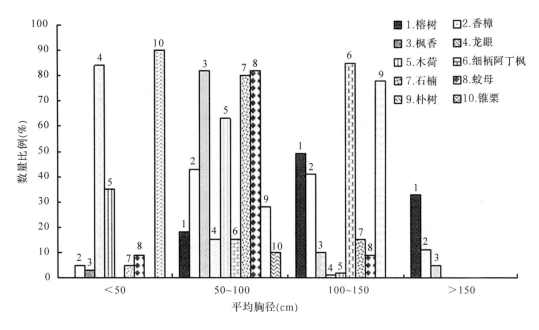

图2-49 风水林主要植物在不同胸径等级上的数量分布

Fig. 2-49 The individuals distribution of dominant tree species in different DBH class with geomantic forest

龙眼、细柄阿丁枫、朴树、锥栗在该径级上也有分布。在100cm以上大径级分布的植物主要有榕树、细柄阿丁枫、朴树3种植物。在50cm以下径级分布的植物主要有龙眼和锥栗。

乡村风水林整体平均胸径明显高于其他类型，但风水林内部组成差异明显。这种水平结构差异主要与风水林结构类型有关。当前福建乡村风水林主要以片林和单株风水树两种形式存在，其中，片状以群落为主，树种组成相对丰富，新生树种、伴生树种相对较多，群落生态竞争较大，作为优势种的风水树必须以向上生长为主来获取优势生态位，水平生长相对缓慢，平均胸径相对较小，而单株风水树由于组成单一，不存在群落竞争，风水树水平生长相对较多，平均胸径相对较大。

（七）风水林垂直结构特征

1. 不同地势地形风水林垂直分布特征

如图 2-50 所示，从不同立木层次的种类分布来看，株高 10～15m 范围内种类分布最多，占总体的 72.86%，从风水林种类分布区间来看，山区型、平地型和沿海型风水林 10～15m 高度的种类最丰富，而平地型风水林 15～20m 高度的种类最丰富。

从不同立木层次上的数量分布来看，乡村风水林不同立木层次上数量分布主要集中在 10～15m 高度范围内，占总体的 44.38%。从风水林数量分布区间来看，山区型、半山型和沿海型以高大乔木为主，其中 15m 以上乔木分布数量占 30% 以上，而平地型风水林以中等乔木为主，其中 15m 以上大乔木分布比重仅占 12.94%，而 10m 以下乔木比重却占近 40%。

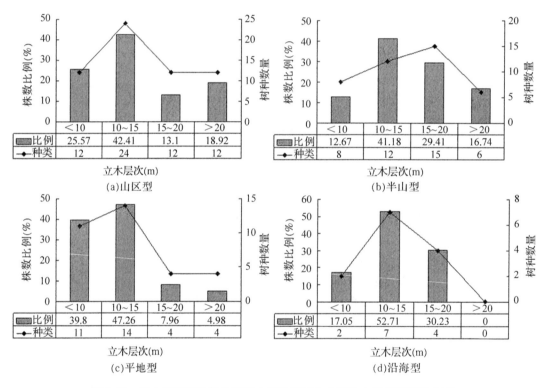

图 2-50 风水林不同地势地形乔木树种不同立木层次上数量和种数分布

Fig. 2-50 The distribution of arbor individuals and species in different tree stratum in different types with geomantic forest

2. 不同地理位置风水林垂直分布特征

如图 2-51 所示，从不同立木层次的种类分布来看，东部、南部、西部和北部风水林均以 10～15m 范围内种类分布最多。从风水林大乔木种类分布区间来看，15m 以上高度中西部和北部风水林分布种类较丰富，而东部和南部则较少。

从不同立木层次上的数量分布来看，东部、南部和西部风水林以 10～15m 高度范围分布数量最多，而北部风水林以 10m 以下高度分布数量最多。从风水林大乔木数量分布区间来看，西部、北部和东部 15m 以上大乔木分布数量较多，其中西部占 30.04%，北部占 28.92%。东部占 25.01%，而南部较少，仅占 17.5%。

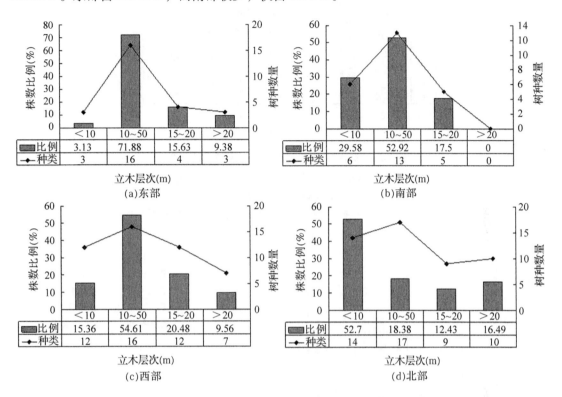

图 2-51 风水林不同地理位置乔木树种不同立木层次上数量和种数分布

Fig. 2-51 The distribution of arbor individuals and species in different tree stratum in different directions with geomantic forest

3. 风水林主要植物垂直分布特征

由图 2-52 可见，从乡村风水林应用数量最多的 10 种主要植物的立木层次来看，风水林主要植物以高大乔木为主。其中，多数主要植物的平均高度均在 10m 以上，细柄阿丁枫、枫香、榕树、香樟、木荷的平均高度甚至达到 15m 以上，而平均高度在 10m 以下的植物仅有龙眼和锥栗。

由图 2-53 可见，从风水林主要植物在不同立木层次上的分布数量来看，主要植物集中分布在 10~15m 高度范围内，而 15~20m 高度范围内分布数量最少。20m 以上高度分布的树种有细柄阿丁枫、木荷、蚊母、朴树、香樟、榕树和枫香，其中，细柄阿丁枫、木荷、蚊母和枫香占据绝大比重。

风水林这种垂直结构一方面与风水林生长时间较长有关，风水林作为乡村传统保留植物，少则几十年，多则上千年，生长时间长导致了树木相对高大，同时风水林群落间竞争也促使风水林为了获取生态优势位向着更高空间生长。另一方面由于村民对风水林的保护意识强，风水林生长状况健康，也促使风水林生长高度较高。

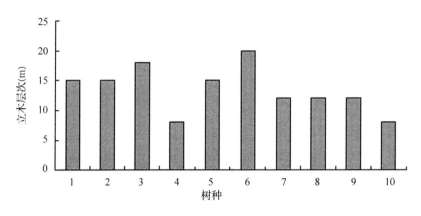

图 2-52　风水林 10 种主要植物立木层次数量分布

Fig. 2-52　The individuals distribution of tree stratum of 10 dominant tree

species with geomantic forest

（1. 榕树　2. 香樟　3. 枫香　4. 龙眼　5. 木荷　6. 细柄阿丁枫

7. 石楠　8. 蚊母树　9. 朴树　10. 锥栗）

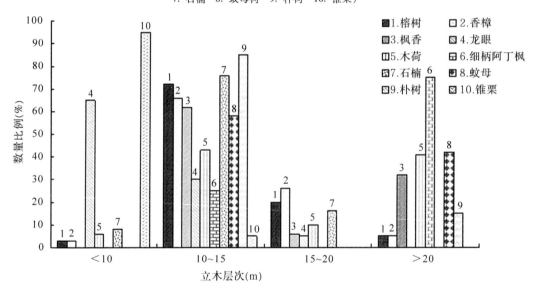

图 2-53　风水林主要植物在不同立木层次上的数量分布

Fig. 2-53　The individuals distribution of dominant tree species in different tree stratum with geomantic forest

（八）风水林植物组成健康状况

福建省乡村风水林植物健康状况较优，其中健康植物、正常植物和不健康植物所占比重分别为 23.13%、72.89%、3.98%（表 2-47）。从风水林植物种类分布来看，健康状况一般的植物所占据种类最多，植物组成中有 23 种风水植物健康状况表现优秀，占总体植物种类的 33.33%，植物组成中仅有 10 种风水植物出现不健康状况，占总体植物种类的 14.49%。常见的健康状况较好的植物包括：香樟、铁杉、枫香、木荷、红枫、柳杉、榕树、朴树、香樟等。健康状况较差的植物包括：杧果、榕树、毛竹、杉木、栲树、蚊母、

表 2-47 风水林植物组成健康状况比较

Tab. 2-47 The comparison of health condition of plants with geomantic forest

类 型		健康（A）		较健康（B）		正常（C）		较差（D）	
		种类	数量	种类	数量	种类	数量	种类	数量
总计		8	61	18	177	62	750	12	41
地势地形	山区型	2	21	12	105	37	316	7	27
	半山型	6	33	8	48	22	146	3	3
	平地型	1	1	6	14	23	184	2	2
	沿海型	1	6	1	10	9	104	2	9
地理位置	东部	2	3	5	17	19	76	0	0
	南部	4	16	2	11	16	201	4	12
	西部	0	0	7	60	30	231	2	2
	北部	1	42	4	89	13	242	6	27

火力楠、花桐木等。

1. 不同地势地形风水林健康分布特征

从不同地势地形来看，乡村风水林健康状况较优植物所占比重最大的为半山型风水林，占 35.22%，其次为山区型风水林，占 26.87%，而不健康植物所占比重最大为沿海型风水林，占 6.98%。从风水林植物种类分布来看，山区型出现不健康植物种类最多，达7种，而平地型和沿海型出现不健康植物的种类最少，仅有2种。

2. 不同地理位置水岸林健康分布特征

从不同地理位置来看，乡村风水林健康状况较优的植物所占比重最大的为北部风水林，占 32.75%，其次为东部和西部风水林，分别占 20.83% 和 20.48%，而不健康植物所占比重最大的为北部风水林，不健康植物占 6.75%。从风水林植物种类分布来看，北部出现不健康植物种类最多，达6种，而东部则没有出现不健康植物。

3. 风水林主要组成植物健康分布特征

如图 2-54 所示，从风水林主要组成植物健康等级分布来看，多数植物健康状况处于优良水平。其中，细柄阿丁枫、木荷、香樟和枫香的总体健康状况较优，而仅有少量蚊母、榕树、木荷存在不健康状况。

风水林健康状况一方面与村民的保护有关，风水林作为乡村一种特殊林木，长期以来被村民认为是神树，不允许破坏，从而使风水林获得健康成长的外部环境；另一方面风水林作为乡村传统保留林木，多为乡土树种，本身生态适应性较强，而且多生长在水口、墓地等土质相对较好的地方，自然生长条件优越，也促进了风水林生长状况较为健康。

六、乡村游憩林结构特征

乡村游憩林是乡村居民日常交流、休息的主要场所，在开展农家乐的村庄，游憩林也是吸引城市居民休闲游憩、体验农家风俗的重要组成部分。随着我国经济的发展和村民生活水平的提高，乡村游憩林已经成为乡村人居林的重要组成部分。国外乡村游憩林建设重

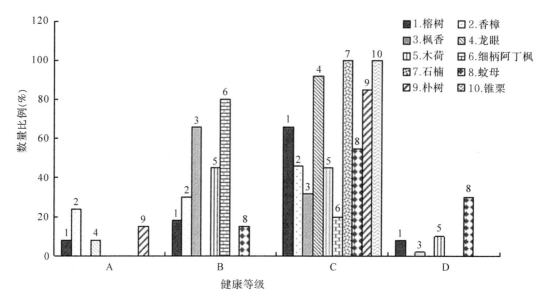

图 2-54　风水林主要组成植物健康等级分布

Fig. 2-54　The distribution of health grade of 10 dominant plants with geomantic forest

点是研究乡村旅游的发展和环境建设，已形成了一套较为成熟的理论体系。而我国过去有关乡村游憩林的建设和研究很少有人关注。目前只在经济发达的区域，乡村游憩林的建设才开始为人们所重视，特别是在我国江西、江苏等南方省份开始把乡村游憩林建设纳入到新农村规划建设中，明确规定每个村庄必须建设游憩林。然而，目前有关乡村游憩林方面的研究颇少，且多停留在探讨性的层面，缺少对乡村游憩林种群结构整体、系统性的认识，有鉴于此，以福建省为例，根据乡村自然地理和经济社会情况，将福建省乡村划分为山区型、半山型、平地型和沿海型四种类型，首次在全省开展乡村游憩林种群分布与结构特征研究，揭示乡村游憩林种群组成、分布与空间结构特征，为乡村生态环境改善，游憩林布局与植物材料选择提供参考。

（一）游憩林科、属、种组成特征

福建省乡村游憩林组成差异性较大，其中非公园性游憩林占有重要地位，主要包括树下游憩和小游园性游憩林。从非公园性乡村游憩林的科、属、种组成来看，组成较为单一，共包括 18 个科、20 个属、24 个种（表 2-48），以桑科、无患子科、樟科、木犀科、柏科和金缕梅科为主，常见的植物有龙眼、香樟、榕树、枫香、圆柏、桂花、黄金榕等。

从游憩林组成数量来看，公园性游憩林虽然数量较少，但植物种类和数量都远大于树下游憩和小游园性游憩林，需要加以区分。从游憩林组成比重看，非公园性质游憩林占有重要比重，占游憩林比重的 77.19%，而公园性游憩林仅占游憩林比重的 22.81%。

1. 不同地势地形游憩林科、属、种组成特征

从非公园性游憩林组成来看，沿海型和平地型游憩林种类和数量均大于半山型和山区型，其中沿海型种类和数量分别占总体的 50% 和 32.5%，平地型种类和数量分别占总体的 54.17% 和 28.61%，而半山型种类和数量分别占总体的 33.33% 和 23.61%，山区型种

类和数量分别占总体的29.17%和15.28%。从公园性游憩林组成来看,沿海型和平地型组成规模较大,种类和数量均丰富,而半山型和山区型公园规模较小,组成种类和数量均较小,其中沿海型种类和数量分别占总体的82.76%和48.08%,平地型种类和数量分别占总体的72.41%和39.99%,而半山型种类和数量分别占总体的37.93%和4.48%,山区型种类和数量分别占总体的44.83%和7.45%。

2. 不同地势地形游憩林科、属、种组成特征

从非公园性游憩林组成种类来看,东部组成种类丰富,占总体的50%,而西部种类最少,仅占总体的16.67%。从非公园性游憩林组成数量来看,北部最多,占总体的36.39%,而西部最少,仅占14.72%,从公园性游憩林组成来看,东部组成种类和数量均丰富,分别占总体的89.66%和67.32%,其次为南部,种类和数量分别占总体的51.72%和30.10%,而北部组成种类和数量都较少,仅为24.14%和2.58%,西部则没有公园性游憩林。

表2-48 游憩林植物科、属、种比较

Tab. 2-48 The comparison of plants in the family, genus and species with esplanade forest

类 型		科		属		种		株数	
		数量	比例(%)	数量	比例(%)	数量	比例(%)	数量	比例(%)
总体	非公园	18	100	20	100	24	100	360	100
	公园	23	100	26	100	29	100	2053	100
地势地形	非公园 山区型	6	33.33	7	35.00	7	29.17	55	15.28
	半山型	7	38.89	8	40.00	8	33.33	85	23.61
	平地型	11	61.11	12	60.00	13	54.17	103	28.61
	沿海型	9	50.00	9	45.00	12	50.00	117	32.50
	公园 山区型	11	47.83	12	46.15	13	44.83	153	7.45
	半山型	8	34.78	9	34.62	11	37.93	92	4.48
	平地型	19	82.61	20	76.92	21	72.41	821	39.99
	沿海型	21	91.30	22	84.61	24	82.76	987	48.08
地理位置	非公园 东部	10	55.56	10	50.00	12	50.00	81	22.50
	南部	6	33.33	6	30.00	7	29.17	95	26.39
	西部	4	22.22	4	20.00	4	16.67	53	14.72
	北部	6	33.33	8	40.00	8	33.33	131	36.39
	公园 东部	19	82.61	23	88.46	26	89.66	1382	67.32
	南部	10	43.48	13	50.00	15	51.72	618	30.10
	西部	0	0	0	0	0	0	0	0
	北部	5	21.74	6	23.08	7	24.14	53	2.58

游憩林这种结构的产生主要与乡村经济水平有关。经济水平较高的乡村,尤其是南部和东部的沿海型发达乡村,普遍重视乡村游憩林,建设公园性游憩林或者简易开发风水树下游憩林,植物组成种类和数量都很丰富;而经济水平不高的乡村,包括山区型、半山型和广大平地型乡村,经济水平较低,普遍不重视乡村游憩林建设,多数是在树下游憩或者建设规模较小的游园性游憩林,植物组成种类和数量都相对单一,从而导致了目前乡村游

憩林两极分布格局的产生。

（二）游憩林主要应用植物组成

福建省乡村游憩林主要应用植物包括榕树、龙眼、香樟、圆柏、侧柏、桂花、香樟、南洋杉、黄金榕、枫香、金叶假连翘（表2-49）。

从不同地势地形来看，不同类型乡村游憩林应用植物组成差异性较大。其中，山区型主要游憩植物有榕树、罗汉松、枫香、楠木、香樟、木荷；半山型主要游憩植物有龙眼、桂花、香樟、枫香、楠木、圆柏、侧柏；平地型主要游憩植物有榕树、圆柏、侧柏、桂花、南洋杉、黄金榕、茶花、柳杉、盆架子；沿海型主要游憩植物有榕树、龙眼、蒲葵、鱼尾葵、大王叶子、金叶假连翘、黄金榕、圆柏、侧柏、南洋杉。

从不同地理位置来看，不同方位乡村游憩林应用植物组成差异性较大。其中，东部主要游憩植物有榕树、香樟、圆柏、香樟、黄金榕、南洋杉；南部主要游憩植物有榕树、龙眼、杧果、茶花、盆架子、金叶假连翘、黄金榕、南洋杉；西部主要有枫香、木荷、罗汉松；北部主要游憩植物有楠木、桂花、圆柏、香樟。

乡村游憩林应用植物组成差异主要与村民需求有关。公园性游憩林多分布在经济条件较好的乡村，这些乡村村民需求相对较高，对游憩林的需要不仅是满足简单闲谈乘凉，更多是满足身心健康的高层次需求，因此对游憩林建设也由传统大树型转向以观赏型圆柏、南洋杉、黄金榕、假连翘等植物为主型。而非公园性游憩林多分布在经济条件相对较差的乡村，村民对游憩林的需求仅是简单满足自身闲谈乘凉的需要，因此，对游憩林的需求以高大型香樟、枫香、木荷等植物为主。

表 2-49　游憩林主要应用植物组成

Tab. 2-49　The compositon of main applied plants with esplanade forest

频率	植物名称
$f = 33.7$	榕树
$f = 12.5$	龙眼
$f = 8.3$	圆柏　侧柏　香樟　桂花
$f = 3.4$	枫香　黄金榕　金叶假连翘　南洋杉
$f = 2.1$	大王椰子　白玉兰　楠木　盆架子　小蜡　罗汉松　蒲葵　杧果　茶花　鱼尾葵

（三）游憩林分布特征

福建省乡村游憩林建设相对滞后，有52.27%的村庄没有游憩林场所，仅有47.73%的村庄有游憩林场所（表2-50）。从游憩林分布类型来看，游憩林分布主要以树下、小游园和公园3种类型为主。其中63.16%村庄仍以树下游憩为主要形式，而小游园和公园形式存在的只占14.04%和22.81%。

表 2-50 游憩林分布特征比较

Tab. 2-50 The comparison of plant distribution with esplanade forest

类型		分布村庄				分布类型					
		有游憩林		无游憩林		树下		小游园		公园	
		个数	比例(%)	个数	比例(%)	个数	比例(%)	个数	比例(%)	个数	比例(%)
总计		42	100	46	100	36	100	8	100	13	100
地势地形	山区型	5	11.90	17	36.96	5	13.89	0	0	1	7.69
	半山型	7	16.67	14	30.43	6	16.67	1	12.50	1	7.69
	平地型	11	26.19	12	26.09	6	16.67	2	25.00	5	38.46
	沿海型	19	45.24	3	6.52	19	52.78	5	62.50	6	46.15
地理位置	东部	13	30.95	7	15.22	5	13.89	6	75.00	8	61.54
	南部	21	50.00	7	15.22	24	66.67	1	12.50	4	30.77
	西部	3	7.14	17	36.96	4	11.11	0	0	0	0
	北部	5	11.90	15	32.61	3	8.33	1	12.50	1	7.69

从不同地势地形来看，游憩林分布显著不均匀，其中山区型和半山型乡村游憩林分布较少，山区型有游憩林的村庄仅占 22.73%，半山型有游憩林的村庄仅占 33.33%，而沿海型有游憩林的村庄较多，竟达 86.36%，平地型有近一半村庄有游憩林存在。从不同类型乡村游憩林比较来看，树下游憩仍是目前主要游憩场所，随着由山区、半山向平地、沿海过渡，小游园和公园的数量都显著增多，虽然沿海型乡村小游园和公园存在数量较多，但树下游憩仍是其主要游憩林形式。

从不同地理位置来看，游憩林分布也不均匀，其中南部和东部乡村游憩林分布较多，南部有游憩林的村庄占 75%，东部有游憩林的村庄占 65%，而北部和西部乡村游憩林分布较少，北部有游憩林的村庄仅占 25%，西部有游憩林的村庄仅占 15%，从不同方位乡村游憩林比较来看，树下游憩仍是目前主要游憩场所，其中东部小游园和公园的数量最多，南部树下游憩场所的数量最多，而西部和北部的游憩林场所总体较少。

游憩林这种分布特征主要与村庄经济水平和重视程度有关。经济水平较好的村庄，普遍重视游憩林建设，把村民的休闲活动作为生活的一种需要，建设小游园和公园性游憩林，即使将大树下作为游憩场所，也在树下普遍设立石桌凳和健身器材等，改造成简易游憩林场所。而经济水平较低的村庄，普遍对游憩林建设不重视，多数村庄没有任何固定场所，村民游憩基本是在大树下，从而导致了乡村游憩林两极分化的结构特征。

(四)游憩林主要林种组成特征

由于公园性游憩林在乡村游憩林中所占比重较小，且多以单纯观赏性植物为主。因此，对非公园性游憩林林种特征研究就显得相对重要。从非公园性游憩林组成来看，观赏性植物组成种类和数量相对较多，分别占总体的 54.17% 和 59.72%，而其他 3 种性质用途的植物种类和数量相对较少(表 2-51)。从不同地势地形来看，非公园性游憩林中山区型游憩林以经济林和用材林为主，半山型以经济林和观赏林为主，而平地型和沿海型以观赏林和林果林为主。从不同地理位置来看，非公园性游憩林中东部以观赏林为主，南部以观

表 2-51　非公园性游憩林主要林种组成比较

Tab. 2-51　The composition comparison of the main tree species of non – park esplanade forest

类　型		林果		观赏		用材		其他	
		种类	数量	种类	数量	种类	数量	种类	数量
总计		3	33	13	215	5	38	3	74
地势地形	山区型	0	0	1	3	3	20	3	32
	半山型	1	2	3	32	3	11	1	40
	平地型	3	21	7	78	2	2	1	2
	沿海型	1	10	9	102	2	5	0	0
地理位置	东部	0	0	7	73	4	8	0	0
	南部	3	33	4	62	0	0	0	0
	西部	0	0	0	0	2	26	2	27
	北部	0	0	5	79	1	5	2	47

赏林和林果林为主，西部以用材林和其他经济林为主，北部以观赏林和其他经济林为主。

1. 不同地势地形游憩林主要林种组成特征

从游憩林组成种类来看，观赏性植物种类差异明显，其中沿海型种类最丰富，达到 9 种，而山区型最少，仅有 1 种。同时，用材性、林果性和其他性植物种类数量较少，差异较小。

从游憩林组成数量来看，观赏性植物数量分布中沿海型所占比例最高，占总体的 47.44%，而山区型所占比例最低，仅占 1.4%。用材性植物数量分布中山区型和半山型所占比例较高，分别占 52.63% 和 28.95%，而平地型和沿海型所占比例较低。林果性植物数量分布中平地型和沿海型所占比例较高，分别占 63.64% 和 30.3%，而半山型和山区型所占比例较低，其他性质用途的植物数量分布中山区型和半山型所占比例较大，分别占 54.05% 和 43.24%，而平地型和沿海型则几乎没有分布。从不同类型乡村主要林种组成数量来看，平地型和沿海型以观赏性植物为主，而山区型和半山型以其他类型植物为主(图 2-55)。

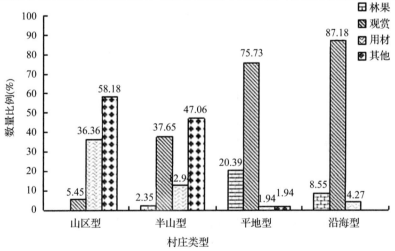

图 2-55　不同地势地形乡村游憩林主要林种数量组成

Fig. 2-55　The individuals comparison of the main tree species with different type of esplanade forest

2. 不同地理位置游憩林主要林种组成特征

从游憩林组成种类来看,观赏性植物种类以东部最丰富,达到7种,其次为北部和南部,而西部则没有。用材性植物种类以东部最多为4种,其次为西部和北部,而南部则没有。同时,林果性和其他性质用途的植物种类较少,差异较小。

从游憩林组成数量来看,观赏性植物数量分布中北部、东部和南部所占比例相当,分别占总体的36.77%、33.95%和22.84%,而西部则没有分布。用材性植物数量分布中西部所占比例最大,占68.42%,其次为东部和北部,而南部则没有分布。林果性植物数量集中分布在南部,以龙眼为主,而东部、西部和北部则没有分布。其他性质用途的植物数量分布中西部和北部所占比例较大,分别占42.19%和57.81%,而东部和南部则没有分布。从不同方位乡村主要林种组成数量来看,东部、南部和北部以观赏性植物为主,而西部以用材性和其他类型的植物为主(图2-56)。

游憩林这种林种分布特征主要与游憩林类型和气候条件相联系。一方面,东部和南部小游园性游憩林数量较多,而小游园性游憩林植物组成多为观赏性植物;另一方面,当前乡村树下游憩林多以风水树为依托,而乡村风水植物多与当地气候条件相适应,南部和东部乡村风水树多以榕树、龙眼等观赏性和林果性植物为主,而西部和北部乡村风水树多以细柄阿丁枫、木荷、香樟等用材性和其他性质用途的树种为主。从而导致了乡村游憩林林种结构分布差异显著。

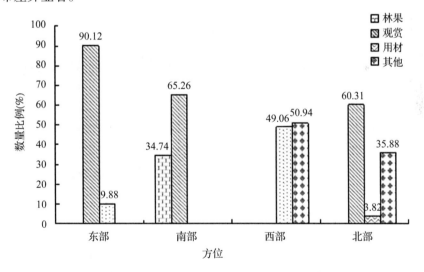

图2-56 不同地理位置乡村游憩林主要林种数量组成

Fig. 2-56 The individuals comparison of the main tree species with different direction of esplanade forest

(五)游憩林水平结构特征

从乡村游憩林不同胸径等级上的数量分布来看,游憩林整体呈现以小径级片林和大径级树下游憩两种形式。其中小径级片林主要以小游园、公园为主要形式,以30cm以下径级分布为主,占总体的86.87%。大径级树下游憩以风水树或其他大树为主,径级多在1m左右,占总体的9.16%。从不同径级上的种类分布来看,径级在30cm以下的小径级种类占据比重较大，组成较为丰富。而大径级种类构成较单一，常见的大径级游憩树种有榕树、香樟、枫香、重阳木、龙眼和杧果。

1. 不同地势地形游憩林水平分布特征

如图 2-57 所示，从不同径级上的数量分布来看，山区型以 30～90cm 分布为主，半山型以 30cm 以下分布为主，而平地型和沿海型则以 30cm 以下和 1m 左右径级分布为主。从 120cm 以上大径级乔木的数量分布来看，沿海型最多，有 22 株，占总体的 50%，其次为平地型，有 15 株，占总体的 34.09%，而山区型和半山型相对较少，仅占总体的 9.09% 和 6.82%。从 120cm 以上大乔木种类分布来看，平地型最多，有 4 种，而山区型、半山型和沿海型均只有 2 种。

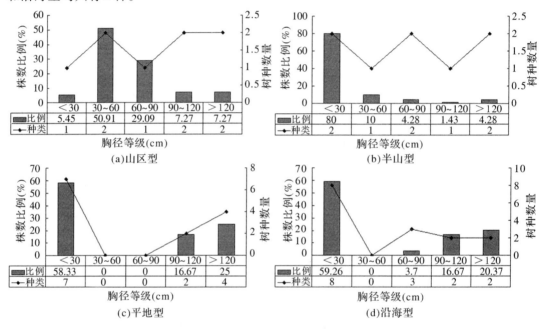

图 2-57 非公园性游憩林不同地势地形乔木树种不同胸径等级上数量和种数分布

Fig. 2-57 The distribution of arbor individuals and species in different DBH class

in different types with non – park esplanade forest

2. 不同地理位置游憩林水平分布特征

如图 2-58 所示，从不同径级上的数量分布来看，东部和北部以 30cm 以下径级分布为主，西部以 30～90cm 径级分布为主，而南部以 30cm 以下和 90cm 以上径级分布为主。从 120cm 以上大径级乔木的数量分布来看，南部最多，有 29 株，占总体的 65.91%，其次为东部，有 12 株，占总体的 27.27%，而北部相对较少，仅占总体的 6.82%。从 120cm 以上大乔木分布种类来看，东部最多，有 4 种，其次为南部，有 3 种，而北部只有 2 种。

3. 游憩林主要植物水平分布特征

如图 2-59 所示，从乡村游憩林主要应用的 10 个植物的平均胸径来看，整体呈现为 10cm 以下小径级和 1m 左右大径级两种分布。其中 10cm 以下小径级分布的主要有圆柏、侧柏、桂花、黄金榕、金叶假连翘、南洋杉，1m 左右径级分布的主要有榕树、龙眼、香樟和枫香。

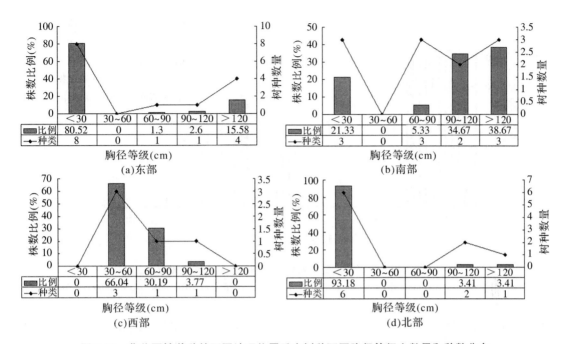

图 2-58　非公园性游憩林不同地理位置乔木树种不同胸径等级上数量和种数分布

Fig. 2-58　The distribution of arbor individuals and species in different DBH class in different directions with non – park esplanade forest

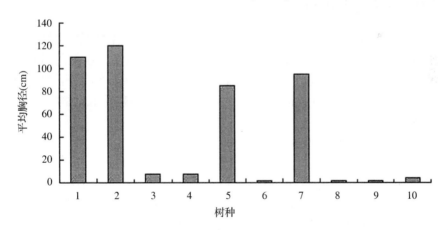

图 2-59　游憩林主要植物平均胸径分布

Fig. 2-59　The individuals distribution of average DBH of 10 dominant plants with esplanade forest

（1. 榕树　2. 龙眼　3. 圆柏　4. 侧柏　5. 香樟　6. 桂花　7. 枫香　8. 黄金榕　9. 金叶假连翘　10. 南洋杉）

　　如图 2-60 所示，从游憩林主要植物在不同径级上的数量分布来看，不同植物的径级分布总体呈现为以 30cm 以下为主，只有榕树、香樟、龙眼和枫香以 90～120cm 为主。少量的榕树和龙眼甚至胸径在 120cm 以上。

　　游憩林这种水平结构的形成与不同类型游憩林形式有关。其中公园性游憩林和小游园虽然存在的数量不多，但植物组成种类和总体数量均丰富，决定了游憩林总体水平结构是以 30cm 以下为主，而树下游憩虽然存在数量较多，但植物组成以当地几种常见乡土植物

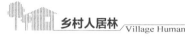

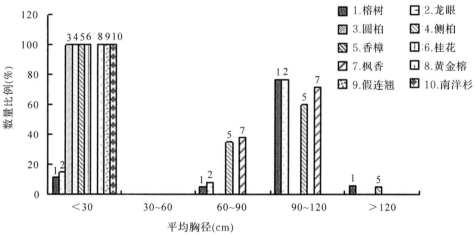

图 2-60　游憩林主要植物在不同胸径等级上的数量分布

Fig. 2-60　The individuals distribution of dominant plants in different DBH class with esplanade forest

为主，种类和总体数量均较少。当前，东部公园和小游园数量较多，北部新建一些简易小游园，而南部和西部仍以传统保留风水树作为游憩林，从而导致了乡村游憩林在不同类型和方位上的水平结构差异。

(六)游憩林垂直结构特征

从乡村游憩林不同立木层次上的数量分布来看，游憩林整体呈现以低矮乔木为主，高大乔木为辅的分布格局。其中 75.32% 乔木集中分布在 5m 以下，这与公园乔木数量众多且多数是 5m 以下高度有关。从不同立木层次的种类分布来看，5m 以下乔木种类较为丰富，而 15m 以上高度的乔木种类构成较单一，常见的高大游憩乔木有榕树、香樟、枫香、香樟、木荷和重阳木。

1. 不同地势地形游憩林垂直分布特征

如图 2-61 所示，从不同立木层次上的数量分布来看，半山型和沿海型均呈现单峰型，其中半山型以 5m 以下分布为主，沿海型以 15m 以下分布为主。而山区型和平地型则呈现双峰型，其中山区型以 5 ~ 10m 和 15 ~ 20m 两个区间分布为主，平地型以 5m 以下和 10 ~ 15m 区间分布为主。从 15m 以上高大乔木的数量分布来看，山区型最多，有 25 株，占总体的 69.44%，其次为半山型，有 8 株，占总体的 22.22%，而沿海型数量相对较少，仅占总体的 8.33%。从 15m 以上高大乔木种类分布来看，山区型最多，有 6 种，而半山型和沿海型均只有 1 种。

2. 不同地理位置游憩林垂直分布特征

如图 2-62 所示，从不同立木层次上的数量分布来看，东部和北部平均高度在 5m 左右，其中北部以 5m 以下高度为主，东部以 5m 左右高度为主。而南部和西部以 10m 以上高大乔木为主，其中南部以 10 ~ 15m 为主，西部集中分布在 15m 左右高度。从高度在 15m

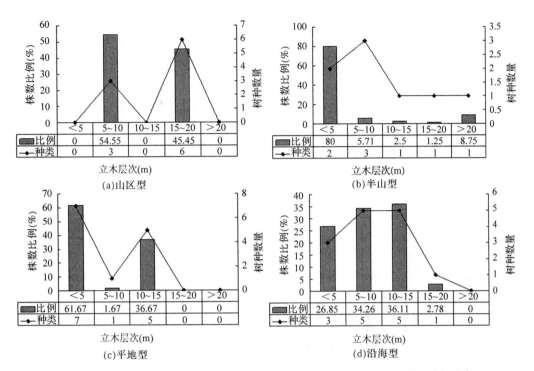

图2-61 非公园性游憩林不同地势地形乔木树种不同立木层次上数量和种数分布

Fig. 2-61 The distribution of non – park arbor individuals and species in different tree stratum in different types with non-park esplanade forest

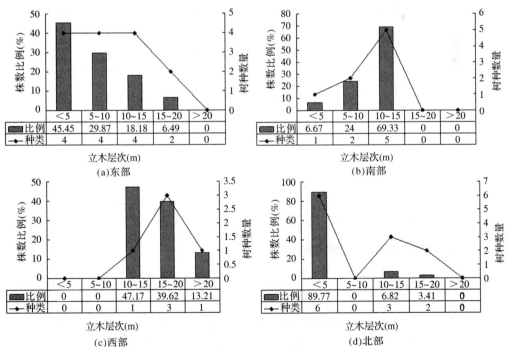

图2-62 非公园性游憩林不同方位乔木树种不同立木层次上数量和种数分布

Fig. 2-62 The distribution of non – park arbor individuals and species in different tree stratum in different directions with non-park esplanade forest

以上高大乔木的数量分布来看，西部最多，有28株，占总体的77.78%，其次为东部，有5株，占总体的13.89%，而北部数量相对较少，仅有3株，占总体8.33%。从15m以上高大乔木种类分布来看，西部最多，有3种，而东部和北部仅有2种。

3. 游憩林主要植物垂直分布特征

如图2-63所示，从乡村游憩林10个主要植物的平均高度比较来看，总体差异性较大。其中，黄金榕、桂花、金叶假连翘等灌木高度集中在1m以下，圆柏、侧柏和南洋杉的高度集中在5m左右，而榕树、龙眼、枫香、香樟的平均高度均在12m以上，枫香的平均高度甚至达到了20m。

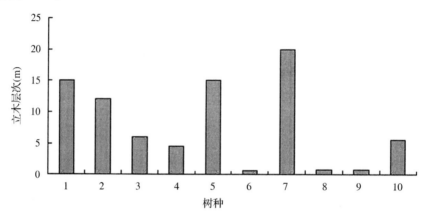

图2-63　游憩林主要植物立木层次数量分布

Fig. 2-63　The individuals distribution of tree stratum of 10 dominant plants with esplanade forest

（1. 榕树　2. 龙眼　3. 圆柏　4. 侧柏　5. 香樟　6. 桂花　7. 枫香　8. 黄金榕　9. 金叶假连翘　10. 南洋杉）

如图2-64所示，从游憩林主要植物在不同高度上的数量分布来看，多数植物的径级主要分布在5m以下高度范围内，主要包括侧柏、桂花、黄金榕、金叶假连翘，主要在5~10m高度分布的树种包括龙眼、圆柏、南洋杉，而在15m以上分布的植物主要有榕树、香樟和枫香，香樟和枫香甚至在20m以上高度还有分布。

游憩林这种垂直结构主要与不同类型游憩林数量有关。其中，公园性游憩林和小游园植物高度均在5m左右，且组成种类和数量相对丰富，而树下游憩林植物高度多为传统保留下来的风水树，植物高度多在10m以上，且组成种类和数量相对较少。当前，东部公园和小游园数量较多，北部新建一些简易小游园，而南部和西部仍以传统保留风水树作为游憩林，从而导致了乡村游憩林在不同类型和方位上的垂直结构差异。

（七）游憩林植物组成健康状况

由于公园性游憩林在游憩林中所占比重较小，因此，仅对非公园性游憩林健康状况进行研究。从非公园性游憩林的健康状况来看，福建省乡村游憩林植物健康状况总体良好，其中健康植物、正常植物和不健康植物所占比重分别为11.67%、82.78%、5.56%（表2-52）。从植物组成种类分布来看，健康状况一般的植物所占据种类最多，植物组成中有4种植物出现不健康状况，占总体种类的16.67%，植物组成中有5种植物健康状况表现优秀，占总体种类的20.83%。常见的健康状况较好的植物包括：枫香、榕树、罗汉松、香

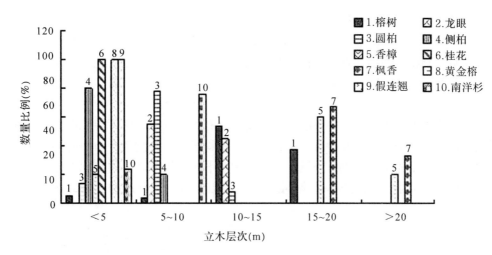

图2-64 游憩林主要植物在不同立木层次上的数量分布

Fig. 2-64 The individuals distribution of dominant tree species in different tree stratum with esplanade forest

表2-52 非公园性游憩林植物组成健康状况比较

Tab. 2-52 The comparison of health condition of plants with non-park esplanade forest

类 型		健康（A）		较健康（B）		正常（C）		较差（D）	
		种类	数量	种类	数量	种类	数量	种类	数量
总体		1	6	4	36	21	245	3	73
地势地形	山区型	0	0	3	21	4	34	0	0
	半山型	0	0	2	8	5	12	2	65
	平地型	0	0	3	5	10	98	0	0
	沿海型	1	6	1	2	10	101	2	8
地理位置	东部	0	0	3	8	10	73	0	0
	南部	1	6	1	2	7	79	1	8
	西部	0	0	2	25	2	28	0	0
	北部	0	0	1	1	8	80	2	65

樟、南洋杉等，健康状况较差的植物包括：桂花、茶花、楠木、龙眼等。

1. 不同地势地形游憩林健康分布特征

从不同地势地形来看，游憩林健康较优植物所占比重最大为山区型游憩林，占38.18%，而不健康植物所占比重最大为半山型庭院林，占76.47%，从游憩林植物组成健康状况种类分布来看，不健康植物种类较少，仅半山型和沿海型出现不健康植物，且仅有2种。

2. 不同地理位置游憩林健康分布特征

从不同地理位置来看，游憩林健康较优植物所占比重最大为西部游憩林，占47.17%，而不健康植物所占比重最大为北部游憩林，占49.62%。从游憩林植物组成健康状况种类分布来看，不健康植物种类较少，仅北部和南部出现不健康植物，其中北部有2种，南部有1种。

3. 游憩林主要组成植物健康分布特征

如图 2-65 所示，从游憩林主要组成植物健康等级分布来看，多数植物健康状况一般。其中，龙眼、圆柏、侧柏、香樟、枫香在健康等级有分布，而龙眼、桂花、黄金榕、金叶假连翘中存在不健康植物。从游憩林主要组成植物健康分布比重来看，枫香在健康等级比重最高，占 91.03%，而桂花在不健康等级比重最高，占 45.21%。

游憩林植物的健康状况主要与游憩林植物组成有关。其中，树下游憩多为风水树，由于村民对风水树管护相对较好，所以生长旺盛，植物组成普遍健康，而小游园性游憩林中新种植物由于还未完全适应生长环境，同时管护水平相对较差，植物出现不健康状况相对较多，其中，北部半山型游憩林新建小游园中植物出现不健康状况的比例最高。

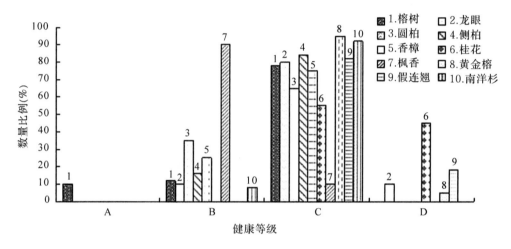

图 2-65 游憩林主要组成植物健康等级分布

Fig. 2-65 The distribution of health grade of 10 dominant plants with esplanade forest

第二节 闽浙乡村人居林结构与特征比较

一、自然概况与调查方法

（一）浙江省自然概况

浙江省地处东南沿海，位于东径 118°~123°，北纬 27°12′~31°31′，季风显著，四季分明，属亚热带常绿阔叶林区域，森林覆盖率在台湾、福建之后居全国第三，植被类型以常绿阔叶林为主。全省地势西南高，东北低，呈阶梯状下降。年平均气温 16.5℃，极端最高气温 33~43℃，极端最低气温 -2.2~-17.4℃，≥10℃ 的活动积温在 5200℃ 以上，常年降水量 1000~2000mm，年平均日照时数 1900h，全年平均湿度沿海在 80% 以上，内陆地区在 75% 以上（王景祥等，1993）。

（二）调查方法

1. 调查村庄的选取

按地貌类型在每个省选取 4 个县（市、区），每个县（市、区）随机调查 4~6 个村庄。福建的宁德蕉城区、建瓯、长汀和德化等 4 县（市、区）分别代表闽东沿海、闽北山区、闽西山区和闽南山区，共调查 21 个村庄；浙江省分别选择富阳、海盐、安吉和衢州等 4 县（市、区）分别代表平原、沿海、中部山区和西部山区，共调查 18 个村庄。

2. 调查内容及方法

对村庄居住区及其周边范围庭院、道路、水岸和游憩的木本植物进行调查（邱尔发等，2010；窦逗等，2007；火树华，1992）。

乔木的测定：对乔木进行每木检尺，测定胸径、树高、冠幅、枝下高，同时记录截干情况和栽植时期。

灌木的测定：对灌木进行每木（丛）检尺，测定地径、树高、冠幅、枝下高，在进行株数统计时，对分杈（分蘖）较多、丛生的灌木，只统计丛；同时，绿篱作为灌木的一种类型，只记录种，其他指标不进行比较。

木质藤本的测定：木质藤本植物只记录种数，其他指标不进行比较。

竹类的测定：为了分析和计算方便，竹类将大型竹种（株高 4m 以上）归入乔木测定，按乔木方法进行调查；小型竹种（4m 以下）列入灌木，按灌木方法进行测定与统计。

二、闽浙乡村庭院树种的结构特征比较

乡村人居林建设是新农村生态环境建设的基础，也是新农村经济建设的重要组成部分（邱尔发等，2008），而庭院林是乡村人居林的核心组成部分。一直以来，有关庭院林的研究较多，大多研究集中在某一个树种的栽培技术或庭院经济的发展模式上（邹新阳等，2007；姚爱华，2008）。但是，很少有学者对某一省（市）乡村庭院树种的资源与结构进行系统的分析（付美云等，2001；张涛等，2008），难以全面了解乡村庭院林建设状况。在对福建省和浙江省的庭院树种（包括木质藤本）进行实地调查的基础上，试图通过比较分析闽浙两省庭院树种结构，为乡村庭院林建设树种选择与庭院林的建设提供参考。

（一）树种分类组成比较

福建、浙江两省庭院树种种类较为丰富，所调查的乔、灌、藤庭院植物共计 184 种，两个省庭院使用树种乔木占 47 科 90 属 129 种，灌木占 27 科 41 属 51 种，藤本占 4 科 4 属 4 种。乔木树种在庭院林中所占比例最大，有 136 种，占总种数的 70.1%；灌木其次，占 27.7%；藤本植物最少，只占 2.2%（表 2-53）。

表 2-53　庭院树种分类组成比较

Tab. 2-53　The composition comparison of tree species with courtyard forest

类别		乔木						灌木							藤本
		科			属		种	科			属			种	科
		株数	个	%	%	个	%	个	株数	个	%	%	个	%	个	个
总计		2429	47	100	90	100	129	100	450	27	100	41	100	51	100	4
福建	小计	1053	39	83	67	74.4	94	72.9	148	16	59.3	20	48.8	26	51	1
	宁德	475	29	61.7	47	52.2	56	43.4	78	10	37	13	31.7	14	27.5	0
	建瓯	242	22	46.8	30	33.3	32	24.8	19	4	14.8	4	9.8	8	15.7	0
	长汀	263	25	53.2	36	40	44	34.1	40	11	40.7	13	31.7	14	27.5	1
	德化	73	8	17	8	8.9	10	7.8	11	3	11.1	3	7.3	3	5.9	0
浙江	小计	1376	36	76.6	50	55.6	67	51.9	302	25	92.6	30	73.2	39	76.5	3
	富阳	228	25	53.2	35	38.9	38	29.5	82	16	59.3	18	43.9	21	41.2	1
	海盐	294	15	31.9	23	25.6	26	20.2	97	10	37	11	26.8	13	25.5	1
	安吉	838	28	59.6	33	36.7	37	28.7	109	18	66.7	21	51.2	22	43.1	2
	衢州	16	12	25.5	13	14.4	13	10.1	14	10	37	10	24.4	10	19.6	0

　　庭院乔木树种中福建调查了 1053 株，浙江调查了 1376 株。从两个省使用的乔木树种科、属、种组成统计结果来看，庭院使用的乔木树种，福建省比浙江省更为丰富。科、属、种的使用分布，福建比浙江分别多 3、17、27 个。按其与总数的比例看，福建分别比浙江高出 6.4%、18.8%、21.0%。但从两省不同的调查点看，差异较大，福建的宁德和长汀树种较为丰富，而德化最少；浙江的安吉和富阳较为丰富，而衢州较少。

　　从灌木的使用分布看，浙江使用的种类比福建多，科、属、种的使用分布，浙江比福建分别多 9、10、13 个，按其与总数的比例看，分别高出 33.3%、24.4% 和 25.5%。其中，灌木用作绿篱的物种个数，福建的为 8 种，比浙江的多 2 种。而从福建和浙江各区域使用分布来看，福建的长汀和宁德使用的庭院灌木较多，德化和建瓯使用较少；而浙江的富阳和安吉使用的庭院灌木较多，海盐和衢州较少。

　　藤本植物的使用在福建和浙江省都是最少的，总共只有 4 个种，分属不同的科和属，福建和浙江分别只有 1 种和 3 种。

（二）庭院使用树种的特征比较

1. 常绿树种和落叶树种数量比较

　　福建、浙江两省地处亚热带，地带性植被以常绿树种为主，从两省所使用的乡村庭院树种看，乔木和灌木也都是以常绿为主。福建的常绿乔木树种占 74.8%，比浙江的高 4.2%；常绿灌木树种，浙江的占 87.4%，比福建的高 23.5%；藤本福建只有 1 株，为常绿，而浙江为 5 株，全为落叶（表 2-54）。

表 2-54　庭院林常绿树种和落叶树种数量比较

Tab. 2-54　The number comparison between evergreen and deciduous tree species with courtyard forest

地点	乔木					灌木					藤本				
	株数	常绿		落叶		株数	常绿		落叶		株数	常绿		落叶	
		株	%	株	%		株	%	株	%		株	%	株	%
福建	1053	788	74.8	265	25.2	148	101	63.9	47	29.7	1	1	100	0	0
浙江	1376	972	70.6	404	29.4	302	264	87.4	38	12.6	5	0	0	5	100

2. 新植树与原有种植数量比较

为了分析闽浙地区新农村庭院林的建设情况，调查时把5年前种植的作为原有的，近5年的作为新种植树木。从调查结果看(表2-55)，福建与浙江两省的庭院乔木树种中，以原有种植得以保留下来的树种占明显优势，而灌木正好呈相反的变化趋势。庭院原有保留乔木树种中，浙江比福建高14.6%。灌木新植的比例，浙江省的比福建省的高16.5%。可以看出，庭院林的建设中，两省保留的庭院乔木树种占有绝对的优势。而新植灌木比保留灌木具有明显优势，说明两省农村随着经济的发展，对庭院林的需求已经开始发生转变，开始重视庭院树种的绿化美化作用。

表 2-55　庭院林新植树与原有种植数量比较

Tab. 2-55　The quantity comparison between new plants and original plants with courtyard forest

地点		乔木					灌木					藤本				
		株数	原有		新植		株数	原有		新植		株数	原有		新植	
		(株)	株	%	株	%	(株)	株	%	株	%	(株)	株	%	株	%
总计		2429	2003	82.5	426	17.5	450	93	20.7	357	79.3	6	5	83.3	1	16.7
福建	小计	1053	781	74.2	272	25.8	148	46	31.1	102	68.9	1	0	0.0	1	100
	宁德	475	445	93.7	30	6.3	78	28	35.9	50	64.1	0	0		0	0
	建瓯	242	132	54.5	110	45.5	19	7	36.8	12	63.2	0	0	0.0	0	0
	长汀	263	131	49.8	132	50.2	40	9	22.5	31	77.5	1	0		1	100
	德化	73	73	100.0	0	0.0	11	2	18.2	9	81.8	0	0		0	0
浙江	小计	1376	1222	88.8	154	11.2	302	47	15.6	255	84.4	5	5	100.0	0	0
	富阳	228	177	77.6	51	22.4	82	12	14.6	70	85.4	1	1	100.0	0	0
	海盐	294	264	89.8	30	10.2	97	15	15.5	82	84.5	2	2	100.0	0	0
	安吉	838	771	92.0	67	8.0	109	11	10.1	98	89.9	2	2	100.0	0	0
	衢州	16	10	62.5	6	37.5	14	9	64.3	5	35.7	0	0		0	0

3. 乡土树种与外来树种比较

乡土树种的使用比例是反映庭院林健康程度和乡土文化传承的重要指标之一。因为乡土树种经过长期的自然选择，对当地的自然环境有着更强的适应能力，并且成本较低，栽植容易成活，生长较好，生态功能较强；同时，乡土树种是乡土文化特征的体现，村庄的形成具有很长的历史渊源，乡村庭院乡土树种的保留是其最好的见证，体现当地的自然属性，是乡村文化传承的体现。

从统计结果看，闽浙两省庭院林使用的乡土树种在数量上的比例占有绝对优势，且两个省比较接近，福建和浙江分别为 83.8% 和 83.1%。但是两个省乡土和外来树种在不同地点调查比例有所不同，在福建省，德化乡土树种比例较高，达 94.0%，而长汀最低，只有 77.6%，宁德和建瓯居中；在浙江省，安吉、富阳和海盐 3 个点乡土树种比例较高，且较为接近，分别为 84.2%、82.6% 和 82.2%，衢州比例最低，只有 66.7%。值得说明的是，文中的乡土树种主要是指该区域内天然林分现在或者曾经就有的树种，而非通过引种或其他途径携带进入该调查区域的树种（表 2-56）。

表 2-56　庭院林乡土树种与外来树种比例

Tab. 2-56　The ration comparison between native and foreign tree species with courtyard forest

类　别		株数	乡土树种		外来树种	
			株	%	株	%
福建	小计	1202	1007	83.8	195	16.2
	宁德	554	473	85.4	81	14.6
	建瓯	262	221	84.4	41	15.6
	长汀	304	236	77.6	68	22.4
	德化	84	79	94.0	5	6.0
浙江	小计	1683	1399	83.1	284	16.9
	富阳	311	257	82.6	54	17.4
	海盐	393	323	82.2	70	17.8
	安吉	949	799	84.2	150	15.8
	衢州	30	20	66.7	10	33.3

4. 按栽植时截干和管护截干统计

从闽浙两省乡村庭院树种看，无论是栽植还是管护过程中，其截干的比例都较小。栽植时截干在福建和浙江的比例分别为 1.5% 和 2.1%，差异相对较小，但管护截干浙江的比例明显比福建高，浙江的是福建的 10 倍，两省管护截干比例分别是 6.0% 和 0.6%（表 2-57）。

表 2-57　庭院林栽植时与管护时的截干比例比较

Tab. 2-57　The ration comparison between trees planting in stem cutting – off and stem cutting – off during management with courtyard forest

类　别		总株数	栽植截干		管护截干	
			株	%	株	%
福建	小计	1202	18	1.5	7	0.6
	宁德	554	6	1.1	0	0.0
	建瓯	262	5	1.9	5	1.9
	长汀	304	7	2.3	2	0.7
	德化	84	0	0.0	0	0.0

（续）

类 别		总株数	栽植截干		管护截干	
			株	%	株	%
浙江	小计	1683	35	2.1	101	6.0
	富阳	311	13	4.2	21	6.8
	海盐	393	4	1.0	68	17.3
	安吉	949	17	1.8	12	1.3
	衢州	30	1	3.3	0	0.0

（三）生长结构分布

从两省庭院林生长平均值看，福建庭院林乔木树种比浙江省的大，福建乔木的胸径、树高、冠幅和枝下高分别是浙江省的 1.73、1.38、1.52、1.31 倍。福建省庭院乔木胸径从大到小的排序是宁德、建瓯、长汀和德化，而浙江省的排序是富阳、海盐、衢州和安吉。

而灌木树种中，除浙江省庭院灌木地径比福建省的大 0.1cm 外，树高、冠幅和枝下高平均值都以福建的为高，福建的分别是浙江的 1.77、1.55、1.25 倍（表2-58）。

表 2-58 庭院林调查树种的生长结构特征比较

Tab. 2-58 The comparison of growth structure characteristic of tree species in investigation with courtyard forest

地点		乔木				灌木			
		胸径(cm)	树高(m)	冠幅(m)	枝下高(m)	地径(cm)	树高(m)	冠幅(m)	枝下高(m)
总平均		11.6	7.5	3.8	3.1	4.2	1.9	1.5	0.5
福建	平均	13.7	8.3	3.2	3.4	4.2	2.3	1.7	0.5
	宁德	16.7	11.1	2.5	3.3	3.8	2.0	1.5	0.4
	建瓯	12.6	6.0	4.4	3.7	6.7	2.6	2.2	0.9
	长汀	10.1	5.4	3.7	3.4	4.9	3.0	2.0	0.7
	德化	9.9	8.3	4.0	2.4	6.5	3.4	2.0	0.3
浙江	平均	7.9	6.0	2.1	2.6	4.3	1.3	1.1	0.4
	富阳	10.5	4.8	3.4	1.7	4.1	0.6	0.6	0.3
	海盐	8.5	5.4	1.9	1.3	2.7	0.8	0.6	0.3
	安吉	5.3	6.6	1.9	2.2	3.8	1.5	1.5	0.6
	衢州	7.7	2.4	1.7	2.1	7.1	0.6	0.2	0.2

（四）树种频度

从两省频度最高的前 10 个庭院树种中可以看出（表2-59），浙江出现频度较高的前 6 个庭院树种，即枇杷、石榴、桂花、桃、枣树和柿树，比福建出现频度较高的前 6 个树种，即枇杷、柿树、桂花、桃、棕榈、绿竹频度分别高出 0.29、0.22、0.07、0.07、0.07

和 0.07；频度较高的最后 3 个树种，福建出现的频度比浙江略高。

两省频度最高的 10 个树种中，柿树、桃、枇杷、桂花 4 个树种同时出现，这说明我国闽浙两省的乡村在庭院树种的选择上有较明显的共同之处。从树种看，柿树、桃、枇杷都为我国常见的传统果树，具有一定的实用价值和经济价值，同时也具有较高的观赏价值；而桂花是我国著名的观赏花木和芳香树，开花香气浓郁，而又是常绿树种，文化内涵丰富，深得我国南方群众的喜爱。但总体来看，这些树种株数所占的比例并不高，这也说明，随着乡村发展，庭院种植树种的选择也随着人们的喜好发生一定的变化。

表 2-59　庭院树种频度比较
Tab. 2-59　The frequency comparison of tree species with courtyard forest

福建				浙江			
树种	频度	株数	占总株数比例(%)	树种	频度	株数	占总株数比例(%)
柿树	0.64	17	1.4	枇杷	0.86	26	1.5
枇杷	0.57	46	3.8	石榴	0.79	26	1.5
桂花	0.57	17	1.4	桂花	0.64	45	2.7
桃	0.57	19	1.6	桃	0.64	31	1.8
棕榈	0.50	27	2.2	枣树	0.57	32	1.9
绿竹	0.50	65	5.4	柿树	0.57	24	1.4
梨	0.50	41	3.4	紫薇	0.50	11	0.7
苦楝	0.43	9	0.7	哺鸡竹	0.36	181	10.8
香樟	0.43	25	2.1	茶花	0.36	46	2.7
天竺桂	0.36	23	1.9	黄栀子	0.36	16	1.0

三、闽浙乡村行道树种结构特征比较

随着新农村建设政策的稳步推进，乡村道路建设的不断改善，乡村行道树的建设逐渐受到重视。道路绿化具有生态保护、交通辅助、景观组织和文化隐喻等功能（包志毅等，2004）。当前，全国正开展新农村绿色家园建设，乡村行道树作为绿化的重要内容，在村庄内部，村庄与村庄之间，形成一个完整的绿化系统，合理选用乡村行道树对改善农村生态环境、提高乡村道路质量、美化乡村景观以及提高经济效益都有重要作用。对福建和浙江两省选择代表性村庄，对行道树种进行实地调查，分析了当前乡村行道树的特征并提出建议，为新农村行道树种的选择及经营管护提供参考。

（一）树种分类组成分布

所调查的闽浙地区 874 株行道树中，乔木树种分布于 29 科 47 属 57 种；灌木分布于 11 科 15 属 16 种中，其中用作绿篱的树种有 4 种（表 2-60）。

福建的乡村行道树以樟科的香樟和天竺桂、楝科的苦楝、木犀科的桂花和女贞等树种为主，浙江的乡村行道树以樟科的香樟、木犀科的桂花、金缕梅科的红花檵木、千屈菜科的紫薇、蔷薇科的桃和李等树种为主。闽浙两省乡村行道树调查的乔木树种共 775 株，其中福建行道树株数不足浙江的一半，但从科、属、种的统计结果来看，福建乡村行道树共有 22 科 30 属 35 种，分别占两省总数的 75.9%、63.8% 和 61.4%，比浙江高出 10.4%、8.5% 和 8.8%。其中福建的宁德使用的行道树种较其他地方丰富；长汀和德化最少，种数仅占总种数的 15.8%。浙江的海盐使用的种数最多；安吉最少，种数仅占 7%。

从灌木在行道树中的使用丰富程度来看，与两省乔木的分布正好相反。浙江共计 9 科 10 属 12 种，分别比福建的 5 科 6 属 6 种高 44.4%、40.0% 和 50.0%，说明在行道树的建设中，浙江比福建更注重灌木树种的使用。特别是浙江的富阳，灌木科、属、种的数量分别占两省总数量的 63.6%、53.3% 和 56.3%；但在福建的建瓯和浙江的安吉、衢州，灌木仅出现了 1 种，这也说明灌木树种的使用在不同区域分布极不均衡。

表 2-60 行道树分类组成比较

Tab. 2-60 The composition comparison of tree species classification with road forest

类型	项目		总计	福建					浙江				
				小计	宁德	建瓯	长汀	德化	小计	富阳	海盐	安吉	衢州
乔木	科	个	29	22	14	9	8	8	19	7	14	4	6
		%	100.0	75.9	48.3	31.0	27.6	27.6	65.5	24.1	48.3	13.8	20.7
	属	个	47	30	15	11	9	7	26	10	18	4	6
		%	100.0	63.8	31.9	23.4	19.1	14.9	55.3	21.3	38.3	8.5	12.8
	种	个	57	35	17	13	9	9	30	10	18	4	6
		%	100.0	61.4	29.8	22.8	15.8	15.8	52.6	17.5	31.6	7.0	10.5
		株数	775	245	72	95	52	26	530	105	288	40	97
灌木	科	个	11	5	2	1	2	3	9	7	5	1	1
		%	100.0	45.5	18.2	9.1	18.2	27.3	81.8	63.6	45.5	9.1	9.1
	属	个	15	6	2	1	2	4	10	8	5	1	1
		%	100.0	40.0	13.3	6.7	13.3	26.7	66.7	53.3	33.3	6.7	6.7
	种	个	16	6	2	1	2	4	12	9	5	1	1
		%	100.0	37.5	12.5	6.3	12.5	25.0	75.0	56.3	31.3	6.3	6.3
		绿篱种数	4	0	0	0	0	0	4	4	0	0	0
总计	种数		73	41	19	14	11	13	42	19	23	5	7

（二）乡村道路使用树种的特征比较

1. 常绿树种和落叶树种数量比较

福建和浙江两省的行道树中使用的常绿树种较多，常绿乔木占 69.7%，常绿灌木占 87.9%，这主要是闽浙地区地带植被都是亚热带常绿阔叶林，但无论是乔木还是灌木，福建的常绿树种株数与总株数的比例较浙江的低，其中常绿乔木低 8.2%，常绿灌木低 48.5%（表 2-61）。

表 2-61   行道树常绿树种与落叶树种数量比较

Tab. 2-61   The number comparison between evergreen and deciduous tree species with road forest

类型	项目		总计	福建	浙江
乔木	常绿	株数	540	157	383
		%	69.7	64.1	72.3
	落叶	株数	235	88	147
		%	30.3	35.9	27.7
灌木	常绿	株数	87	7	80
		%	87.9	46.7	95.2
	落叶	株数	12	8	4
		%	12.1	53.3	4.8

2. 新植与原有种植数量比较

为了解当前乡村道路林的建设情况，把 2003 年前栽植的定为前期种植树，把 2004 年以后的定为近期种植树。从表 2-62 可看出：两省前期种植乔木保留的株数比例较大，其中福建前期种植 161 株，占总株数的 65.7%，浙江前期种植乔木 292 株，占总株数的 55.1%。从比例看，福建前期种植乔木占总株数的比重较浙江高 10.6%。前期种植乔木树种占较大比例，大多是由于村民自发保护而保留下来的，也说明了村民对生活环境保护意识的提高，而灌木却是近期种植的较多，其中福建近期植树比例达 86.7%，浙江较福建高，达 89.3%。

表 2-62   行道树新植与原有种植数量比较

Tab. 2-62   The quantity comparison between new plants and original plants with road forest

类型	项目		总计	福建					浙江				
				小计	宁德	建瓯	长汀	德化	小计	富阳	海盐	安吉	衢州
乔木	小计		775	245	72	95	50	28	530	105	288	40	97
	前期	株数	453	161	47	77	24	13	292	101	165	2	24
		%	58.5	65.7	65.3	81.1	48.0	46.4	55.1	96.2	57.3	5.0	24.7
	近期	株数	322	84	25	18	26	15	238	4	123	38	73
		%	41.5	34.3	34.7	18.9	52.0	53.6	44.9	3.8	42.7	95.0	75.3
灌木	小计		100	15	3	1	3	8	84	25	19	1	39
	前期	株数	11	2	0	0	0	2	9	6	3	0	0
		%	11.0	13.3	0.0	0.0	0.0	25.0	10.7	24.0	15.8	0.0	0.0
	近期	株数	89	13	3	1	3	6	75	19	16	1	39
		%	89.0	86.7	100.0	100.0	100.0	75.0	89.3	76.0	84.2	100.0	100.0

3. 乡土树种与外来树种比较

乡土树种能更好地适应当地自然生态条件，对乡村行道树种的稳定和健康生长具有重要作用，同时，乡土树种具有当地地域景观特色和乡村文化特点，而适当应用外来树种可进一步丰富乡村道路的景观,对乡村道路起点缀作用。从调查结果看,福建乡村行道树使用的乡土树种以香樟、天竺桂、苦楝、桂花、女贞和绿竹等树种为主,浙江的乡村行道树使用的乡土树种主要以香樟、桂花、紫薇、桃、李和银杏等树种为主。从表2-63可看出:福建乡土树种比例达85.8%,浙江为60.7%,说明浙江引进的外来树种比例较福建高25.1%。在闽浙地区的乡村绿化建设中,村民一般会就地取材,不仅节约成本,而且由于乡土树种易栽培易管理,因此在行道树中占有较大比例。

就不同区域的调查统计情况来说,福建的德化和建瓯乡土树种所占比例最高,分别达94.1%和92.7%,浙江的富阳和海盐乡土树种占较大比重,但安吉行道树本来就少,且所调查的树种中,没有乡土树种出现,这反映了当前乡村道路林建设情况差异较大。

表2-63 行道树乡土树种与外来树种比较

Tab. 2-63 The ration comparison between native and foreign tree species with road forest

项目		福建					浙江				
---	---	宁德	建瓯	长汀	德化	总计	富阳	海盐	安吉	衢州	总计
总株数		75	96	55	34	260	130	307	41	136	614
乡土树种	株数	59	89	43	32	223	118	231	0	24	373
	%	78.7	92.7	78.2	94.1	85.8	90.8	75.2	0.0	17.6	60.7
外来树种	株数	16	7	12	2	37	12	76	41	112	241
	%	21.3	7.3	21.8	5.9	14.2	9.2	24.8	100.0	82.4	39.3

4. 按栽植时截干和管护截干统计

截干对树木形成自然树冠、树木健康及美观都有负面影响,栽植截干常与苗木来源有关,而管护截干主要体现经营者的理念。行道树在栽植和管护过程中,一方面是为了提高成活率以及受农村中设施(如电线等)的影响,另一方面也是受传统习惯的影响,对树木进行截干。从表2-64可看出,行道树在栽植时截干占有一定的比例,福建为16.5%,而浙江达50%,是福建的3倍。但两省管护截干都没有出现。由于城市中大苗移栽较普遍采用截干的做法,而福建和浙江两省,栽植截干比例出现较大的差异,主要是苗木的来源问题,浙江省政府2005年以来,开始了新农村绿色家园建设,苗木主要来源于城市绿化苗

表2-64 行道树栽植时截干比例与管护时截干比例比较

Tab. 2-64 The ration comparison between trees planting in stem cutting – off
and stem cutting – off during management with road forest

项目		福建					浙江				
---	---	宁德	建瓯	长汀	德化	总计	富阳	海盐	安吉	衢州	总计
总株数		75	96	55	34	260	130	307	41	136	614
栽植截干	株数	21	16	1	0	38	76	171	0	60	307
	%	28	16.7	1.8	0	14.6	58.5	55.7	0	44.1	50
管护截干	株数	0	0	0	0	0	0	0	0	0	0
	%	0	0	0	0	0	0	0	0	0	0

木，而福建没有在全省全面铺开，近期种植的苗木主要来源于林业造林的小苗或农民自发在山上挖来种植的苗木，因此种植截干比例差异较大；同时，乡村行道树种植后很少有经营管理，因此出现管护截干的比例也很小。

（三）生长结构分布特征

闽浙两省乡村行道树生长指标差异较大，无论是乔木或灌木，都是福建的乡村行道树偏大。行道树的直径、树高、冠幅和枝下高等指标，对乔木而言是福建比浙江分别高出6.4cm、2.5m、1.5m和0.7m，灌木在福建的分别是浙江的1.3、1.2、1和1.5倍。从两省各调查地来看（表2-65），福建宁德行道树的乔木胸径最大，达26.3cm，建瓯和长汀次之，德化最小；浙江按乔木胸径大小顺序排列为：富阳、海盐、衢州和安吉，其中安吉的行道树胸径最小，仅2.2cm。两省所使用的树种中，胸径大于20cm的，福建有苦楝、香樟、木麻黄、黄檀、柿树、小叶榕、天竺桂、隆缘桉等树种，而浙江有水杉、池杉、香樟、国槐、樱桃等树种。

两省行道树生长结构的差异主要是由于福建村庄行道树有较多为风水树，得到长期保护而保留下来，如榕树、樟树等，因此福建乡村行道树较大。

表2-65 行道树生长结构特征比较

Tab. 2-65 The comparison of growth structure of tree species under investigation with road forest

类型	生长结构	总平均	福建					浙江				
			平均	宁德	建瓯	长汀	德化	平均	富阳	海盐	安吉	衢州
乔木	胸径(cm)	12.2	16.1	26.3	10	13.8	7.7	9.7	12.8	11.4	2.2	4.2
	树高(m)	5.5	7.0	8.0	7.7	5.7	5.4	4.5	4.5	5.5	1.6	2.8
	冠幅(m)	3.4	4.3	7.0	3.4	2.8	2.3	2.8	3.1	3.2	1.2	1.8
	枝下高(m)	1.6	1.8	2.1	2.1	1.2	1.5	1.1	1.5	1.1	0.2	1.0
灌木	地径(cm)	2.7	3.0	3.0	2.0	5.5	2.1	2.3	3.3	1.6	1.1	2.0
	树高(m)	1.2	1.1	2.4	0.4	2	1.4	0.9	1.2	0.8	0.7	1.0
	冠幅(m)	0.9	0.9	1.6	0.8	1.6	0.9	0.9	1.3	0.7	0.7	0.9
	枝下高(m)	0.3	0.3	0.1	0.1	0.5	0.6	0.2	0.1	0.6	0.1	0.0

（四）树种频度分析

从两省乡村行道树频度最高的10个树种中，相同树种福建出现的频度都要高于浙江（表2-66）。在福建省，苦楝、天竺桂、香樟和桂花等树种在一半的调查村庄出现过。从浙江乡村行道树使用的株数比例来看，仅香樟株数占到了总株数的23.6%，说明浙江行道树比较集中于个别树种。

在闽浙地区使用的10种频率最高的乡村树种中，桂花和香樟在两省同时出现。可以看出，村民在选择行道树时有一定的倾向性。

表 2-66 行道树种频度比较

Tab. 2-66 The frequency comparison of tree species with road forest

福建				浙江			
频度最高的10个种树	频度	株数	占总株数比例(%)	频度最高的10个种树	频度	株数	占总株数比例(%)
苦楝	0.50	7	3.0	香樟	0.40	145	23.6
天竺桂	0.50	8	3.5	桂花	0.40	36	5.9
香樟	0.50	18	7.8	红花檵木	0.30	41	6.7
桂花	0.50	7	3.0	紫薇	0.30	45	7.3
女贞	0.38	10	4.3	桃	0.30	30	4.9
小蜡	0.38	3	1.3	黄杨	0.20	2	0.3
隆缘桉	0.25	4	1.7	柑橘	0.20	19	3.1
绿竹	0.25	3	1.3	金边黄杨	0.20	2	0.3
麻竹	0.25	3	1.3	李	0.20	5	0.8
杧果	0.25	2	0.9	银杏	0.20	2	0.3

闽浙地区乡村都有在村庄及其周围自觉种树的习惯，但福建省与浙江省相比较，浙江省已制定了相应的技术规范，而村庄道路绿化是其中最重要的内容。福建省政府尚未全面启动新农村人居环境的绿化工作，行道树主要还是村民自发或村委组织种植。

福建和浙江两省乡村行道树具有较明显相似性，物种都较为丰富，都以常绿和乡土树种为主，较能体现地带植物群落的特点，且两省前期种植的行道树比例都较高，人为截干和修剪的管护较少，与城市树木相比，处于一种较自然、健康的状态。但两省乡村人居林也具有一些差异，一是福建气候条件较为优越，树种资源较为丰富，所以乡村行道树资源也相对丰富一些；二是浙江省政府已全面启动新农村绿化建设工作，但福建省尚未全面启动和实施，因此，浙江省村庄行道树数量、新植的比例也明显比福建省多，种植也较整齐，但树种的选择相对集中于常绿树种；三是两省乡村人居林保护的风俗习惯有所不同。一直以来，福建全省都有保护乡村风水林和风水树的习惯，而浙江只有在浙西南有风水林和风水树，所以福建乡村行道树的胸径、树高等生长指标比浙江的要大。

四、乡村水岸树种结构特征比较

随着经济的发展，当前乡村生态环境有进一步恶化的趋势：水土流失日趋严重，土地荒漠化加速发展，水资源短缺，环境污染不断加深。水资源不仅是农业经济的命脉，而且是乡村景观构成中最生动和具有活力的要素之一（陈威，2007）。水岸林作为涵养水分、防止水土流失不可缺少的生态屏障，对乡村恶化的生态环境起到缓解和改善的作用。发展乡村水岸林，一方面可以为乡村增添更多景观，美化乡村人居环境，提高乡村人民生活水平；另一方面，改善乡村生态环境，特别是水土资源的保持，建立绿色屏障。通过对福建和浙江两省的水岸树种进行实地调查，分析了当前乡村水岸树种的结构特征并提出建议，为以后乡村人居林的发展，特别是水岸树种的选择和水岸林的营造提供参考。

（一）树种分类组成分布

表2-67是调查树种的分类组成，两省在水岸林的营造中使用的树种共计89种，其中乔木树种有77种，占总树种的86.5%，灌木树种相对较少，而藤本在水岸林中极少见。在福建调查的水岸林乔木株数为421株，分属24科29属40种，浙江为747株，共计27科42属50种，两省水岸林中使用的乔木树种分布在34科56属77种中。使用的灌木树种共计9科11属12种，其中福建2科2属2种，浙江7科9属10种。藤本仅在浙江有发现，共计1种。

从乔木树种的统计情况来看，浙江使用的乔木树种更为丰富，科、属和种个数分别比福建多出3个、13个和10个。按其与总数的比例看，分别比福建高出8.8%、23.2%和13%。就浙江省的调查情况来说，海盐和安吉在水岸林的营造中，乔木树种丰富度较富阳和衢州高；从福建省的情况看，德化使用的乔木树种最为丰富，达22种，占两省总种数的28.6%，长汀最少，仅3种，占5.4%。

两省使用的灌木树种并不多，浙江共计10种，而福建仅有2种灌木树种出现，从丰富度上来说，浙江远远大于福建。按各个调查区域统计后得出，浙江每个区域都有少量的灌木树种出现，但在福建，仅仅在德化有2种灌木树种被使用。

通过调查发现，藤本在水岸林的营造中，福建基本没有，仅在浙江出现了1种，无论是从物种丰富程度，还是数量上，都远远不够。

表2-67　水岸林树种分类组成
Tab. 2-67　The composition of tree species with waterside forest

类型	项目		总计	福建					浙江				
				平均	宁德	建瓯	长汀	德化	平均	富阳	海盐	安吉	衢州
乔木	科	个	34	24	11	14	3	13	27	13	17	18	15
		%	100.0	70.6	32.4	41.2	8.8	38.2	79.4	38.2	50.0	52.9	44.1
	属	个	56	29	12	15	3	18	42	16	23	25	18
		%	100.0	51.8	21.4	26.8	5.4	32.1	75.0	28.6	41.1	44.6	32.1
	种	个	77	40	13	16	3	22	50	16	24	26	19
		%	100.0	51.9	16.9	20.8	3.9	28.6	64.9	20.8	31.2	33.8	24.7
		株数	1168	421	60	55	11	295	747	63	275	382	27
灌木	科	个	9	2	0	0	0	2	7	2	3	4	1
	属	个	11	2	0	0	0	2	9	2	3	5	1
	种	个	12	2	0	0	0	2	10	2	3	5	1
		绿篱种数	1	0	0	0	0	0	1	1	0	0	0
藤本	科	个	1	0	0	0	0	0	1	1	0	0	0
	属	个	1	0	0	0	0	0	1	1	0	0	0
	种	个	1	0	0	0	0	0	1	1	0	0	0
总计	种数		89	42	13	16	3	24	61	19	27	31	20

(二)水岸林使用树种的特征比较

1. 常绿树种和落叶树种数量比较

就福建和浙江水岸树种的调查情况看(表2-68),无论乔木还是灌木,总的数量上常绿树种都大于落叶树种。两省水岸乔木常绿树株数共计678株,落叶树株数总计490株,其中福建常绿乔木315株,占74.8%,在数量上远远超过落叶树种。浙江常绿乔木363株,占48.6%,比落叶树种384株略少。

灌木树种在水岸林中的比例很小,其中常绿树种共47株,占54.7%,落叶树种39株,占45.3%。但福建的灌木树种仅有2株,而浙江共84株,无论在数量上还是物种丰富度上都远远大于福建。

表2-68 水岸林常绿树种与落叶树种数量统计

Tab. 2-68 The number statistics of evergreen and deciduous tree species with waterside forest

类型		项目	总计	福建	浙江
乔木	常绿	株数	678	315	363
		%	58.0	74.8	48.6
	落叶	株数	490	106	384
		%	42.0	25.2	51.4
灌木	常绿	株数	47	1	46
		%	54.7	50.0	54.8
	落叶	株数	39	1	38
		%	45.3	50.0	45.2

可以看出,无论乔木还是灌木,在水岸林营造中注重了常绿树种与落叶树种的搭配。但总的来看,可以发现乡村水岸树种乔灌搭配的不合理,从福建省的调查数据来看,几乎没有灌木,而藤本更是少见。

2. 按新植种和原有种分类

通过原有树种和新植树种的统计,以了解水岸林近几年的发展状况。调查时把5年前种植的作为原有的,近5年的作为新种植树木。从表2-69可以看出新植乔木较原有树种少,总计原有乔木株数为923株,占79%,新植245株,占21%。而对灌木的统计发现,与乔木正好相反,新植的比例较大,虽然总的株数并不多,两省总计新植81株,但说明人们对水岸林越来越重视,也意识到灌木在水岸林中发挥的重要作用。藤本植物仅在浙江有少量出现。

浙江原有保留乔木树种数量较多,占株数的85.1%,比福建高出16.9%。福建水岸林中的灌木也少于浙江,有些区域的水岸林中几乎没有灌木的出现。而浙江调查的有84株灌木,闽浙两省都有相当数量的新植树种,这与当地人们保护生态环境意识的提高是分不开的。

表 2-69　水岸林新植树种与原有树种数量统计

Tab. 2-69　The quantity statistics of new plants and original plants with waterside forest

类型	项目	总计	福建					浙江				
			平均	宁德	建瓯	长汀	德化	平均	富阳	海盐	安吉	衢州
乔木	总株数	1168	421	60	55	11	295	747	63	275	382	27
	原有种株数	923	287	48	31	10	198	636	60	174	376	26
	%	79.0	68.2	80.0	56.4	90.9	67.1	85.1	95.2	63.3	98.4	96.3
	新植种株数	245	134	12	24	1	97	111	3	101	6	1
	%	21.0	31.8	20.0	43.6	9.1	32.9	14.9	4.8	36.7	1.6	3.7
灌木	总株数	86	2	0	0	0	2	84	2	62	19	1
	原有种株数	5	1	0	0	0	1	4	2	1	1	0
	%	5.8	50.0	0	0	0	50.0	4.8	100.0	1.6	5.3	0
	新植种株数	81	1	0	0	0	1	80	0	61	18	1
	%	94.2	50.0	0	0	0	50.0	95.2	0.0	98.4	94.7	100.0
藤本	总株数	2	0	0	0	0	0	2	1	1	0	0
	原有种株数	1	0	0	0	0	0	1	1	0	0	0
	%	50.0	0	0	0	0	0	50.0	100.0	0.0	0	0
	新植种株数	1	0	0	0	0	0	1	0	1	0	0
	%	50.0	0	0	0	0	0	50.0	0	100.0	0	0

3. 按乡土树种和外来树种分类

无论从生态学的角度，还是从经济成本来考虑，在乡村绿化中，都应以乡土树种为主。由于乡土树种经过长期的自然选择，对本地气候、土壤环境等具有极大的生态适应性。从调查的情况看（表 2-70），当前乡村水岸树种中，乡土树种占优势，如福建调查乡土树种株数达 405 株，占总株数的 95.7%，浙江乡土树种共计 687 株，占调查株数的 82.5%。

虽然在浙江乡土树种的数量比福建多，但比例却比福建低 13.2%。分区域的统计发现，每个地区比例有所不同，如在福建建瓯和长汀，几乎只有乡土树种，而在浙江，每个

表 2-70　水岸林乡土树种与外来树种数量统计

Tab. 2-70　The number statistics of native and foreign tree species with waterside forest

项目		福建					浙江				
		宁德	建瓯	长汀	德化	总计	富阳	海盐	安吉	衢州	总计
总株数		60	55	11	297	423	66	338	401	28	833
乡土树种	株数	59	55	11	280	405	22	311	346	8	687
	%	98.3	100.0	100.0	94.3	95.7	33.3	92.0	86.3	28.6	82.5
外来树种	株数	1	0	0	17	18	44	27	55	20	146
	%	1.7	0.0	0.0	5.7	4.3	66.7	8.0	13.7	71.4	17.5

地区的水岸林都有外来树种，比例最大的在富阳，外来树种占66.7%，超过了乡土树种的数量。乡村水岸林中乡土树种比例较高，一方面因为乡土树种在长期的栽培实践中，积累了丰富的管理经验，栽培后便于管理，见效快；另一方面乡土树种种源比较丰富，栽植易成活，成本低，效率高。

4. 按栽植时截干和管护截干统计

由表2-71可见，福建水岸林树种栽植时截干的株数占11%，浙江的比例和福建相差无几，栽植时截干占总株数10.7%。但管护时截干的比例浙江比福建高2.3%，福建的水岸林树种管护截干的数量极少。

表2-71 水岸林栽植时截干比例与管护时截干比例比较

Tab. 2-71 The ration comparison between trees planting in stem cutting – off and stem cutting – off during management with waterside forest

项目		福建					浙江				
		宁德	建瓯	长汀	德化	总计	富阳	海盐	安吉	衢州	总计
总株数		60	55	11	297	423	66	338	401	28	833
栽植	株数	0	1	0	45	46	0	89	0	0	89
截干	%	0.0	1.8	0.0	15.2	10.9	0.0	26.3	0.0	0.0	10.7
管护	株数	0	1	0	0	1	1	4	16	0	21
截干	%	0.0	1.8	0.0	0.0	0.2	1.5	1.2	4.0	0.0	2.5

（三）生长结构分布

在对水岸树的每木检尺中，详细调查了胸径、树高、冠幅、枝下高，以对乡村水岸树的生长情况有个总体的认识。调查发现（表2-72），两省水岸林乔木的平均胸径12.2cm，树高8.6m，冠幅3.3m，枝下高为2.5m；灌木地径为4.5cm，树高2.7m。

福建省的水岸林乔木胸径13.4cm，树高9.9m，冠幅4.0m，枝下高2.9m，分别比浙江高出25.2%、43.5%、66.7%和52.6%；灌木地径为6cm，树高3.5m，几乎为浙江的两倍。总的来看，福建水岸林的生长状况较浙江良好，水岸林更为成熟。

表2-72 水岸林树种生长结构特征比较

Tab. 2-72 The comparison of growth structure of tree species with waterside forest

类型	生长结构	总平均	福建					浙江				
			宁德	建瓯	长汀	德化	总计	富阳	海盐	安吉	衢州	总计
乔木	胸径(cm)	12.2	13.4	23.0	19.2	31.0	9.6	10.7	17.8	10.3	8.1	33.1
	树高(m)	8.6	9.9	13.0	7.4	7.3	9.9	6.9	11.3	6.6	6.1	9.8
	冠幅(m)	3.3	4.0	8.4	4.7	7.5	2.8	2.4	3.1	2.6	1.9	6.7
	枝下高(m)	2.5	2.9	4.6	2.1	1.5	2.8	1.9	1.8	2.3	1.6	2.5
灌木	地径(cm)	4.5	6	0	0	0	6	3.1	/	2.3	3.1	3.6
	树高(m)	2.7	3.5	0	0	0	3.5	1.7	1.6	1.7	1.6	2.0
	冠幅(m)	/	/	0	0	0	/	1.3	1.3	1.4	1.6	1.1
	枝下高(m)	/	/	0	0	0	/	0.7	/	0.7	0.5	1.0

（四）树种频度分析

通过频度统计可以看出（表2-73），浙江除了第一个树种出现频度比福建略高以外，其他树种分别比福建低0.07、0.01、0.10、0.18和0.04。在福建频度最高的10个树种中，毛竹的数量最多，达151株，占总株数的36%，而在浙江，株数最多的树种是柳树，共89株，占总株数的10.7%。枫杨、朴树、香樟是福建和浙江共有的频度最高的水岸树种，这3种树种在福建和浙江广有分布，为乡土树种，同时也说明人们对水岸绿化树种的选择有着共同之处，但在所有频度最高的树种中，大多都为常绿乔木，落叶树种和灌木偏少，从生态的角度来说，树种结构不合理仍是在营造水岸林时需要改进的问题。

表2-73 水岸树种频度的比较

Tab. 2-73 The frequency comparison of tree species with waterside forest

福建				浙江			
频度最高的10种树	频度	株数	占总株数比例（%）	频度最高的10种树	频度	株数	占总株数比例（%）
枫杨	0.57	33	7.9	苦楝	0.67	13	1.6
朴树	0.57	9	2.1	香樟	0.5	7	0.8
乌桕	0.57	10	2.4	柳树	0.5	89	10.7
南岭黄檀	0.57	23	5.5	朴树	0.42	26	3.1
枫香	0.43	14	3.3	水杉	0.42	48	5.7
香樟	0.43	15	3.6	黄檀	0.33	6	0.7
绿竹	0.43	37	8.8	女贞	0.33	13	1.6
柿树	0.43	6	1.4	枫杨	0.33	13	1.6
毛竹	0.43	151	36	池杉	0.25	44	5.3
木荷	0.29	3	0.7	榔榆	0.25	11	1.3

乡村整体经济水平有了质的飞跃，但与之相随的不良问题也日渐凸现，乡村的生态环境有进一步恶化的趋势。水岸树作为防止水土流失、涵养水源的生态屏障，其作用是显著的。因此，水岸树种的合理选用对改善乡村生态环境、人居环境、美化乡村景观都有重要作用。根据对福建、浙江两省乡村水岸林的调查结果，针对当前乡村水岸林的特点和乡村水岸林发展中的不足，对以后水岸林的建设和水岸林树种的选择提出以下建议：

（1）适地适树的原则 在选用水岸林树种时，尽量选用易于成活、生长良好、生命期长的当地适生树种，特别是要有喜湿等特点。任何植物的生长都与周围环境条件有着密切的联系，因此，选择水岸树时一定要考虑水岸小环境的特点与植物的适应性，掌握各树种生物学特性与环境因子的相互关系，摸清生境特点，选择适合水岸种植的优良树种作为水岸树种。

（2）坚持生态效益优先的原则 水岸林作为乡村水源的绿色屏障，具有固定水土、保护边坡的作用，同时对维护水岸生态系统的稳定具有重要作用。在树种选择时，应选用根系发达的乔灌树种，同时地表以藤本或草本覆盖，以保持水土、涵养水源。

（3）体现水岸林的景观效益 在植物配置时，树种不能过于单一，要注意乔灌藤的搭配，最大限度地体现乡村的自然特色和乡土气息。要充分利用植物物候的变化，通过合理的布局，形成不同的季相特色，组成富有四季特色的水岸景观。

（4）兼顾经济效益 水岸树种可以选择乡土的经济树种，如果树、用材树种等。一方面可以借助当地较丰富的资源及成熟的栽培技术，减少营建和养护成本；另一方面可以在改善环境的同时，提高乡村的收入水平。

（5）尊重村民意愿，重视公众参与 乡村人居林建设就是要从村民的实际需求出发，改善乡村的生态环境，提高村民的生活水平。当然，在目前乡村建设中，公众参与还只能停留在低层次的水平，其作用是更多的了解乡村居民的想法和意愿（叶功富，2004）。因此，在建设过程中，必须了解乡村文化，要满足乡村需求，避免片面追求景观效果而不利乡村的发展。

五、不同组分乡村人居林结构特征比较

乡村人居林主要分布在村民居住活动区及其周围人为活动频繁的区域，与村民身心健康和居住环境息息相关，它是新农村生态环境的基础，也是新农村经济建设的重要组成部分。中国提出建设社会主义新农村后，乡村人居林已经成为新农村建设的重要内容之一。然而，当前围绕乡村居住区范围的绿化研究较少，过去关于乡村绿化的研究较多侧重于某方面技术、经济效益或其他方面的一些经验总结和探讨，对一定区域乡村绿化植物材料的选择和使用的研究颇少。部分地方政府在开展乡村绿色家园建设时，没有从乡村的特点出发进行绿化建设，盲目、轻率地照搬城市绿化的植物材料和建设技术，片面追求视觉效果，破坏了乡村原来的景观和文化，使乡村绿化建设进入误区。福建和浙江两省毗邻，同属东南沿海地区，农村居住人口密度较大，经济发展较快，过去农村都有种植人居林习惯，但两省地理纬度、气候资源和经济社会情况不同。立足于闽浙两省，针对乡村绿化树种资源不清和绿化建设技术支撑不足的问题，系统开展乡村人居林树种资源调查，比较分析其组成结构特征，为乡村人居林树种选择与配置提供依据。

（一）树种分类组成分布

两省人居林，树种组成较为丰富，乔木树种调查了5313株，共有201种，分布于61科130属；灌木树种调查了1005株（丛），共有76种，分布于34科52属（表2-74）。

从乡村人居林不同组分角度看树种组成结构，两省都呈现较为一致的变化趋势，都以庭院树种的组成最为丰富，游憩林和水岸林次之，而道路林树种种类最少。从乔木树种与各省所调查总量比例看，以科、属、种考虑，庭院林树种福建分别达76.47%、68.37%和64.83%，浙江分别为76.60%、65.79%和62.04%；而庭院灌木树种科、属、种比例，福建分别达74.07%、74.29%、52.30%，浙江分别为48.65%、38.89%、41.83%。两省乡村人居林树种最不丰富的为道路林树种，乔木树种中，福建道路林树种科、属、种分别只占本省总量的43.14%、30.61%和24.14%，浙江的分别为40.43%、34.21%和27.78%；

表 2-74　树种分类的分布

Tab. 2-74　The species distribution of taxonomy

地点	类型	乔木					灌木				
		科数	属数	种数	株数	株数比例	科	属	种数	株数	株数比例
福建	庭院	39	67	94	1053	52.9	16	20	26	148	52.3
	道路	22	30	35	245	12.3	5	6	6	15	5.3
	水岸	24	29	40	421	21.2	2	2	2	2	0.7
	游憩	33	45	50	271	13.6	11	11	11	118	41.7
	小计	51	98	145	1990	100.0	21	27	35	283	100.0
浙江	庭院	36	50	67	1376	41.4	16	18	21	302	41.8
	道路	19	26	30	530	15.9	9	10	12	84	11.6
	水岸	27	42	50	747	22.5	7	9	10	84	11.6
	游憩	29	38	47	670	20.2	16	21	26	252	34.9
	小计	47	76	108	3323	100.0	27	37	54	722	100.0
总计		61	130	201	5313	/	34	52	76	1005	/

注：比例为占所调查的省份乡村人居林总株(丛)数百分比，单位:%，以下各表同。

灌木树种中，道路林科、属、种比例，福建分别为 23.81%、22.22% 和 17.14，而浙江为 33.33%、27.03% 和 22.22%。

从所调查的数量看，乔木和灌木在闽浙两省都是庭院林数量最多，乔木树种，福建和浙江比例分别为 52.9% 和 41.4%，灌木分别占 52.3% 和 41.8%；而道路林、水岸林和游憩林 3 种人居林数量的排序有所不同，乔木树种中，福建和浙江由大至小的排序为水岸林、游憩林和道路林，灌木树种，福建和浙江的排序为游憩林、水岸林和道路林。

从两省比较看，乔木以福建省树种较为丰富，比浙江的高出 4 科、22 属和 37 种。而灌木树种中，以浙江的较为丰富，比福建高出 13 科、25 属和 19 种。

(二) 生长结构分布特征比较

1. 生长指标比较

福建与浙江两省乡村人居林生长差异较大，从乔木树种生长平均指标看，福建乡村人居林树种胸径、树高、冠幅和枝下高等指标都明显比浙江的大，分别是浙江的 1.74 倍、1.42 倍、1.48 部和 1.37 倍；而灌木树种生长指标差异较小，福建乡村人居林的地径、树高、冠幅和枝下高分别是浙江的 0.97、1.23、1.00 和 1.25 倍。从不同组分乡村人居林胸径生长指标看，福建省乡村人居林乔木从大至小的排序为游憩林、道路林、庭院林和水岸林，而浙江的由大至小的排序为水岸林、道路林、庭院林和游憩林；灌木树种由大至小的排序，福建省为水岸林、庭院林、游憩林和道路林，而浙江的为庭院林、游憩林、水岸林和道路林(表 2-75)。

表 2-75　乡村人居林树种生长指标

Tab. 2-75　The species growth index of village human habitat forest

地点	类型	乔木				灌木			
		胸径 （cm）	树高 （m）	冠幅 （m）	枝下高 （m）	地径 （cm）	树高 （m）	冠幅 （m）	枝下高 （m）
福建	平均	15.1	8.4	3.7	2.6	3.8	1.6	1.2	0.5
	庭院	13.7	8.3	3.2	3.4	4.2	2.3	1.7	0.5
	道路	16.1	7.0	4.3	1.8	3.0	1.1	0.9	0.3
	水岸	13.4	9.9	4.0	2.9	6.0	3.5	/	/
	游憩	23.4	7.5	3.8	2.6	3.7	1.0	0.8	0.5
浙江	平均	8.7	5.9	2.5	1.9	3.9	1.3	1.2	0.4
	庭院	7.9	6.0	2.1	2.6	4.3	1.3	1.1	0.4
	道路	9.7	4.5	2.8	1.1	2.3	0.9	0.9	0.2
	水岸	10.7	6.9	2.4	1.9	3.1	1.7	1.3	0.7
	游憩	8.3	5.3	3.3	2.1	4.2	1.3	1.3	0.5

2. 乔木树种径阶结构比较

植物材料的选择是当前乡村绿化的关键技术，乔木树种是乡村人居林的主要组成部分。从福建和浙江两省乡村人居林胸径结构看（表2-76），总体上呈现小径阶至大径阶乔木株数比例逐渐减少的趋势。福建省4个组分乡村人居林胸径大于10cm的乔木比例，分别比浙江的高出5.70、8.63、7.55和0.87个百分点；从10.0～19.9cm、20.0～29.9cm和30cm径阶以上3个径阶组乔木占本省乔木总量的比例看，福建省的分别占5.23%、2.51%和3.82%，浙江省的分别占3.76%、1.78%和1.11%，这说明福建省乡村人居林大胸径乔木比例较高。

从不同组分乡村人居林比较看，两省胸径10.0 cm以上乔木林总共只占8.49%，庭院林、道路林、水岸林和游憩林分别占3.87%、0.87%、2.45%和1.39%；其中，庭院林、道路林、水岸林胸径在10.0～19.9cm之间占的比例最大，分别是20.0cm径阶的2.76、2.33和1.43倍，是胸径为30.0cm以上的2.69、2.88和2.13倍；游憩林以胸径30.0cm以上占的比例较大，分别是胸径为10.0～19.9cm和20.0～29.9 cm的1.22倍和2.38倍。这说明两省乡村人居林的乔木树种以小径阶为主，为了充分发挥乡村人居林的功能，还有待于进一步保护和培育。

从两省乡村人居林10.0cm以上径阶乔木看，随着径阶增大，乔木种类有减少的趋势。其中，10cm径阶组，福建省庭院林和道路林乔木树种分别达41.49%和40.00%，浙江的庭院林和水岸林乔木树种也分别达44.78%和53.19%；20 cm径阶组，乔木树种比例最高的为浙江的水岸林，为34.04%，最低的为福建游憩林，只占10.00%；30cm以上径阶组，乔木树种比例差异较大，最高的为福建水岸林，达34.00%，其次为福建庭院林、福建游憩林和浙江游憩林，分别为25.33%、25.00%和24.00%，比例最小的为浙江道路林，只占6.67%。

乡村中大径阶树种经过多年的生长，生长较为稳定，适应乡村人居环境，是乡村人居林树种选择的重要依据。经调查统计，两省胸径30cm以上的树种如下：

福建乡村庭院林乔木树种有小叶榕、银杏、香樟、椤木石楠、闽楠、乌桕、柿树、丝栗栲、水杉、木荷、青冈栎、猴欢喜、枫香、窿缘桉、南洋楹、木麻黄、江南油松、苦楝、龙眼、香叶树、蚊母树、红豆杉、杉木、板栗等24种；道路林树种有小叶榕、苦楝、黄檀、红豆树、窿缘桉、三球悬铃木、木麻黄等7种；游憩林有闽楠、香樟、野核桃、小叶榕、南酸枣、拉氏栲、细柄阿丁枫、猴欢喜、朴树、桂北木姜子、南岭栲、红豆杉、蚊母树、椤木石楠、枫香、皇后葵、桂花等17种；水岸林有香樟、朴树、小叶榕、香樟、苦楝、板栗、枫香、黄连木、枫杨、柿树等10种。

浙江乡村庭院林乔木树种有板栗、七叶树、国槐、香椿、水杉、泡桐、柿树等7种；道路林只有水杉和榆树2种；游憩林有香樟、枫杨、水杉、榔榆、喜树等5种；水岸林有香樟、枫杨、枣树、黄连木、枫杨、板栗、榔榆、糙叶树、水杉、锥栗、臭椿、朴树等12种。

乡村人居林30cm以上的树种，主要都是当地的乡土树种，在村庄中生长期一般都在40年以上，是村民长期自觉保护而留存下来的，经受了极端气候条件和乡村各种干扰的考验，具有较强的适应能力，是今后乡村人居林建设中植物材料选择的重要依据。

表2-76 乔木树种径阶分布

Tab. 2-76 The arbor distribution of D. B. H group

地点	类型	10.0~19.9 cm					20.0~29.9 cm					30.0cm 以上				
		平均胸径（cm）	株数	株数比例（%）	种数	种数比例（%）	平均胸径（cm）	株数	株数比例（%）	种数	种数比例（%）	平均胸径（cm）	株数	株数比例（%）	种数	种数比例（%）
福建	庭院	14.0	62	5.89	39	41.49	23.2	24	2.28	21	22.34	50.3	34	3.23	24	25.53
	道路	13.9	17	6.94	14	40.00	23.0	5	2.04	5	14.29	46.0	7	2.86	7	20.00
	水岸	12.7	14	5.17	12	24.00	23.16	17	6.27	12	24.00	59.4	21	7.75	17	34.00
	游憩	12.5	11	2.61	11	27.50	23.3	4	0.95	4	10.00	54.9	14	3.33	10	25.00
浙江	庭院	14.1	54	3.92	30	44.78	23.8	18	1.31	16	23.88	43.1	9	0.65	7	10.45
	道路	14.1	9	1.70	7	23.33	20.7	6	1.13	6	20.00	35.5	2	0.38	2	6.67
	水岸	14.9	46	6.87	25	53.19	23	25	3.73	16	34.04	35.1	7	1.04	5	10.64
	游憩	14.2	16	2.14	14	28.00	22.4	10	1.34	9	18.00	50.3	19	2.54	12	24.00

注：株数比例为省内乡村人居林株数百分比

（三）乡村人居林数量结构特征比较

1. 常绿树种和落叶树种数量比较

两省的各类乡村人居林中，都以常绿树种占绝大多数，总体上，福建和浙江两省常绿树种分别占本省株数71.1%和66.0%，但两省各组分乡村人居林常绿和落叶树种数量的比例有所差异。福建省是水岸＞庭院＞游憩＞道路，比例分别是2.95、2.85、1.72和1.71；而浙江省的变化趋势有所不同，乡村水岸林常绿树种的比例比落叶树种低，只有0.97，其他的比例由高至低分别是道路林、庭院林和游憩林，分别为3.07、2.80和1.55（表2-77）。

2. 新植树与原植树数量比较

为了比较闽浙地区乡村人居林的建设情况，把2003年前种植的划为原植的，2003年以后种植的划为新近种植的。总体上看，两省乡村人居林原植树的数量比例较大，福建和浙江新近种植数量只占原有的 63.32% 和 62.78%。但是，不同组分的比例差异较大，福建省乡村游憩林新植的数量是原植树的 2.44 倍，而道路、水岸和庭院分别只有原植树数量的 59.51%、46.88% 和 45.22%；浙江省乡村游憩树种、乡村道路林新植的数量是原植树的 2.35 倍和 1.04 倍，而庭院和水岸新植树只有原植树数量的 32.23% 和 29.84%（表2-77）。

3. 乡土树种与外来树种比较

乡土树种使用的比例是反映乡村人居林健康程度和乡土文化传承的重要指标之一。从总体看，闽浙两省乡村人居林乡土树种使用较多，福建占 85.6%，浙江占 76.0%。闽浙两省的不同组分乡村人居林乡土树种和外来树种的比例差别较大，福建省比例从高到低排序为水岸林、道路林、庭院林和游憩林，分别为 22.50、6.03、5.16 和 3.99；而浙江的从高到低排序为庭院林、水岸林、游憩林和道路林，比例分别为 4.91、4.73、2.07 和 1.55（表2-77）。

4. 按栽植时截干和管护截干统计

闽浙两省乡村人居林树种中，无论是栽植截干还是管护截干比例都较低，但两省比较，福建截干比例较低，浙江的栽植截干和管护截干比例分别是福建省的 2.4 倍和 8.6 倍。乡村人居林的截干主要是栽植截干，福建和浙江分别为 6.6% 和 16.0%，而管护截干的比例较小，两省分别只有 0.4% 和 3.0%（表2-77）。从乡村人居林不同组分看，福建和浙江都是道路林和游憩林截干比例较大，而其他组分截干的比例都较小。

表 2-77 乡村人居林树种组成特征

Tab. 2-77 The characteristics of village human habitat forest

| 地点 | 类型 | 常绿与落叶 | | | | 种植时期 | | | | 树种来源 | | | | 截干情况 | | | |
| | | 常绿 | | 落叶 | | 新植 | | 原有 | | 乡土 | | 外来 | | 栽截 | | 管截 | |
		株数	%	株数	%	株数	%	株数	%	株数	%	株数	%	株数	%	株数	%
福建	庭院	889	39.1	312	13.7	374	16.5	827	36.4	1006	44.3	195	8.6	18	0.8	7	0.3
	道路	164	7.2	96	4.2	97	4.3	163	7.2	223	9.8	37	1.6	38	1.7	0	0.0
	水岸	316	13.9	107	4.7	135	5.9	288	12.7	405	17.8	18	0.8	46	2.0	1	0.0
	游憩	246	10.8	143	6.3	276	12.1	113	5.0	311	13.7	78	3.4	48	2.1	0	0.0
	小计	1615	71.1	658	28.9	882	38.8	1391	61.2	1945	85.6	328	14.4	150	6.6	8	0.4
浙江	庭院	1236	30.6	442	10.9	409	10.1	1269	31.4	1394	34.5	284	7.0	35	0.9	101	2.5
	道路	463	11.4	151	3.7	313	7.7	301	7.4	373	9.2	241	6.0	307	7.6	0	0.0
	水岸	409	10.1	422	10.4	191	4.7	640	15.8	686	17.0	145	3.6	89	2.2	21	0.5
	游憩	560	13.8	362	8.9	647	16.0	275	6.8	622	15.4	300	7.4	216	5.3	1	0.0
	小计	2668	66.0	1377	34.0	1560	38.6	2485	61.4	3075	76.0	970	24.0	647	16.0	123	3.0

注：株数比例为省内乡村人居林株数百分比。

（四）树种频度分析

福建省的乡村人居林，庭院林树种有柿树、枇杷、桃、棕榈、绿竹、梨、苦楝、香樟和天竺桂；道路林树种有苦楝、天竺桂、香樟、桂花、女贞、小蜡、窿缘桉、绿竹、麻竹和杧果；水岸林树种有枫杨、朴树、乌桕、南岭黄檀、枫香、香樟、绿竹、柿树、毛竹和木荷；游憩林树种有香樟、桂花、小叶榕、枫香、黄金假连翘、椤木石楠、天竺桂、小蜡和紫薇；福建省各类型人居林树种进行综合统计，出现频度最高的 10 个树种为绿竹、柿树、梨、桂花、桃树、天竺桂、苦楝、枇杷、棕榈和香樟。

浙江省的乡村人居林，庭院树种有枇杷、石榴、桂花、桃树、枣树、柿树、紫薇、哺鸡竹、茶花和香樟；道路林树种有香樟、桂花、红花檵木、紫薇、桃树、大叶黄杨、柑橘、金边黄杨、李、银杏；水岸林树种有苦楝、香樟、柳树、朴树、水杉、黄檀、女贞、枫杨、池杉和榔榆；游憩林树种有桂花、香樟、红花檵木、茶花、杜鹃、紫薇、紫叶李、龙爪槐、雀舌黄杨和银杏；浙江省各类型乡村人居林树种进行综合统计，出现频度最高的 10 个树种为桂花、香樟、枇杷、桃树、石榴、紫薇、枣树、柿树、柳树和哺鸡竹。

从两省出现频度最高的 10 个树种看，只有香樟在各组分中都同时出现，福建省香樟的频度为 0.43，占福建调查株数的 5.4%，而在浙江出现的频度为 0.78，占调查株数的 6.1%。另外，在 3 个组分中同时出现的，福建省是桂花和天竺桂，其频度分别为 0.52、0.48，分别占本省人居林总株数的 1.7% 和 3.4%；浙江省是桂花和紫薇，其频度分别为 0.83 和 0.61，分别占本省人居林总株数的 3.6% 和 3.3%。

总体上，福建与浙江两省乡村人居林生长差异较大，福建乡村人居林乔木和灌木的直径、树高、冠幅和枝下高等指标都明显比浙江的大。两省份乡村人居林随径阶的增大，乔木树种株数比例和物种比例都呈现下降的趋势，30.0cm 以上径阶的乔木树种都是乡土树种。在频度最高的 10 个树种中，只有香樟在两省各组分中同时出现，出现在 3 个组分的，福建省有桂花和天竺桂，浙江有桂花和紫薇。

福建和浙江两省乡村人居林具有较大相似性，两省农村都有在庭院及其四周种树的习惯。2003 年以前种植的树木，大部分都是农民自发种植，就地取材，以乡土、果树及传统上具有较高观赏价值的树种为主，物种都较为丰富，较能体现地带植物群落的特点。并且较少树木有人为截干和修剪管护，与城市树木相比，处于一种较自然、健康的状态。但两省乡村人居林也具有一些差异，主要是福建有保护乡村风水林和风水树的习惯，而风水树多是古树、大树，经常是村民的游憩场所，其历史悠久，而浙江只有在浙西南有风水林和风水树。因此，福建乡村人居林胸径、树高等指标都明显比浙江的大。

第3章
CHAPTER 3

乡村人居林建设需求分析
——以福建省为例

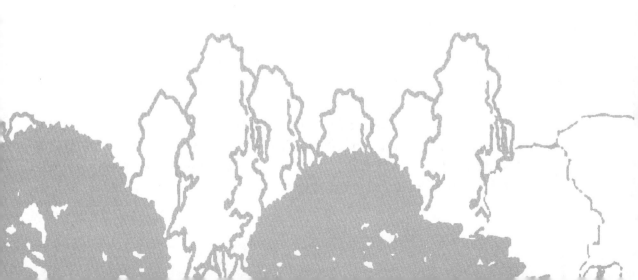

为了掌握村民对于乡村人居林的社会需求情况，采用问卷调查的方式对福建省村民进行了问卷调研。调查点的选取与实地调查方法相同，首先在福建省按东、南、西、北4个方位选择5个市，分别是北部南平市、东部福州市、西部龙岩市、南部漳州市和厦门市。在5个市样本中采取等距抽样方法抽取4个县，在每个县按线性随机抽取5个村，而在每个村随机抽取村民，按照每村样本量30份左右开展问卷调查，样本总量2712份，经过逻辑检验与筛选，有效问卷2486份，有效率91.67%，调查问卷基本分布情况见表3-1。问卷调查内容主要涉及需求意愿(绿化现状满意度、对绿化认识和态度)、需求内容、需求制约因素、未来做法等内容。

表3-1 调查问卷基本分布情况
Tab. 3-1 The basic distribution of questionnaire

项目	类别	样本量	比例(%)	类别	样本量	比例(%)
性别	男	1668	67.09	女	818	32.91
年龄	18~30岁	641	25.80	30~40岁	714	28.73
	40~50岁	580	23.35	50~60岁	323	12.93
	60岁以上	228	9.19			
经济收入	500元以下	700	28.15	500~800元	513	20.63
	800~1000元	446	17.94	1000~1200元	311	12.51
	1200~1500元	211	8.49	1500元以上	305	12.29
教育程度	文盲	131	5.27	小学	549	22.06
	初中	1208	48.61	高中或技校	483	19.43
	大专	76	3.06	本科及以上	39	1.57

第一节 乡村人居林建设需求意愿

一、村民对于绿化现状的满意度

从村民对于绿化现状总体满意度来看，认为很满意和基本满意的仅占一半，53.27%，而认为不满意和很不满意的占20.17%(表3-2)，即每5个人中就有1个不满意当前的绿化现状，说明村民对于现阶段村庄绿化满意程度不高，急需开展乡村人居林建设工程。

从不同地势地形来看，多重比较结果显示，村民对村庄绿化满意度认可中，山区型和沿海型、半山型和沿海型、平地型和沿海型之间差异显著(表3-3)。从村民对村庄绿化满意程度(很满意和基本满意)对比来看，山区型村民对现状满意程度最高，村民认为很满意和基本满意的占总体67.66%，很满意的竟达41.01%，而不满意的仅占6.92%。这与山区型乡村地域文化和特点有关,一方面山区型乡村由于四周是山林,村民平时也与山林接触较多,他们感觉绿化已经足够,迫切希望看到绿色以外颜色,少数村民对绿化不满意的也多是认为需要加强游憩林建设;另一方面,山区型乡村村民由于生产和生活需要,渴望拥有干净空旷的水泥硬化场地,满足他们对晒衣服和晒粮的需求。从村民对村庄绿化不满意程度(不满意和很不满意)对比来看,半山型村民对现状绿化不满意程度最高,村民认为不满意的比重达到了24.60%。半山型村民由于受城市化和地域双重影响,一方面村民渴望享受城市化带来的成果,另一方面受到地域制约,难以摆脱地域山区的限制,导致村民不满意度加深。

表3-2 村民对绿化现状满意程度

Tab. 3-2 The satisfaction of green status with villagers

类型		很满意	基本满意	一般	不满意	很不满意
总体		28.15	25.12	26.57	16.94	3.23
地势地形	山区型	41.01	26.65	25.42	5.57	1.35
	半山型	20.61	23.88	30.90	20.34	4.26
	平地型	30.14	22.97	22.97	19.38	4.55
	沿海型	24.20	27.99	27.11	16.91	3.79
地理位置	东部	25.18	33.09	25.90	13.31	2.52
	南部	31.12	24.47	26.13	15.20	3.09
	西部	16.81	20.06	28.61	28.02	6.49
	北部	36.02	24.79	25.64	12.08	1.48
城镇距离	近郊型	26.58	24.94	20.51	23.88	4.09
	远郊型	30.71	25.98	27.39	12.87	3.05

表3-3 不同村民对绿化现状满意程度的多重比较

Tab. 3-3 The multiple comparison results of satisfaction of green status with different villagers

类型		均值	5%显著水平	1%极显著水平
地势地形	山区型	3.9600	a	A
	半山型	3.5800	b	B
	平地型	3.5200	b	B
	沿海型	3.4400	b	B
地理位置	东部	3.6400	ab	A
	南部	3.6000	b	A
	西部	3.1400	c	B
	北部	3.8000	a	A
城镇距离	近郊型	3.3800	b	B
	远郊型	3.6600	a	A

注:字母相同的代表不是极显著。

从不同地理位置来看,多重比较结果显示,村民对村庄绿化满意度认可中,东部和西部、南部和西部、北部和西部差异显著。从村民对村庄绿化满意程度(很满意和基本满意)对比来看,北部村民对现状满意度最高,占总体60.81%,而不满意的仅占1.48%。这与北部乡村文化和特点有关，北部乡村主要由闽江源生态文化、丹霞碧峰生态文化、山乡生态文化、林区产业生态文化和地带性森林植被保护及自然保护区生态文化组成。一方面，丰富的闽北丹山碧水生态文化，使福建北部村民平时与山林接触较多，与山林形成依赖关系；另一方面，北部多为高山丘陵区，乡村由于生产和生活需要，对晒衣服、粮食等需求比较明显，使村民更希望拥有干净平整的水泥硬化场地。从村民对村庄绿化不满意程度（不满意和很不满意）对比来看，西部村民对现状不满意度最高，占34.51%。西部虽然与北部同为高山丘陵区，但西部村民主要受闽西客家文化和革命胜地生态文化影响，经济较北部发达，村民渴望享受城市化带来的成果，但与现实形成强烈反差，村民产生失落感，不满意度加深。

从不同城镇距离来看，多重比较结果显示，近郊型和远郊型村民对村庄绿化满意度认可差异显著。从村民对村庄绿化满意程度（很满意和基本满意）对比来看，远郊型村民对村庄绿化满意程度高，村民认为很满意和基本满意的占总体的56.69%，很满意的竟达30.71%，而不满意的仅占16.92%。这主要是由于远郊型乡村距离城镇相对较远，经济水平较低，一方面村民文化意识相对落后，对乡村绿化的想法和要求不多；另一方面，远郊型乡村目前受城市发展影响相对较小，乡村自然景色相对完好，从而远郊型村民对乡村绿化满意度相对较高。从村民对村庄绿化不满意程度（不满意和很不满意）对比来看，近郊型村民对村庄绿化不满意程度高，村民认为不满意的比重达27.97%。这主要是因为近郊型乡村距离城镇相对较近，村民思想意识相对较高，对乡村绿化认识和需求较高，而现实环境污染相对严重，村庄绿化水平不高，这就形成了需求与现实之间的强烈反差，村民不满意程度凸显。

二、村庄绿化不满意度分析

各类型绿化不满意情况说明了绿化需求与建设的矛盾。从村民对各类型现状绿化不满意情况来看，规律性一致，对游憩林最不满意，其次为水岸林和庭院林，最后是道路林。游憩林已经成为当前乡村人居林建设中最不满意工程，达41.67%，而对道路林不满意比重最少，仅占22.32%（表3-4）。这与当前乡村游憩林需求意愿高而建设相对滞后有关。随着村民经济水平提高和意识不断增强，休闲活动的绿地成为村民需求的重要部分，而目前仅有少数乡村建有公园或小游园，多数村民在树下休闲聊天，难以满足村民需求，导致不满意比重提高。

从不同地势地形来看，多重比较结果显示，村庄绿化不满意情况中，山区型和半山型、山区型和平地型、山区型和沿海型之间差异显著（表3-5）。从村庄绿化不满意情况对比来看，山区型村庄村民对庭院林、道路林、水岸林和游憩林的不满意程度相对较低，这主要与山区型村民对人居林需求意愿不强有关。从各类型人居林不满意情况对比来看，庭院林和道路林中不满意程度最高的为平地型，这与平地型村民经济水平有关，由于经济水平有限，村民渴望在自家庭院和道路两边种植树木，但暂时无法实现，不满意程度提高。而水岸林中不满意程度最高的为沿海型，这主要与沿海型经济水平提高，水质污染严重，村民希望改善水质的意愿较强烈有关。游憩林中不满意程度最高的为半山型，这与半山型村民的思想意识有关，受城市化影响严重，村民普遍希望能够像城市一样拥有公园绿地，而现实与意愿相矛盾，存在一定差距，不满意程度加深。

从不同地理位置来看，多重比较结果显示，村庄绿化不满意情况中，东部和西部、东部和北部、南部和西部、南部和北部、西部和北部差异显著。从村庄绿化不满意情况对比来看，西部村庄村民对庭院林、道路林、水岸林和游憩林的不满意程度最高，北部村庄村民对庭院林、道路林、水岸林和游憩林的不满意程度最低。北部村民不满意程度较低主要与北部村民的文化思想有关，由于经济欠发达，村民对于经济需求较为强烈，对村庄人居林需求相对较弱，因此不满意程度较低，而西部村庄绿化水平与北部基本情况相同，但西部经济较北部发达，村民对村庄人居林需求意识相对强烈，因此不满意程度较高。而东部和南部由于普遍开展了乡村人居林建设工程，村民不满意程度较为接近，介于西部和北部之间。

表 3-4　村民对现状各类型绿化不满意情况

Tab. 3-4　The dissatisfaction of various types of green with villagers　　　%

类型		庭院林	道路林	水岸林	游憩林
总体		32.74	22.32	37.79	41.67
地势地形	山区型	21.74	18.29	33.33	38.91
	半山型	30.76	20.88	38.03	43.30
	平地型	34.35	26.84	37.56	41.76
	沿海型	30.30	21.82	41.56	41.88
地理位置	东部	27.94	18.41	40.58	43.84
	南部	25.12	20.26	34.36	38.60
	西部	41.99	37.94	53.91	56.18
	北部	23.52	17.28	30.24	34.59
城镇距离	近郊型	32.92	24.83	39.96	41.83
	远郊型	27.12	19.62	35.95	41.20

表 3-5　不同村民对现状各类型绿化不满意情况的多重比较

Tab. 3-5　The multiple comparison results of dissatisfaction of various types of green with different villagers

类型		均值	5% 显著水平	1% 极显著水平
地势地形	山区型	2.5000	b	B
	半山型	3.1143	a	A
	平地型	3.1143	a	A
	沿海型	3.2714	a	A
地理位置	东部	2.1939	b	B
	南部	2.0408	b	B
	西部	3.3367	a	A
	北部	1.7857	c	C
城镇距离	近郊型	2.3333	a	A
	远郊型	2.0725	b	B

注：字母相同的代表不是极显著。

从不同城镇距离来看，多重比较结果显示，近郊型和远郊型村民对村庄绿化不满意情况差异显著。从村庄绿化不满意情况对比来看，近郊型村民对庭院林、道路林和水岸林不满意程度较高，而远郊型村民对庭院林、道路林和水岸林不满意程度相对较低。这主要是因为近郊型村民由于受城市化影响，思想意识和需求相对较高，对庭院绿化、道路绿化要求较高，同时村庄水系污染严重，因此不满意程度增加，而远郊型村民则思想意识和需求相对较低，不满意程度相对较小。同时，近郊型和远郊型村民对游憩林不满意程度较高且基本一致，这主要是因为目前福建乡村游憩林建设滞后，而村民对游憩林需求较高造成。

三、村民对村庄绿化作用的认识

由表3-6可见，从村民对于村庄绿化看法来看，70.70%的村民认为改善环境是村庄开展绿化的主要原因，其次，对身体有益和好看也成为村民最普遍看法，分别占总体的47.78%和33.92%，而生活需要和向城市看齐也受村民认同，分别占总体的25.08%和18.22%，但村民普遍认为村庄绿化不能产生经济收入。这说明当前村庄绿化的经济功能比较弱，村民并不认为通过在村庄种植果树、名贵树种取得经济收入，对乡村人居林的建设普遍认为是改善环境、对身体有益、好看、生活需要和向城市看齐。

从不同地势地形来看，多重比较结果显示，村民对村庄绿化看法中，半山型和平地型、半山型和沿海型差异显著（表3-7）。从村庄绿化作用为好看角度，山区型认同感最强，占40.23%，其次为半山型和平地型，而沿海型认同感最弱，仅占31.84%。从村庄绿化作用为改善环境角度，半山型认同感最强，占74.73%，其次为平地型和山区型，而沿海型认同感最弱，仅占67.75%。从村庄绿化作用为对身体有益角度，山区型、半山型和沿海型认同感都较强，而平地型认同感最弱，仅占44.25%。从村庄绿化作用为生活需要角度，沿海型认同感最强，占28.70%，其次为平地型和半山型，而山区型认同感最弱，仅占22.73%。从村庄绿化作用为向城市看齐角度，沿海型认同感最强，占23.37%，其次为半山型和平地型，而山区型认同感最弱，仅占15.91%。从村庄绿化作用为有收入角度，山区型认同感最强，占9.15%，其次为半山型，占7.57%，而平地型和沿海型认同感最弱。

从不同地理位置来看，多重比较结果显示，村民对村庄绿化看法中东部和南部、东部和西部、南部和西部、西部和北部差异显著。从村庄绿化作用为好看角度，东部认同感最强，占42.39%，其次为北部和西部，而南部认同感最弱，仅占27.68%。从村庄绿化作用为改善环境角度，西部认同感最强，占82.96%，其次为南部和北部，而东部认同感最弱，仅占60.15%。从村庄绿化作用为对身体好角度，南部认同感最强，占57.58%，其次为北部和西部，而东部认同感最弱，仅占40.46%。从村庄绿化作用为生活需要角度，西部认同感最强，占32.81%，其次为南部和东部，而北部认同感最弱，仅占18.52%。从村庄绿化作用为向城市看齐角度，南部认同感最强，占22.20%，其次为西部和东部，而北部认同感最弱，仅占13.73%。从村庄绿化作用为有收入角度，北部认同感最强，占9.15%，其次为西部，占7.57%，而东部和南部认同感最弱。

从不同城镇距离来看，多重比较结果显示，近郊型和远郊型村民对村庄绿化看法差异显著。从村民对村庄绿化看法对比来看，远郊型村民对村庄绿化作用是好看、改善环境、对身体好、有收入的认同感更强，而近郊型村民对村庄绿化作用是生活需要和向城市学习的认同感更强。村民这种看法差异主要与村民文化程度和受城市化影响程度有关，远郊型村民受城市化影响较小，村民文化程度相对较低，朴素的意识成为了他们对村庄绿化看法的根源，而近郊型村民受城市化影响较大，村民文化程度相对较高，追求城市生活和心理满足已经成为了他们的实际需求，从而产生了对村庄绿化看法的差异。

表3-6 村民对村庄绿化看法

Tab. 3-6 The views on the village green with villagers

类型		好看	改善环境	对身体好	生活需要	学城市	有收入
总体		33.92	70.70	47.78	25.08	18.22	6.53
地势地形	山区型	40.23	70.74	50.01	22.73	15.91	9.09
	半山型	34.24	74.73	50.01	24.18	18.21	8.70
	平地型	33.98	70.84	44.25	25.54	16.87	4.10
	沿海型	31.84	67.75	50.88	28.70	23.37	4.73
地理位置	东部	42.39	60.15	40.46	25.01	15.58	4.35
	南部	27.68	69.92	57.58	26.49	22.20	4.30
	西部	32.49	82.96	47.30	32.81	21.77	7.57
	北部	35.51	69.28	51.78	18.52	13.73	9.15
城镇距离	近郊型	32.69	68.98	44.53	28.44	22.77	4.48
	远郊型	40.17	72.46	49.22	22.95	15.03	8.21

表3-7 不同村民对村庄绿化看法的多重比较

Tab. 3-7 The multiple comparison results of views on the village green with different villagers

类型		均值	5%显著水平	1%极显著水平
地势地形	山区型	4.4952	a	AB
	半山型	4.5619	a	A
	平地型	4.3429	b	B
	沿海型	4.3238	b	B
地理位置	东部	3.5974	c	C
	南部	4.1169	b	B
	西部	4.5584	a	A
	北部	3.8961	b	BC
城镇距离	近郊型	4.2676	b	B
	远郊型	4.5493	a	A

注：字母相同的代表不是极显著。

四、村民对村庄绿化的支持度

村庄绿化支持度是影响乡村人居林建设的关键。从村民对村庄绿化支持度来看，总体对村庄绿化支持度较高，占96.08%，其中非常支持的占73.05%，而不支持的仅占

1.73%（表3-8）。说明村民对于乡村人居林建设工程普遍认同。

从不同地势地形来看，多重比较结果显示，村民对村庄绿化支持度中，半山型和平地型差异显著（表3-9）。平地型对乡村绿化支持度最高，半山型对乡村绿化的支持度最低。其中平地型乡村村民支持的占98.07%，不支持的仅占0.33%，而半山型乡村村民支持的占93.39%，不支持的占2.59%。这反映了平地型对乡村人居林建设认同感较高，而半山型对乡村人居林建设认同感相对较低。

表3-8　村民对村庄绿化支持度

Tab. 3-8　The supports on the village green with villagers

类型		非常支持	比较支持	不支持	无所谓
总体		73.05	23.03	1.73	2.19
地势地形	山区型	74.43	21.24	1.97	2.36
	半山型	70.31	23.08	2.59	4.03
	平地型	76.05	22.02	0.33	1.60
	沿海型	72.24	24.03	1.78	1.95
地理位置	东部	68.63	28.41	1.11	1.84
	南部	74.82	21.82	0.96	2.40
	西部	80.76	18.61	0.32	0.32
	北部	68.51	22.62	3.55	5.32
城镇距离	近郊型	73.76	23.23	1.20	1.81
	远郊型	72.89	22.14	2.02	2.96

表3-9　不同村民对村庄绿化支持度的多重比较

Tab. 3-9　The multiple comparison results of supports on the village green with different villagers

类型		均值	5%显著水平	1%极显著水平
地势地形	山区型	3.6800	ab	AB
	半山型	3.6200	b	B
	平地型	3.7400	a	A
	沿海型	3.6600	ab	AB
地理位置	东部	3.6200	ab	AB
	南部	3.6600	ab	AB
	西部	3.7400	a	A
	北部	3.5400	b	B
城镇距离	近郊型	3.6667	a	A
	远郊型	3.6471	a	A

注：字母相同的代表不是极显著。

从不同地理位置来看，多重比较结果显示，村民对村庄绿化支持度中，西部和北部差异显著。西部对乡村绿化支持度最高，北部对乡村绿化的支持度最低。其中西部乡村村民支持的占99.37%，不支持的仅占0.32%，而北部乡村村民支持的占91.13%，不支持的占3.55%。这反映了西部对乡村人居林建设需求最强烈，而北部对乡村人居林建设需求相对较低。

从不同城镇距离来看，多重比较结果显示，近郊型和远郊型村民对村庄绿化支持度差异不显著。这表明近郊型和远郊型村民对村庄绿化的认同感基本相同。近年来随着村民对村庄绿化认识的逐渐提高，需求日益强烈，村民积极支持开展村庄绿化工作。

第二节 乡村人居林建设需求内容

一、村民对庭院林的需求

由表3-10可见，村民对庭院林需求中健康成为最主要内容，其次为好看，而对经济和名贵要求不高。其中54.05%村民首选在庭院种植对身体好的植物，26.04%的村民首选在庭院种植好看的植物，而仅有10.57%村民首选在庭院种植经济的植物，9.34%村民首选在庭院种植名贵植物。

从不同地势地形来看，多重比较结果显示，村民对庭院林需求中，沿海型与山区型、沿海型与平地型的差异显著（表3-11）。从村民对庭院林经济性需求对比来看，平地型需求最高，占14.41%，其次为半山型和山区型，分别占11.27%和8.79%，而沿海型最低，仅占4.76%，平地型村民对经济性庭院林需求较高与平地型乡村有部分村民发展庭院林产业有关，培育苗木和花卉成为村民挣钱的一种渠道，同时，也给其他村民提供了想法，从而种植经济性植物成为平地型庭院林一种需求。从村民对庭院林观赏性需求对比来看，山区型最高，占32.97%，其次为半山型，占30.99%，从村民对庭院林生态性需求对比来看，沿海型最高，占73.02%，这反映出沿海型村民经济水平较高，普遍追求健康植物。而山区型、半山型和平地型则相对较低，仅占49.45%、51.41%和50.45%。从村民对庭院林珍奇性需求对比来看，平地型最高，占16.22%，其次为山区型，占8.79%，而半山型和沿海型则相对较低。

从不同地理位置来看，多重比较结果显示，村民对庭院林需求中，南部和东部差异显著。从村民对庭院林经济性需求对比来看，东部需求最高，占16.42%，其次为北部和西部，分别占8.70%和7.79%，而南部最低，仅占2.94%。从村民对庭院林观赏性需求对比来看，北部最高，占30.43%，其次为西部和东部，而南部最低，仅占11.76%。从村民对庭院林生态性需求对比来看，南部最高，占79.41%，其次为西部，而北部和东部则相对较低，仅占50.31%和48.51%。从村民对庭院林珍奇性需求对比来看，东部最高，占11.19%，其次为北部，占10.56%，而南部和西部则相对较低。

从不同城镇距离来看，多重比较结果显示，近郊型和远郊型村民对庭院林不同类型需求差异显著。从村民对庭院林需求对比来看，远郊型村民对庭院林经济性需求和观赏性需求相对较为强烈，而近郊型村民对庭院林生态性需求和珍奇性需求相对较为强烈。这主要是因为远郊型村民经济水平较为落后，村民更希望通过在庭院种植经济性树种来增加经济收入，同时村民思想意识朴实，希望能够种植些花草来美化自家庭院，从而对庭院经济性和观赏性需求相对较强烈，而近郊型村民经济水平较高，村民庭院绿化开展相对较多，村民更渴望通过庭院绿化来满足自己生活需要，因此种植一些对身体好和名贵的植物，来实现自我精神享受。

表3-10　村民对庭院林需求类型分析

Tab. 3-10　The demand types of courtyard plants with villagers

类型		挣钱	好看	对身体好	名贵
总体		10.57	26.04	54.05	9.34
地势地形	山区型	8.79	32.97	49.45	8.79
	半山型	11.27	30.99	51.41	6.34
	平地型	14.41	18.92	50.45	16.22
	沿海型	4.76	17.46	73.02	4.76
地理位置	东部	16.42	23.88	48.51	11.19
	南部	2.94	11.76	79.41	5.88
	西部	7.79	25.97	61.04	5.19
	北部	8.70	30.43	50.31	10.56
城镇距离	近郊型	8.62	18.04	63.99	9.34
	远郊型	13.66	30.11	50.43	5.80

表3-11　不同村民对庭院林需求类型的多重比较

Tab. 3-11　The multiple comparison results of demand types of courtyard plants with different villagers

类型		均值	5%显著水平	1%极显著水平
地势地形	山区型	3.2200	b	B
	半山型	3.2800	b	AB
	平地型	2.9800	b	B
	沿海型	3.6200	a	A
地理位置	东部	3.0800	b	B
	南部	3.5000	a	A
	西部	3.2400	b	AB
	北部	3.2400	b	AB
城镇距离	近郊型	3.3600	a	A
	远郊型	3.2400	b	B

注：字母相同的代表不是极显著。

　　从村民对庭院林需求植物种类来分析，庭院林种植的植物主要包括4类：花草、好看树、果树和名贵树。其中64.12%村民希望在庭院种植花草，33.68%村民希望在庭院种植好看的树，而仅有14.24%的村民希望在庭院种植名贵树，11.82%的村民希望在庭院种植果树（表3-12）。

　　从不同地势地形来看，多重比较结果显示，村民对庭院林需求植物中，沿海型与山区型、沿海型与半山型、沿海型与平地型的差异显著（表3-13）。从村民对庭院林花草的需求对比来看，沿海型对花草的需求高于其他类型乡村，这与沿海型村民绿化意识较高有关。

从村民对庭院林果树的需求对比来看，山区型和平地型对果树的需求相对较小，主要是因为山区型和平地型周围多种植桃、梨、龙眼等果树，降低了庭院对果树的需求。从村民对庭院林好看树种需求对比来看，平地型和山区型对好看树需求较高，这体现了村民朴实的思想意识。从村民对庭院林名贵树种的需求对比来看，山区型、半山型和平地型对名贵树的需求相对较多，这主要是与当地经济水平相关联的，少数村民希望在庭院种植少量名贵树种以获取一定的经济收入。

表3-12 村民对庭院林需求植物种类分析

Tab. 3-12 The demand species of courtyard plants with villagers

类型		花草	果树	好看树	名贵树
总体		64.12	11.82	33.68	14.24
地势地形	山区型	63.61	7.22	34.05	24.05
	半山型	61.47	12.75	31.08	14.71
	平地型	63.85	7.69	36.15	12.31
	沿海型	70.78	15.69	27.65	5.88
地理位置	东部	76.92	10.54	34.62	13.85
	南部	55.45	9.09	30.12	9.09
	西部	56.76	12.16	39.73	9.46
	北部	68.32	14.91	39.19	24.22
城镇距离	近郊型	68.01	12.49	31.05	8.45
	远郊型	62.73	9.66	33.07	18.37

表3-13 不同村民对庭院林需求植物种类的多重比较

Tab. 3-13 The multiple comparison results of demand species of courtyard plants with different villagers

类型		均值	5%显著水平	1%极显著水平
地势地形	山区型	3.1846	a	A
	半山型	3.0462	a	A
	平地型	3.0154	a	A
	沿海型	2.9538	b	B
地理位置	东部	2.4932	b	B
	南部	2.3562	b	B
	西部	2.5753	b	B
	北部	3.1096	a	A
城镇距离	近郊型	3.0455	b	B
	远郊型	3.1364	a	A

注：字母相同的代表不是极显著。

从不同地理位置来看，多重比较结果显示，村民对庭院林需求植物中，北部与东部、北部与南部、北部与西部的差异显著。从村民对庭院林花草的需求对比来看，东部对花草的需求高于其他类型乡村，这与东部村民绿化意识较高有关。从村民对庭院林果树的需求对比来看，北部和西部对果树的需求相对较小，主要是因为北部和西部多为高山丘陵区，庭院多种植为桃、梨、龙眼等果树，降低了庭院对果树的需求。从村民对庭院林好看树种需求对比来看，西部和北部对好看树需求较高，这体现了高山丘陵区村民的朴实的思想意识。从村民对庭院林名贵树种的需求对比来看，北部和东部对名贵树的需求相对较多，北部主要是与当地经济水平相联系的，少数村民希望在庭院种植少量名贵树种获取一定的经济收入，而东部庭院林建设基础较好，家家户户普遍开展庭院绿化，村民更希望种植名贵珍稀植物来满足自我。

从不同城镇距离来看，多重比较结果显示，近郊型与远郊型村民对庭院林植物的需求差异显著。从村民对庭院林花草的需求对比来看，近郊型村民对花草的需求高于远郊型村民，这与近郊型村民对花草的喜好程度有关。从村民对庭院林果树的需求对比来看，远郊型村民对果树的需求相对较小，这主要是因为远郊型乡村庭院目前种植果树较多同时效益又不明显，从而降低了村民对果树的需求，而近郊型村民对一些罕见的果树需求相对较高。从村民对庭院林好看树种需求对比来看，远郊型和近郊型村民对好看树种的需求基本一致。从村民对庭院林名贵树种的需求对比来看，远郊型村民对名贵树的需求相对较多，这主要是因为远郊型多数村民更希望通过在庭院种植名贵树种以获取一定经济收入，而近郊型村民对名贵树种的需求主要是少数村民为了满足自我精神享受，需求相对较小。

二、村民对道路林的需求

由表3-14可见，村民对道路林的需求总体较高。68.10%村民希望道路两边加强绿化，29.31%的村民希望道路两边稍加绿化就行，而仅有0.86%的村民认为不用绿化。

从不同地势地形来看，多重比较结果显示，村民对道路林需求中，山区型与半山型、山区型与平地型、山区型与沿海型差异显著（表3-15）。从村民对道路林需求对比来看，随着村庄城市化进程水平的提高，道路两边绿化需求呈现明显递增趋势。山区型需要加强道路绿化的占43.48%，半山型增加到67.64%，平地型发展到73.53%，而沿海型则增长到79.41%。从道路林点缀绿化的需求对比来看，山区型村民希望道路两边稍微绿化的相对较多，甚至有4.31%的村民认为道路两边不用绿化，这与山区型村民满意度正好吻合，山区型村民满意度最高，达67.66%，而很满意的竟达到41.01%，广大山区型村民对村庄绿化现状满意，所以认为不用加强绿化，仅稍微绿化下就可。

从不同地理位置来看，多重比较结果显示，村民对道路林需求中，北部与东部、北部与南部、北部与西部差异显著。从村民对道路林需求对比来看，东部和南部需求较高，其中东部村民认为需要加强道路绿化的占79.27%，南部占79.41%，其次为西部，占76.54%，而北部认为需要加强绿化的比例最低，仅占53.22%。从道路林点缀绿化的需求对比来看，北部村民希望道路两边稍微绿化的相对较多，甚至有4.15%的村民认为道路两边不用绿化，这与北部村民满意度正好吻合，北部村民满意度最高，达60.81%，而很满意的竟达到36.02%，广大北部村民对村庄绿化现状满意，所以认为不用加强绿化，仅稍微绿化下就可。

从不同城镇距离来看，多重比较结果显示，近郊型和远郊型村民对道路林需求差异显著。从村民对道路林需求对比来看，近郊型村民对道路林需求较高，近郊型村民认为需要加强道路绿化的占77.06%，而远郊型则仅占58.13%，这主要是因为近年来近郊型乡村受城市化影响，且乡村布局脏乱差问题突出，村民迫切希望通过加强道路绿化来改善乡村环境问题。从道路林点缀绿化的需求对比来看，远郊型村民希望道路两边稍微绿化相对较多，这主要是因为远郊型乡村当前环境问题尚未突出，村民对乡村绿化的用途主要还是装饰和点缀，而非解决环境问题。

表3-14 村民对道路林需求分析

Tab. 3-14 The demand of road plants with villagers

类型		两边加强绿化	稍加绿化	不用绿化	无所谓
总体		68.10	29.31	0.86	1.72
地势地形	山区型	43.48	52.17	4.31	0.04
	半山型	67.64	32.02	0.24	0.10
	平地型	73.53	23.51	0.05	2.92
	沿海型	79.41	17.65	0.13	2.81
地理位置	东部	79.27	20.40	0.21	0.12
	南部	79.41	17.61	0.08	2.90
	西部	76.54	21.21	1.01	1.23
	北部	53.22	41.26	4.15	1.37
城镇距离	近郊型	77.06	19.99	0.10	2.85
	远郊型	58.13	39.44	1.96	0.48

表3-15 不同村民对道路林需求的多重比较

Tab. 3-15 The multiple comparison results of demand of road plants with different villagers

类型		均值	5%显著水平	1%极显著水平
地势地形	山区型	3.3600	b	B
	半山型	3.6800	a	A
	平地型	3.7200	a	A
	沿海型	3.7800	a	A
地理位置	东部	3.7255	a	A
	南部	3.7059	a	A
	西部	3.6863	a	A
	北部	3.4314	b	B
城镇距离	近郊型	3.7600	a	A
	远郊型	3.5400	b	B

注：字母相同的代表不是极显著。

三、村民对水岸林的需求

由表3-16可见，村民对水岸林的需求总体较高，75.61%的村民希望水系周围加强绿化，17.86%的村民希望水系周围稍加绿化就行，而仅有3.36%的村民认为不用绿化。

从水岸林与道路林需求对比来看，村民希望水系周围加强绿化程度更高而非点缀绿化。其中希望水岸林两边加强绿化的村民占75.61%，而希望道路林两边加强绿化的村民占68.10%。这主要是因为水系对村民破坏力大，易造成危害，所以村民更希望水系周围加强绿化而并非点缀绿化。而道路林对村民的危险程度不大，多是作为精神感受的事物，所以村民选择稍加绿化的点缀型绿化相对更多一些。

从不同地势地形来看，多重比较结果显示，村民对水岸林需求中，沿海型与山区型、沿海型与半山型、沿海型与平地型差异显著（表3-17）。从村民对水岸林的需求对比来看，山区型和平地型村庄对水岸林需求相对较高，沿海型和半山型村庄对水岸林需求相对较低。79.26%的山区型村民和75.76%的平地型村民认为需要加强水系周围绿化，这一方面与山区型和平地型村民传统风水思想有关，在水口和水脉处要种植风水林提高整个村庄风水，另一方面与山区型和平地型村民生活用水有关，村民希望平时与自己生活相关的水源不被破坏。沿海型村民虽然对水岸林不满意程度较大，但村民对水岸林需求却相对最低，这与沿海型村庄河流较少，湖泊、水流较多有关，由于湖泊周围水泥硬化较多，不适宜绿

表3-16　村民对水岸林需求分析

Tab. 3-16　The demand of waterside plants with villagers

类型		两边加强绿化	稍加绿化	不用绿化	无所谓
总体		75.61	17.86	3.36	3.57
地势地形	山区型	79.26	13.04	3.35	4.35
	半山型	68.18	27.27	0	4.54
	平地型	75.76	21.21	0	3.03
	沿海型	66.47	21.76	8.82	2.94
地理位置	东部	65.32	26.74	1.06	6.88
	南部	76.47	11.76	8.82	2.94
	西部	75.32	19.48	12.99	3.89
	北部	78.13	16.64	0	5.23
城镇距离	近郊型	69.19	22.54	5.29	2.98
	远郊型	77.01	17.31	1.44	4.24

表3-17　不同村民对水岸林需求的多重比较

Tab. 3-15　The multiple comparison results of demand of road plants with different villagers

类型		均值	5%显著水平	1%极显著水平
地势地形	山区型	3.6346	a	A
	半山型	3.5385	a	A
	平地型	3.6346	a	A
	沿海型	3.3269	b	B
地理位置	东部	3.1786	b	B
	南部	3.1429	b	B
	西部	3.4286	a	A
	北部	3.3214	ab	AB
城镇距离	近郊型	3.5600	b	A
	远郊型	3.6800	a	A

注：字母相同的代表不是极显著。

化，多数村民表示加强湖泊周围绿化不太现实。而半山型村民对稍微绿化下就行的比重最高，达27.27%，这主要是因为半山型村庄村民当前更多追求经济发展，而对水岸林绿化普遍不太重视造成。

从不同地理位置来看，多重比较结果显示，村民对水岸林需求中，西部与东部、西部与南部差异显著。从村民对水岸林的需求对比来看，北部、南部和西部村庄对水岸林需求相对较高，东部村庄对水岸林需求相对较低。其中78.13%北部村民、76.47%的南部村民和75.32%西部村民认为需要加强水系周围绿化，北部和西部村庄对水岸林需求主要与村民传统风水思想和保护水源地文化有关，南部则由于部分村庄水系污染导致需求强烈。而仅有65.32%的东部村民认为需要加强水岸林周围建设，这主要与东部村庄河流较少、湖泊、水流较多有关，由于湖泊周围水泥硬化较多，不适宜绿化，多数村民表示加强湖泊周围绿化不太现实。

从不同城镇距离来看，多重比较结果显示，近郊型和远郊型村民对水岸林需求差异显著。从村民对水岸林的需求对比来看，远郊型村民对水岸林需求相对较高，其中77.01%村民认为需要加强水岸林绿化，而近郊型则仅占69.19%。这主要是因为远郊型水岸林多为风水林和水源保护地，直接关系村民自身利益，村民希望通过加强绿化来保护好水岸林。从水岸林点缀式绿化的需求对比来看，近郊型村民希望水系两边稍加绿化相对较多，这主要是因为近郊型村庄池塘湖泊较多，不适宜大面积绿化，但可以通过点缀式绿化提高池塘湖泊景观效果。

四、村民对游憩林的需求

由表3-18可见，总体上村民对小游园和公园需求较为强烈。其中43.23%的村民希望拥有小游园，41.73%的村民希望拥有公园，而仅有9.73%的村民表示在树下休闲活动就可，还有5.31%的村民表示有没有都无所谓。

从不同地势地形来看，多重比较结果显示，村民对游憩林需求中，沿海型与山区型、沿海型与半山型、沿海型与平地型差异显著（表3-19）。从村民对游憩林需求对比来看，山区型、半山型和平地型村民更多希望拥有小游园，而沿海型村民更多希望拥有公园。其中，山区型希望拥有小游园的村民占43.48%，半山型希望拥有小游园的村民占50.01%，平地型希望拥有小游园的村民占46.75%，沿海型希望拥有公园的占55.88%。从村民对游憩林认同感对比来看，山区型和半山型对于乡村游憩林现状认同的较高，其中山区型21.74%的村民认为维持现状就挺好，半山型16.66%的村民认为维持现状就挺好。这主要与山区型和半山型村民思想意识有关，被调查的山区型和半山型村民，除少数村干部外，多属在家务农型村民，思想比较保守，要求不高，多数认为在树下活动乘凉就够了。

从不同地理位置来看，多重比较结果显示，村民对游憩林需求中，东部与西部、东部与北部、南部与西部、南部与北部差异显著。从村民对游憩林需求对比来看，东部和南部村民对公园的需求强烈，而西部和北部对小游园需求强烈，其中，东部希望拥有公园的村民占57.21%，南部希望拥有公园的村民占55.88%，而西部希望拥有小游园的村民占46.15%，北部希望拥有小游园的村民占39.15%。从村民对游憩林认同感对比来看，北部和西部村民认同乡村游憩林现状的较高，其中北部27.99%的村民认为维持现状就挺好，西部17.95%的村民认为维持现状就挺好。这主要与北部和西部村民思想意识有关，被调查的北部和西部村民，除少数村干部外，多属在家务农型村民，思想比较保守，要求不高，多数认为在树下活动乘凉就够了。

表3-18 村民对游憩林的需求分析

Tab. 3-18 The demand of recreation plants with villagers

类型		公园	小游园	树下就可	有无都无所谓
总体		41.73	43.23	9.73	5.31
地势地形	山区型	34.78	43.48	17.39	4.35
	半山型	33.33	50.01	4.16	12.5
	平地型	40.63	46.75	9.5	3.13
	沿海型	55.88	35.29	5.88	2.94
地理位置	东部	57.21	36.93	3.15	2.71
	南部	55.88	35.29	5.88	2.94
	西部	35.90	46.15	11.54	6.41
	北部	32.86	39.15	19.67	8.32
城镇距离	近郊型	49.78	39.87	7.33	3.02
	远郊型	34.99	46.75	10.59	7.67

表3-19 不同村民对游憩林需求的多重比较

Tab. 3-19 The multiple comparison results of demand of recreation plants with different villagers

类型		均值	5%显著水平	1%极显著水平
地势地形	山区型	3.0196	b	B
	半山型	3.0000	b	B
	平地型	3.1569	b	B
	沿海型	3.4118	a	A
地理位置	东部	3.5000	a	A
	南部	3.4600	a	A
	西部	3.1200	b	B
	北部	2.9600	b	B
城镇距离	近郊型	3.3333	a	A
	远郊型	3.0392	b	B

注：字母相同的代表不是极显著。

从不同城镇距离来看，多重比较结果显示，近郊型和远郊型村民对游憩林需求差异显著。从村民对游憩林需求对比来看，近郊型村民对公园的需求强烈，而远郊型村民对小游园需求强烈，其中近郊型希望拥有公园的村民占49.78%，远郊型希望拥有公园的占34.99%，而远郊型希望拥有小游园的村民占46.75%，近郊型希望拥有小游园的村民占39.87%。从村民对游憩林认同感对比来看，远郊型村民认同乡村游憩林现状的较高，其中，远郊型18.26%的村民认为维持现状就挺好。这主要是因为近郊型村民受城市化影响较大，村民更渴望能像大城市那样拥有公园，而远郊型村民受城市化影响较小，村民意识朴实，且当前经济需求相对强烈，而对游憩需求相对较弱，从而形成了近郊型和远郊型村民游憩需求之间的差异。

第三节　乡村人居林建设制约因素

一、影响庭院林建设的制约因素

从庭院林绿化的现状来看，庭院总体绿化水平较低，被调查的村民中仅有 17.62% 的村民开展了庭院绿化，而 82.38% 的村民没有开展庭院绿化。分析未绿化庭院的限制因素，经济因素和院落空间限制成为最主要原因，其中经济因素占 43.52%、院落空间限制占 33.12%（表 3-20）。从庭院林绿化现状与影响因子的相关性分析来看，与经济因素和院落空间限制的相关性最大，其中，庭院绿化现状与影响因子院落空间限制的相关性显著（表 3-21）。

表 3-20　影响庭院林的制约因素分析

Tab. 3-20　The affecting constraints of courtyard plants

类型		庭院绿化现状		未绿化原因			
		绿化	未绿化	没钱	没想到	没地方	不会
总体		17.62	82.38	43.52	16.35	33.12	27.01
地势地形	山区型	21.29	78.71	47.72	10.49	32.51	29.29
	半山型	12.50	87.50	45.71	18.15	28.35	27.78
	平地型	14.41	85.59	42.63	17.89	33.16	26.32
	沿海型	31.03	68.97	27.25	17.65	57.80	17.30
地理位置	东部	20.12	79.88	42.24	16.12	36.39	25.25
	南部	24.88	75.12	41.21	8.43	56.16	14.21
	西部	19.86	80.14	59.23	13.43	29.68	17.65
	北部	12.27	87.73	57.42	14.32	29.52	18.73
城镇距离	近郊型	24.38	75.62	33.40	17.75	47.94	20.91
	远郊型	15.54	84.46	46.13	14.83	30.82	28.22

表 3-21　庭院林绿化现状与影响因子的相关性分析

Tab. 3-21　The correlation between court virescence actuality and impact factors

项目	没钱	没想到	没地方	不会
相关系数	0.6963	0.4836	0.8965	0.5773
卡方值	3.9888	1.5982	9.7697	2.4327
显著水平	$p = 0.1361$	$p = 0.4497$	$p = 0.0076$	$p = 0.5773$

从不同地势地形来看，多重比较结果显示，庭院林绿化现状中，沿海型与半山型、沿海型与平地型差异显著（表3-22）。从庭院开展绿化情况的对比来看，沿海型乡村庭院绿化比例较高，31.03%的村民庭院开展了绿化，其次为山区型，庭院绿化率为21.29%，而平地型和半山型庭院绿化率最低，仅有14.41%和12.50%。沿海型庭院绿化率高的原因与沿海型经济水平有关，村民经济富裕后，普遍在院子里种植花草树木来美化庭院，而山区型庭院林绿化率高主要是因为村民普遍在房前屋后种植果树。从未进行庭院绿化的限制因素来看，山区型、半山型和平地型最主要是经济因素，分别占47.72%、45.71%和42.63%，而沿海型最主要的原因是庭院空间限制，竟达到57.80%。同时，山区型、半山型和平地型村庄庭院没地方绿化情况也占有相当比重，这与村庄格局有关，由于传统乡村发展遗留问题，有些村庄格局比较紧张，几乎没有庭院，发展庭院绿化困难，尤其在沿海型乡村更是普遍，已经成为制约乡村庭院林发展的瓶颈。

表3-22　不同庭院林绿化现状的多重比较

Tab. 3-22　The multiple comparison results of different court virescence actuality

类型		均值	5%显著水平	1%极显著水平
地势地形	山区型	0.2200	ab	AB
	半山型	0.1200	b	B
	平地型	0.1400	b	B
	沿海型	0.3200	a	A
地理位置	东部	0.2000	ab	AB
	南部	0.2400	a	A
	西部	0.2000	ab	AB
	北部	0.1200	b	B
城镇距离	近郊型	0.2400	a	A
	远郊型	0.1600	b	A

注：字母相同的代表不是极显著。

从不同地理位置来看，多重比较结果显示，庭院林绿化现状中南部和北部差异显著。从庭院开展绿化情况的对比来看，南部乡村庭院绿化比例较高，24.88%的村民庭院开展了绿化，其次为东部，庭院绿化率为20.12%，而西部和北部庭院绿化率最低，仅有19.86%和12.27%。南部和东部庭院绿化率高的原因与沿海型经济水平有关，村民经济富裕后普遍在院子里种植花草树木来美化庭院，而西部和北部经济水平较低，庭院绿化主要是村民普遍在房前屋后种植果树。从庭院未绿化的限制因素来看，东部、西部和北部最主要的因素是经济因素，分别占42.24%、59.23%和57.42%，而南部最主要的原因是庭院空间限制，竟达到56.16%。同时，东部、西部和北部村庄庭院没地方绿化情况也占有相当比重，这与有些村庄格局紧张，庭院林没有发展空间，村庄格局已经成为制约乡村庭院林发展的瓶颈。

从不同城镇距离来看，多重比较结果显示，近郊型和远郊型乡村庭院绿化现状差异显著。从庭院开展绿化情况的对比来看，近郊型乡村庭院绿化比例较高，24.38%的村民庭院开展了绿化，而远郊型乡村庭院绿化比例较低，仅有15.54%的庭院开展了绿化。这主要是因为近郊型乡村多属于沿海型和平地型，村民经济水平较高，富裕起来的村民把美化家园作为生活的一种需要，因此庭院绿化较多；而远郊型乡村多数经济水平较低，村民仍把发展经济作为主要目的，对美化家园还不重视，因此庭院绿化相对较少。从庭院未绿化的限制因素来看，远郊型乡村最主要的限制因素是经济因素，达46.13%，而近郊型乡村最主要的限制因素是院落空间限制，达47.94%。这说明促进远郊型乡村经济建设和改善近郊型乡村布局结构是促进福建乡村庭院林建设的根本。

二、影响村内公共绿化的制约因素

为了更好了解影响村内公共道路林、水岸林和游憩林的制约因素，选用访谈法，对各村干部开展调查，每村调查3名熟悉情况的村干部，对主要制约村内公共绿化发展的因素进行统计分析。

从表3-23可见，仅有25.27%的村庄开展了村内公共绿化，而74.73%仍未开展村内公共绿化。从影响村内公共绿化的限制因素分析，没经济实力和没考虑成为最主要的因素。其中39.71%的村干部表明没经济实力搞公共绿化，而24.71%的村民表示没考虑去搞公共绿化。从公共绿化现状与影响因子的相关性分析来看，公共绿化现状与影响因子"没考虑"的相关性最大（表3-24）。

表3-23 影响村内公共绿地的制约因素分析

Tab. 3-23 The affecting constraints of village public green

类型		村内公共绿地绿化现状		未绿化原因			
		绿化	未绿化	没钱	没想到	没地方	不会
总体		25.27	74.73	39.71	24.99	16.18	19.12
地势地形	山区型	13.04	86.96	50.37	34.62	0	15.01
	半山型	23.81	76.19	56.25	31.25	6.25	6.25
	平地型	29.17	70.83	34.41	29.41	24.41	11.76
	沿海型	34.78	65.22	20.00	0	46.67	33.33
地理位置	东部	42.11	57.89	54.55	18.18	9.09	18.19
	南部	27.86	72.14	20.43	17.39	37.10	25.08
	西部	13.64	86.36	45.45	22.73	18.18	13.64
	北部	10.00	90.00	16.67	55.55	16.67	11.11
城镇距离	近郊型	32.54	67.46	25.76	11.76	37.77	24.70
	远郊型	19.96	80.04	50.61	32.43	9.65	10.79

表3-24 公共绿地现状与影响因子的相关性分析

Tab. 3-24 The correlation between village public green and impact factors

项目	没钱	没想到	没地方	不会
相关系数	0.1430	0.7497	0.4528	0.5698
卡方值	0.1240	4.9543	1.3767	2.3550
显著水平	$p = 0.9399$	$p = 0.0480$	$p = 0.5024$	$p = 0.3081$

从不同地势地形来看，多重比较结果显示，乡村公共绿地现状中山区型和平地型、山区型和沿海型差异显著（表3-25）。从村内公共绿化情况的对比来看，经济水平和城市化水平越高，开展公共绿化的村庄数量越多，沿海型开展村庄公共绿化的达34.78%、平地型占29.17%、半山型占23.81%，而山区型则仅占13.04%。这说明村内公共绿化与村庄的经济发展水平有密切关系，经济越发达，越会开展村庄绿化，经济水平越低，越不会开展村庄绿化。从公共绿地未绿化的限制因素来看，山区型、半山型和平地型乡村最主要的因素是没经济实力和没考虑，而沿海型乡村最主要的因素是没地方搞绿化；村内公共绿化的建设，尤其是游憩林建设，需要有一定面积的土地资源，这与村庄格局有密切关系，山区型、半山型村庄土地面积相对宽裕，而平地型和沿海型村庄土地发展制约性大，尤其在沿海型村庄，寸土寸金，现有土地几乎都被利用，土地资源成为制约村内公共绿地的主要因素。

从不同地理位置来看，多重比较结果显示，村内公共绿地现状中，东部和西部、东部和北部、南部和北部差异显著。从村内公共绿化情况的对比来看，东部和南部村内开展公共绿化的数量较多，而西部和北部村内开展村庄绿化的较少，其中东部占42.11%、南部占27.86%，而西部仅占13.64%、北部仅占10.00%。这说明东部村内公共绿化建设相对较好，其次为南部，而西部和北部村内公共绿化建设相对较差。从公共绿地未绿化的限制因素来看，东部和西部乡村最主要的因素是没经济实力，但两者不完全相同，其中东部公共绿地建设较好，但由于东部经济发达，村民需求更高，需要建设高水平公共绿地，因此，村干部感觉资金仍是主要制约因素，而西部主要的原因是缺少基本公共绿地资金支持。南部最主要因素是没地方，南部经济发达，但由于土地资源宝贵和原有村庄格局限制，目前多数村庄只能依靠风水树来建设公共绿地，缺少土地资源已经成为南部村内公共绿化的制约因素。而北部最主要因素是没考虑。这一方面与北部村庄经济水平落后有关，另一方面体现了北部村干部思想相对较滞后。

从不同城镇距离来看，多重比较结果显示，近郊型和远郊型乡村公共绿化现状差异显著。从村内公共绿化情况的对比来看，近郊型乡村开展公共绿化的比例较高，达32.54%，而远郊型乡村开展公共绿化的比例较低，仅占19.96%。这说明近郊型乡村村内公共绿化建设相对较好，而远郊型乡村村内公共绿化建设相对较差。从公共绿地未绿化的限制因素来看，近郊型乡村主要限制因素是没地方，占37.77%，而远郊型乡村主要限制因素为没经济实力和没考虑，分别占50.61%和32.43%。这种现象产生的主要原因在于近郊型乡村土地面积有限，乡村现有土地都已被最大化利用，村内可以建设公共绿地的土地相对较少；而远郊型乡村经济水平较低，建设公共绿地资金不足，同时，村干部思想相对落后，对经济利益追求相对较强，而忽视了乡村公共绿地建设。

表 3-25 不同村内公共绿地现状的多重比较

Tab. 3-25 The multiple comparison results of different village public green

类型		均值	5%显著水平	1%极显著水平
地势地形	山区型	0.1400	b	B
	半山型	0.2400	ab	AB
	平地型	0.3000	a	A
	沿海型	0.3400	a	A
地理位置	东部	0.4200	a	A
	南部	0.2800	b	AB
	西部	0.1400	c	BC
	北部	0.1000	c	C
城镇距离	近郊型	0.3200	a	A
	远郊型	0.2000	b	A

注：字母相同的代表不是极显著。

第四节　乡村人居林建设

一、不同地段乡村人居林建设需求

未来村庄绿化需要加强的方面共涉及大路两旁、小路两旁、家庭小院、聊天活动地、村庄周围和溪流池塘地 6 个方面。从未来村庄绿化需要加强的方面来看，大路两旁和村庄周围是今后村庄绿化的重点。村民对大路两旁和村庄周围的绿化需求最强烈，其中，认为大路两旁需要加强绿化的占 69.24%，认为村庄周围需要加强绿化的占 43.27%（表 3-26）。而溪流池塘和聊天活动地绿地需求相对较弱，这与村民对村庄绿化不满意度正好相反。这说明村民虽然对游憩林和水岸林不满意程度高，但村民在面对选择时仍希望选择与自己关系最密切、最能解决基本生活需要的方面，而村民认为道路林和村庄周围绿化是最需要、最急需解决的方面，所以更多村民首选大路两旁和村庄周围要加强绿化。

表 3-26 未来村庄绿化需要加强的方面

Tab. 3-26 The strengthen aspects of the village green in future　　　　　　%

类型		大路两旁	小路两旁	家庭小院	聊天活动地	村庄周围	溪流池塘地
总体		69.24	31.58	26.32	24.40	43.27	18.39
地势地形	山区型	71.87	30.40	26.99	23.01	47.44	15.63
	半山型	70.65	32.34	24.46	24.46	41.58	13.59
	平地型	72.10	25.31	26.17	27.16	40.74	20.25
	沿海型	61.54	27.51	27.81	22.49	43.79	24.26

（续）

类型		大路两旁	小路两旁	家庭小院	聊天活动地	村庄周围	溪流池塘地
地理位置	东部	63.77	22.83	19.20	26.45	42.75	16.67
	南部	55.98	28.47	27.27	20.33	43.06	20.57
	西部	79.56	37.42	37.42	31.45	54.72	24.21
	北部	77.18	34.23	21.03	21.48	34.68	12.53
城镇距离	近郊型	65.76	26.63	27.15	24.56	42.57	22.66
	远郊型	71.38	32.50	25.79	24.22	43.97	15.42

从不同地势地形来看，多重比较结果显示，村民对村庄绿化需求中，山区型和半山型、沿海型和山区型、沿海型和平地型差异显著（表3-27）。从村庄需要加强绿化方面的对比来看，各类型村庄村民表现一致，均认为大路两旁和村庄周围需要首先加强。同时，村民对小路两旁、家庭小院、聊天活动地和溪流池塘地需求也较强烈。

从不同地理位置来看，多重比较结果显示，村民对村庄绿化需要中除了东部和南部外均差异显著。从村庄需要加强绿化方面的对比来看，各方位村庄村民表现一致，也均认为需要首先加强大路两旁和村庄周围绿化，从各方位村庄未来绿化需要加强的方面来看，东部村民对聊天活动地绿化需求也较强烈，北部村民对小路两旁绿化需求较强烈，而南部和西部对小路两旁和家庭小院需求较强烈。

从不同城镇距离来看，多重比较结果显示，近郊型和远郊型村民对未来村庄绿化需要加强的方面差异显著。从村庄需要加强绿化方面的对比来看，近郊型和远郊型村庄村民表现一致，均认为大路两旁和村庄周围需要首先加强。同时，远郊型村民对小路两旁绿化需求相对较高，而近郊型村民对溪流池塘地绿化需求相对较高。这主要是因为远郊型村庄小路众多且与自家关系密切，因此村民希望小路两旁也多开展绿化，而近郊型乡村水系污染严重，村民迫切希望通过加强溪流池塘地的绿化来改善水系污染。

表3-27 未来不同村庄绿化需要加强方面的多重比较

Tab. 3-27 The multiple comparison results of strengthen aspects of different village green in future

类型		均值	5%显著水平	1%极显著水平
地势地形	山区型	3.9324	a	A
	半山型	3.7568	b	BC
	平地型	3.8649	ab	AB
	沿海型	3.6081	c	C
地理位置	东部	3.1282	c	C
	南部	3.3077	c	C
	西部	4.0641	a	A
	北部	3.6667	b	B
城镇距离	近郊型	4.0000	b	A
	远郊型	4.3194	a	A

注：字母相同的代表不是极显著。

二、村民参与绿化意愿分析

村民出钱出力多少从某种程度上体现了对乡村绿化的支持度，乡村人居林工程的开展需要村民的积极参与。从村民参与村庄绿化的做法来看，村民总体表现积极，愿意出钱出力，其中愿意出钱的占64.51%，愿意出力的占51.81%，既愿意出钱又愿意出力的占21.38%，而仅有5.06%的村民表示没有兴趣，不想参与（表3-28）。

表3-28　村庄绿化村民的做法

Tab. 3-28　The practice of villagers with village green　　　　　　　　　　　%

类型		出钱20元以下	出钱20~100元	出钱200元以上	可以出力	不想参与
总体		29.87	26.99	7.65	51.81	5.06
地势地形	山区型	33.52	23.29	7.67	55.97	4.55
	半山型	28.53	26.36	5.16	58.97	4.62
	平地型	32.84	29.63	6.42	43.46	4.69
	沿海型	23.96	28.40	11.83	49.70	6.51
地理位置	东部	29.35	32.61	7.61	42.75	3.26
	南部	25.66	22.78	10.79	47.88	7.19
	西部	29.45	30.98	7.67	53.84	2.45
	北部	30.48	21.71	3.59	51.80	5.38
城镇距离	近郊型	28.51	28.89	10.67	47.20	5.78
	远郊型	31.28	25.51	6.42	55.47	4.60

从不同地势地形来看，多重比较结果显示，村民的做法基本相同，差异性并不显著（表3-29）。从村庄绿化村民愿意出力的做法来看，山区型和半山型村民愿意出力的比重大于平地型和沿海型，其中山区型愿意出力的占55.97%，半山型愿意出力的占58.97%，而平地型愿意出力的仅占43.46%，沿海型愿意出力的仅占49.70%。从村民愿意出钱的做法来看，愿意出钱的金额随着村庄经济发展水平的提高而增多，其中山区型村民愿意出钱20元以上的占30.96%，半山型村民愿意出钱20元以上的占31.52%，而平地型村民愿意出钱20元以上的达36.05%，沿海型村民愿意出钱20元以上的达40.23%，甚至沿海型村民有11.83%的表示愿意出钱200元以上。

表3-29　村庄绿化不同村民做法的多重比较

Tab. 3-29　The multiple comparison results of practice of different villagers with village green

类型		均值	5%显著水平	1%极显著水平
地势地形	山区型	2.7907	a	A
	半山型	2.7442	a	A
	平地型	2.6744	a	A
	沿海型	2.8140	a	A

（续）

类型		均值	5%显著水平	1%极显著水平
地理位置	东部	2.8095	ab	A
	南部	2.4762	bc	AB
	西部	2.9048	a	A
	北部	2.3571	c	B
城镇距离	近郊型	2.9524	a	A
	远郊型	2.8095	a	A

注：字母相同的代表不是极显著。

从不同地理位置来看，多重比较结果显示，村民的做法，东部和北部、西部和北部差异显著。从村庄绿化村民愿意出力的做法来看，西部和北部村民愿意出力的比重大于东部和南部，其中西部愿意出力的占53.84%，北部愿意出力的占51.80%，而东部愿意出力的仅占42.75%，南部愿意出力的仅占47.88%。从村民愿意出钱的做法来看，愿意出钱的金额随着地区经济发展水平的提高日益增多，其中南部村民愿意出钱金额最高，愿意出钱200元以上的占10.79%，位居第一，其次为东部村庄和西部村庄，东部村民愿意出钱20元以上的占40.22%，西部村民愿意出钱20元以上的达38.65%，而北部村民愿意出钱20元以上的仅占25.3%。

从不同城镇距离来看，多重比较结果显示，近郊型和远郊型村民的做法基本相同，差异性不显著。从村庄绿化村民愿意出力的做法来看，远郊型村民比近郊型村民更愿意出力，其中，远郊型村民愿意出力的占55.47%，而近郊型村民愿意出力的占47.20%。从村民愿意出钱的做法来看，近郊型村民相对愿意出较多的钱，而远郊型村民相对愿意出较少的钱，其中近郊型村民愿意出钱20元以上的占39.56%，20元以下的占28.51%，而远郊型村民愿意出钱20元以上的占31.93%，20元以上的占31.28%，这主要与村民的经济水平有关。

第4章

CHAPTER 4

乡村人居林建设
技术与实例

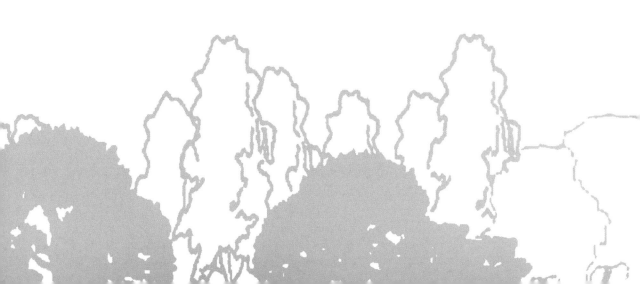

第一节　乡村庭院林建设技术与实例

乡村庭院林是乡村绿化与乡村居住环境的重要组成部分，也是乡村生态文明建设的主要内容，它不仅反映出村庄的地方特色和文化内涵，还从某种程度反映出一个地区的经济发展水平和居民的文化素养。因此，引导村民做好乡村庭院林建设，是建设和谐社会、改善人居环境和提高人民群众生活水平的重要内容。

一、乡村庭院林的功能目标

1. 改善生态环境，增进身心健康

乡村庭院林可以起到净化空气，调温调湿，降声减噪，减少空气中的含菌量，调节庭院小环境的作用。通过绿化创造出幽美而舒适的环境，对人体的生理功能起着良好的作用，而且对人的心理活动也有着积极的影响。人们在工作之余，在庭院花卉旁休息、在绿荫下纳凉，往往心旷神怡，精神愉悦，忘掉烦恼，消除疲劳。

2. 美化乡村环境，丰富文化生活

植物是软质景观，可以柔化建筑物生硬的线条，以其独特的色、香、姿、韵，为乡村庭院增色，加深了环境的空间感和层次感，丰富了庭院的空间变化。通过常绿树种与落叶树种结合、植物的色彩组合、季相变化和乔、灌、草、藤多层次绿化，体现自然美、和谐美。

同时植物本身的美感，特有的人文内涵，可以给人以美的享受，陶冶情操。我国历代文人墨客，常把植物人格化，从而联想产生某种情绪或是精神境界，例如梅兰竹菊以四君子入画，松竹梅为岁寒三友，荷花出淤泥而不染，石榴象征多子多福等。人们在闲暇之时，通过从事园艺，可以使身心得到放松，和孩子一起采摘瓜果，与邻居分享园艺心得，使生活变得更加丰富多彩。

3. 发展庭院经济，增加居民收入

乡村庭院林在创造环境美之余，还可以创造经济效益。通过乡村庭院林与发展经济相结合，大力发展庭院绿色经济，使生态效益和经济发展高度融合，形成高效的生态经济发展模式。乡村庭院林以生态经济为发展目标，一方面可以绿化美化庭院，维护良好的生态环境和生活环境，另一方面可以通过种植经济型或珍稀型庭院绿化树种，为村民带来更多的创收途径，为农村经济开辟新的经济增长点（朱凤云，2008）。

二、乡村庭院林构建技术

(一)基本原则

1. 因地制宜原则

植物是生命体,它们在长期的生长过程中形成了对环境的适应性。要根据乡村所在地区自然环境气候特点,不同功能和造景要求,充分利用现有的绿化条件,合理选择植物材料,力求适地适树。从而最大限度地利用当地自然环境,采用不同的植物配置方法,做到宜树则树,宜花则花,宜草则草,见缝插绿,并充分体现农家风光,形成不同的园林空间,满足人们生活、观赏等多种需求。

2. 经济性原则

农村庭院绿化要做到以节约成本为出发点,即通过种植适应性强的乡土树种,降低栽植和管护成本,并从林果、木材等角度尽量促进农民增加收入,才能得到群众的理解和支持,调动群众美化家园的积极性。鼓励和引导农民利用房前、屋后、宅旁隙地,因地制宜地种植有特色、有经济效益的树种,从而增加农民收入。此外,庭院绿化还间接创造了经济效益,不仅为乡村文明提供卫生、安全、优美的生产空间,还可为引进外资、发展创汇农业,打造一个很好的外部投资环境(付军等,2009)。

3. 生态性原则

乡村庭院绿化要遵循生态规律,注重生态协调,提高生物多样性,在给乡村庭院绿化树种创造优越的生长环境的同时,也给乡村创造良好的人居环境。植物选择上,应尽量避免城市绿化模式对乡村绿化的冲击,尽量减少外来树种干扰,充分挖掘和利用乡土植物,形成具有区域特色的乡村庭院绿化景观,提升乡村人居环境的环境生态效益(苏雪痕,1994)。

4. 美学原则

在植物配置中,应遵循统一、均衡、调和、韵律四大基本美学原则,突出植物配置的艺术特色。植物配置时,植物的色彩、树形、质地、线条及比例都要有一定的差异和变化,呈现植物多样性,但又要使它们之间保持一定相似性,具有统一感,同时注意植物间的相互关联与配合,注重搭配,体现统一的原则,使人具有平静、柔和、愉悦和舒适的美感,通过景观营造,突出地方生态美学文化特色(卢圣等,2004)。

5. 尊重民风民俗原则

农村庭院绿化与村民日常生活息息相关,影响到村民生活的方方面面。农村庭院绿化要尊重当地良好的文化传统和民俗习惯,不应在庭院绿化中栽植群众忌讳的树种,如柏类等村民认为太过沉重的树种(吴云霄等,2008)。也不应栽植容易带来生活不便的树种,如在晒场(衣物和作物)不种植影响冬季采光取暖的、太过浓密的常绿树种。因此,因地制宜、合理布局,使农村庭院不仅能拥有良好的环境,还可以保持浓郁的地方特色,从而保证农村庭院绿化拥有较高的村民认同度。

6. 古树名木保护原则

在福建省村落存有大量古树名木,这些古树名木不但维护了乡村良好的生态环境,而且是村居传统文化的象征，它作为具有生命的活体见证了历史的沧桑巨变。在当下乡村庭院林建设过程中，要采取切实可行的措施，对古树名木加以重点保护，严禁随意破坏，以保留这些历史余存，创造乡村深厚、灿烂的文化底蕴。

（二）营造模式

根据不同类型乡村庭院林特点的分析，乡村庭院林的类型包括自然绿化型、园林小品型、经济林果型、阳光晒场型4种配置模式。

1. 自然绿化型

植物素材多以农村常见的用材树种、果树、花灌木等为主，相互搭配错落有致，能与周边自然环境融为一体，具有观赏性高、布局紧凑和自然和谐的特点，配置模式以乔木为骨干树种，搭配灌木、地被。通常采取房前屋后就势取景，建筑点缀，灵活构建的布局形式，建设主体多为空间较大的庭院。

（1）适宜范围　此类型适用于我国广大乡村。

（2）树种选择　植物种类以乔木为主，灌木为辅。

乔木树种：雪松、樟子松、油松、白皮松、马尾松、云南松、杉木、香樟、枣树、柿树、葡萄、苹果、梨、石榴、榆树、槐树、杨树、刺槐、梧桐、柳树、臭椿、楠木、竹子、银杏、核桃、龙爪槐、梅花等。

灌木：木芙蓉、山茶、扶桑、木槿、米仔兰、九里香、凤尾竹、八仙花等。

（3）模式配置图　如图4-1，图4-2所示。

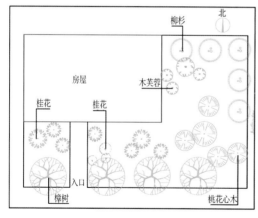

（a）平面图　　　　　　　　　　（b）立面图

图 4-1　自然绿化型庭院绿化配置图

Fig. 4-1　Natural courtyard greenery

2. 园林小品型

通过适当的造园手法对庭院进行景观布置，打造宜居环境，满足人们审美、生态等方面需求。主要是运用丰富的植物色彩，乔、灌、花、草的合理搭配，加之木质藤本的垂直绿化，从而组成富有季相变化的园林艺术景观。在庭院配套设施设计方面，园路应蜿蜒曲折，以达到曲径通幽效果，同时根据实际情况，还可配套建造假山、跌水、亭、台、楼、

图 4-2 自然绿化型庭院配置实例

Fig. 4-2 Natural courtyard greening sketch map

阁等设施，以进一步美化庭院，达到诗情画意的意境。

（1）适宜范围 适用于经济条件好的地区，如城郊或沿海等山村，是高标准的庭院绿化模式类型。

（2）树种选择类型

层间植物（藤本）：紫藤、爬山虎、常春藤、三角梅、炮仗花等。

乔木树种：樟树、天竺桂、垂柳、龙爪槐、高山榕、榕树、女贞、海南蒲桃、盆架树、雪松、油杉、竹柏、南洋杉、南方红豆杉、罗汉松、榆树、槐树、杨树、刺槐、梧桐、柳树、臭椿、楠木、竹子、银杏、核桃、龙爪槐、梅花等。

灌木：木芙蓉、紫竹、山茶、五色梅、六月雪、琴叶珊瑚、杜鹃花、龙船花、鸳鸯茉莉、扶桑、木槿、栀子花、一品红等

草本：大丽花、瓜叶菊、一串红、花叶冷水花、昙花、四季秋海棠、蟹爪兰、一叶兰、石蒜等。

（3）模式配置图 园林小品型庭院配置如图 4-3 所示。

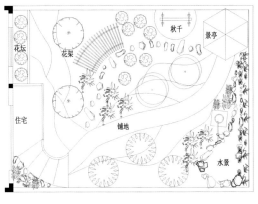

（a）平面图 （b）立面图

(c)配置实例(龙海巧山村)　　　　　　(d)配置实例(龙海巧书村)

图4-3　园林小品型庭院绿化配置

Fig. 4-3　Garden style courtyard greenery plan（a）, elevation（b）and sketch map（c）、（d）

3. 经济林果型

此类绿化模式是以乡村常见经济林果为主要造园素材,以生产各类经济林果为主要建设目的。果树多植于房前屋后或路旁,庭院面积较小,可选择种植少量果树,以自食为主;庭院面积较大,可选择大面积种植单种果树,发展林果业。

(1)适宜范围　此类型适用于我国广大乡村。

(2)树种选择类型　植物种类以乔木为主,灌木为辅。

层间植物(藤本):葡萄、猕猴桃、百香果等。

乔木树种:核桃、苹果、梨、柑橘、龙眼、荔枝、杧果、杨梅、莲雾、杨桃、石榴、枇杷、木瓜、李、桃、板栗、柿子、油奈、番石榴、油桐、肉桂等。

灌木:无花果、火龙果、油茶、茶等。

(3)模式配置图　经济林果型配置如图4-4所示。

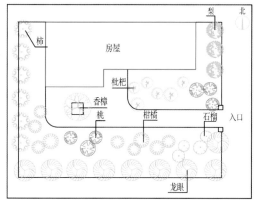

(a)平面图　　　　　　　　　　　(b)立面图

(c)配置实例(建瓯东安村庭院梨花似雪)　　(d)配置实例(武平卦坑村庭院柚子花开)

图4-4　经济林果型庭院配置

Fig. 4-4　Economic forest courtyard greenery plan (a)，elevation (b) and sketch map(c)、(d)

4. 阳光晒场型

庭院内多以硬质铺地为主，在庭院角落绿化和点缀少量的花灌木，具有通透性强、视野开阔、实用性强等特点，常选择体量小，遮阴量小的植物，植物配置简洁，一般不用层间植物，多见于面积较小的庭院或是在路旁的庭院。

(1)适宜范围　此模式适用于农作物的晾晒、喜爱充足阳光或是庭院面积狭小的农家。

(2)树种选择类型　植物种类具有体量小，遮阴量小的特点。

灌木：九里香、米仔兰、山茶、鸳鸯茉莉、栀子花、软枝黄蝉、月季等。

草本：合果芋、虎尾兰、文竹、万年青、金钱树、龟背竹、大丽花、瓜叶菊、一串红、一叶兰、石蒜等。

(3)模式配置图　如图4-5所示。

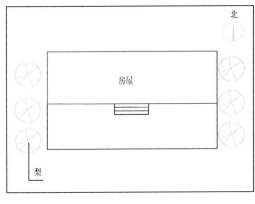

(a)平面图　　　　　　　　　　　　(b)立面图

（c）实例（连城上堡村）　　　　　　　　（d）实例（连城华垅村）

图 4-5　阳光晒场型庭院配置

Fig. 4-5　Sunshine bleachery courtyard greenery plan（a）, elevation（b）and sketch map（c）、（d）

（三）配套技术

（1）在乡村庭院林苗木选择方面，多以当地乡土树种为主，适应性、抗逆性强，易发挥村庄本土特色；树身清洁，病虫害少，花果无毒、无刺激、无污染。

（2）在乡村庭院林土壤改良方面，由于老建筑拆迁地土壤内瓦砾含量较多，土壤瘠薄，可将大瓦砾拣出，并加一定量的土壤；土壤质地过黏、透气排水不良的可适当掺加沙土，并多施厩肥、堆肥等有机肥。另外，可设置围栏等防护措施，如栏杆、篱笆、绿篱等，避免人踩车轧而使土壤板结、透气性差。

（3）在乡村庭院林管护技术方面，提倡近自然经营管护，减少人为干扰。树种修剪以树种特性及为居民、设施需求为主；病虫害防治坚持以预防为主，减少农药污染，注意环境保护的原则，对可能发生的病虫害进行预防，对已发生的病虫害要及时防治。

三、实例分析

为了进一步阐述乡村庭院绿化，选取了 3 种不同类型的乡村作为案例，分析其乡村庭院绿化的情况，提出构建方法。

1. 自然绿化型庭院——以福建省南平市建瓯房道镇峡头村庭院为例分析

建瓯房道镇峡头村地处武夷山脉东南侧，位于建瓯市西南部，属于典型的山区乡村。图 4-6（a）是村里一户人家的庭院，庭院面积超过 100m²，但只零星地点缀些棕榈，显得较为零乱，与周边梯田、竹林、杉木林显得格格不入。建议参照该村另外两户人家自然绿化型庭院［图 4-6（b）和（c）］，采用近自然的配置模式，房前屋后点缀的大樟树、竹子与周边自然环境融为一体，观赏性高，夏天一家人在大树下、竹林下避暑纳凉，显得悠闲惬意。

(a)   (b)   (c)

图 4-6　庭院绿化现状

Fig. 4-6 Courtyard greening status

2. 园林小品型庭院——以福建省龙海紫泥镇南书村为例分析

南书村地处龙海市紫泥镇乌礁岛、九龙江的锦江大桥北侧，靠近市区中心，交通便利，经济较发达，属于典型的城郊村。当地村民的绿化意识较高，乡村庭院林建设可以采用园林小品型庭院，通过充分运用丰富的植物色彩，乔、灌、花、草的合理搭配，加之木质藤本的垂直绿化，从而组成富有季相变化的园林艺术景观。

为了进一步具体阐述，图 4-7(a)、(b)是为村里一户农家做的庭院改造设计图。庭院长 10m、宽 4m，考虑到庭院面积不大，适当布置 1m 宽的小花坛，栽植当地容易买到的花灌木，如月季、山茶、九里香、变叶木等，同时考虑到以后的养护投入，采取丛植、孤植、单植等方式，花岗岩铺地，条件允许的情况下摆设石桌石凳，建造小水景，打造出自然而亲切、休闲而曼妙的庭院，如图 4-7(c)和(d)。

(a)设计图   (b)效果图

（c）实景　　　　　　　　　　　　　　　　（d）实景

图 4-7　庭院绿化

Fig. 4-7　Courtyard greening

3. 经济林果型庭院——以福建省建瓯房道镇曹岩村为例分析

建瓯房道镇曹岩村地处武夷山脉东南侧，位于建瓯市西南部，属于典型的山区乡村，居民收入水平不高。当地庭院绿化多为经济林果型庭院，村民利用房前屋后、宅旁空地进行绿化美化，栽植农村常见的果树和优良乡土树种，成熟的果实和用材林木可以满足家庭绿化、食用和用材的需要，具有经济价值高、绿化效果明显和实用性强等特点。

为了进一步具体阐述，图 4-8 是为村里一户农家做的庭院改造设计。该庭院是荒芜的荒地，堆满了生活垃圾，正对村民的家门口，有碍观瞻。改造设计本着经济、节约的原则，对原有的垃圾进行清理后，种植桃树、梨树、板栗等优良经济树种。春天桃花、梨花盛开，整个庭院一片锦绣，桃、梨、枇杷成熟又可创造经济价值；原有的栏架栽种藤蔓瓜果，形成绿荫遮蔽，花果满架的景象。这样简单的改造不需花费村民多少资金，从长远看既可以美化环境，又可以创造经济价值，比较符合村民的实际。

（a）改造前　　　　　　　　　　　　　　　　（b）改造后

图 4-8　庭院绿化改造图——建瓯曹岩村

Fig. 4-8　Courtyard greening modified figures of Caoyan Village，Jianou City

4. 阳光晒场型——以厦门市同安区小坪村为例分析

小坪村位于厦门市同安区，属于典型的山区，周边有茂密的树林。为了便于日常生活，庭院大多数都硬化了，用于晒谷物和圈养牲畜，但由于居民绿化意识不高，庭院内很少有植物点缀[图4-9(a)]，庭院环境显得较沉闷。建议庭院在日后改造中，可以参考图4-9(b)和(c)，在满足生活需要的前提下，在庭院内栽植四季桂、茶花等花灌木，适当点缀杜鹃、万年青、兰花、月季等盆栽植物，这样的搭配既不妨碍日常正常的生活，又能美化环境，改善生活，整个空间显得格外的温馨、惬意。

（a）厦门市同安区小坪村　　　　（b）龙岩市某村　　　　　（c）漳州市某村

图4-9　庭院绿化现状图

Fig. 4-9　Courtyard greeningstatus

第二节　乡村道路林建设技术与实例

乡村道路绿化是道路环境的重要组成部分，也是乡村人居林系统的重要组成要素，它直接形成乡村的风貌、道路空间、村民交往的环境，为居民日常生活提供生态的视觉客体，并成为乡村文化的重要组成部分。乡村道路是乡村人工生态系统与其外围系统进行物质循环与能量流动的主要"廊道"。道路是乡村建设的骨架，乡村道路绿化对形成优美的乡村景观，改善乡村环境起着重要的作用。

随着乡村建设的推进，乡村道路绿化的需求日益增长。目前，乡村道路绿化存在诸多问题，诸如绿化(包括密度、高度、厚度等)不足、树种选择不当、树种搭配不合理、层次单一、长势不良等，并表现出"外来有余、乡土不足"、"绿色有余、彩色不足"、"常绿有余、季相不足"、"更换频繁、保护不足"等问题。这些问题的出现，集中反映了乡村道路绿化的规划设计欠缺，或规划设计缺乏科学性，或道路绿带后期管理水平低下等问题。

近年来，随着经济条件的提升和社会主义新农村建设的全面推进，各地乡村逐渐开始重视道路林建设，促使我们必须认真审视和面对乡村道路绿化存在的不足和困惑，逐步建立完善的技术体系，改善乡村道路绿化的效果。

一、乡村道路林的功能目标

1. 绿化美化村容村貌

乡村道路分为乡村外围通道和乡村内部道路体系，外围通道是展示乡村形象的窗口，它直接给外来者带来乡村的第一印象。而乡村内部通道是乡村居民生活、交流的通道。不论是哪种类型的道路，它的绿化美化水平，均将直接影响村容村貌。植物景观是构成乡村景观的基本要素，特色乡土树种更是构成乡村地域景观的重要元素。由于乡村的自然气候特点的差异，造成了各地原生植被的不同，而不同树种的高矮不一，树冠的宽窄各异，物候期各有先后，生态特性更是千变万化，因此，不同乡村的特色得以展现；若在道路转折及其他重要节点等部位保存有历史植物或特色植物，特别是花、叶等季相变化植物，则乡村景观更加富于变化。也正因为这些变化，使得传统上的乡村不易形成千村一面，乡村风貌得以延续。而乡村道路是植物生长的重要载体，道路绿化让人们最直接接触了乡村植被风貌。

2. 调节改善道路采光

人们行走在乡村道路上，对于太阳光的感情是一个复杂而矛盾的心理过程。盛夏季节，炙热的阳光对村民的日常生活、游客的出行活动造成诸多不便，人们总希望能暑不张盖；而隆冬时节，又希望道路上有和煦的阳光。合理的道路绿化，可以满足人们这种矛盾的需求。一般来说，根据乡村不同气候条件，科学合理选择和配置行道树，能有效调节道路采光，实现避暑纳凉和冬季采光，为人们提供舒适的生产生活环境。

3. 视觉隔离和生态防护

乡村道路网络是乡村的重要脉络。绿化良好的道路网络，本身就是一个防护林网，能起到良好的防风等防护作用。此外，它除了组织交通以外，还引导了乡村的功能分区，尤其环村道路直接把村民生活区与生产区加以隔离。在部分特殊需求路段建立一定高度、厚度的复层道路绿化，可以起到视觉隔离、噪声隔离等作用。此外，植物的枝叶可遮挡、过滤、吸附空气中的悬浮颗粒物，分散、吸收空气中各种有害气体，从而使空气得到净化。对于乡村果园及部分特种作物种植区域，还可以起到生物隔离、污染隔离的作用，利于优质种植资源的繁育及瓜果的有机种植。

4. 实现居民增产增收

树种本身的经济价值也是其重要的属性之一，在不影响道路绿化美化的同时，选择经济树种作为行道树有利于提高居民收入。经济树种包括优良用材、果树、油料树种、药材或香料植物等，近年来，在福建等省份的乡村大力推广种植的珍贵用材树种降香黄檀等，就是乡村经济提升的重要体现。

二、乡村道路林构建原则

1. 因地制宜原则

乡村道路绿化应做到因地制宜。一般来说，乡村道路的形态各不相同，其周边空间各有不同，树种种植的形式应加以区别对待。对于比较规整的道路，可以采用比较规则的行列状行道树栽植模式，而对于不规则的道路，其沿路可用于种植行道树的空间带宽窄不一，行道树的种植形式也应有较大区别，宜乔则乔，宜灌则灌，宜藤则藤，宜草则草，灵活掌握。宽处可以群丛式种植，窄处孤植或不植。或在空间较大处种植高大乔木，狭窄处种植亚乔木或灌木，做到多目标、多树种、多层次、乔灌草等结合。

2. 适地适树原则

植物是有生命力的有机体，每种植物都有一个适合其生长的自然环境条件，所以在选择绿化植物时，要根据道路所处区域的气候、地形、土壤、水文等环境条件，选择适宜在该道路绿带上生长的植物，保证植物能正常生长发育、抵御自然灾害及具有稳定的绿化效果。从这点出发，首先要确保行道树的乡土化，其次要使所选树种适应于局部环境，要做到根据不同海拔选择地带性树种，认真分析场地的水位高低，选择耐水湿或耐干旱植物，认真研究土壤种类，区别不同土壤的性质开展树种选择。只有使所选树种最适应于当地自然环境条件，才能减少管护，并达到病虫害少、抗性强、生长稳定的目标。

3. 功能目标原则

基于行道树的多种功能目标，其树种选择及配置技术应有比较强的针对性。生态防护目的的乡村道路林，应根据防护种类来选择树种并配置结构，以防风为目的的道路林，其树种最好有强大的根系，并且形成行道树的疏透结构；对于抗污染的行道树，则应根据当地污染的主要情况选择相应抗性强的树种。而以景观提升为主要目标的道路林，则应选择具有较强景观价值的观花、观叶、观果、观姿等树种，充分利用各种树木花草的形态及物候特征，充分展示其形态、轮廓及色彩之美，营建多样性的乡村道路景观。而兼顾乡村经济的道路林，则可选择能源植物、用材树种、果树等的经济型树种，增加村民收入，使经济效益与生态效益相结合。

4. 以人为本原则

村内道路林营建应贯彻以人为本的原则，一切以满足乡村居民日常需要为目的，为乡村居民创造舒适、优美、卫生、安宁的生活环境。以冠大荫浓、树形优美、无毒无刺、病虫害少的落叶乔木为佳，以达到夏季遮荫纳凉，冬季沐阳取暖；此外，道路林建设与人们的日常生活、工作息息相关，要做到交通功能和绿化功能相结合，考虑到服从农用机械正常出入等具体情况，不影响交通功能的发挥，不留下交通安全隐患。

三、乡村道路林配置模式

1. 规则式植物配置

规则式植物配置是指沿道路两侧有规律地布置行道树，成行种植或以某种图案重复有规律地出现。规则式适合于乡村主干道交通性强的道路，这些道路往往绿化空间成带状，因此规则式布置能使道路林景观井然有序，简洁而又有规律，具有空间的延伸感和透视感，可以满足交通、视觉和其他功能。但在乡村绿化中，不宜采用过多，否则造成乡村的呆板和城市化的感觉。它主要包括：简单列植和交替配植，简单列植又包括行状列植(1排)和带状列植(2排及以上)。简单列植适用于相同年龄同一树种的行道树，并作防护林带、规则式广场周围以及作树障或背景的地方，要求列植景观整齐划一。交替配植是指两个树种或其构成的图案呈交替式间隔排列种植，如道路一侧、水岸边常用一株柳与一株桃树交替配植，形成桃红柳绿的景色。两个树种交替配植时，一定要注意两个树种在体型大小或色相上有一定的对比，方显生动活泼，丰富了道路植物景观。

2. 自然式植物配置

自然式植物配置是根据地形和环境来模拟自然景色的绿化模式，它最能体现因地制宜，形成的景观最能表达乡村风貌。自然式配植要求根据道路两侧种植用地的实际宽窄，合理布置树种，包括树种的组成、比例，并力求形成近自然群落，树种选择讲求种类间高矮、色彩、质地及形态的差异，并强调常绿与落叶的合理配植，高海拔或寒冷地带提倡大比例落叶树，而南方及冬暖地区，可增加常绿树种比例，使南北各地相得益彰，力求沐阳、防暑和富于季相变化的有机结合。这种配植甚至可以在乡村街头节点形成小游园的作用，方便居民自由出入和散步休息。自然式配植的形式极为丰富，可以孤植、散点式点植、三五成丛的丛植、群丛式配植、不规则片植等，以达到自然式的配置效果。从层次上，可以利用植物不同的姿态、线条、色彩，将常绿或落叶的乔木、灌木、花卉及草地配植成高低错落的植物景观，并常以置石相配，自然协调。

四、乡村道路树种选择

乡村道路绿化树种的选用，应考虑各树种生长习性、观赏和经济价值及其对特殊环境的适应等。首先，要注意首先选择优良乡土树种，乡土树种适应能力强，易于成活，生长良好，种源多，繁殖快。节省成本，易于见效，又能反映地方风格特色。其次，应注意常绿与落叶的搭配、速生树种和慢生树种相结合；速生树种有利于较快形成行道树景观，早日发挥绿化效果，可与慢生树种合理搭配；而落叶树种季相变化明显，更能体现乡村富于变化的景观特色，在冬季时不妨碍采光取暖。此外，作为行道树种，要充分注意行人与行车安全，关注树木枝下高，树皮光滑度及树皮颜色，并且不应产生植源性污染等。

1. 防护功能行道树种

防护功能行道树的选择，应与防护目的紧密相扣，常见的生态防护种类包括：滞尘降噪、防风防沙、防治水土流失（路岸崩塌）、生态隔离、防抗污染。一般来说，防风防沙、防治水土流失的树种要求有强大的根系，浓密枝叶易于形成行道树的疏透结构，沿海乡村可以选择柳杉、木麻黄、榕树、台湾相思、黄槿、黑松等，内陆平原乡村可选择杨树、白蜡、刺槐、桤木、紫穗槐、泡桐、池杉、水杉等。对于防抗污染的行道树，则应是吸毒制氧能力强的树种，如山毛榉、水青冈、槭树、栎树、法桐、侧柏、皂荚、合欢、银杏、夹竹桃等，柠檬桉、桂花及木兰科、樟科等植物能散发香味，也是很好的行道树种。此外，还可以根据污染的具体种类加以研究选择。

2. 景观功能行道树种

景观提升是乡村道路林建设的主要目标之一，该类树种应具有观花、观叶、观果、观姿特征，并具有较强的物候特征，以充分展示其形态、轮廓及色彩之美，营建多样的乡村道路景观。此类树种有：桃、李、梅、梨等蔷薇科树种，台湾栎、枫香、黄连木、乌桕、五角枫、无患子、银杏、鹅掌楸、苦楝、台湾栾树、黄山栾树、柿树、油桐（三年桐等）、悬铃木、杨树、玉兰、凤凰木、白千层、棕榈类植物及丛生竹类，而地块宽裕的地方可以种植毛竹等散生竹种（图4-10）。

3. 经济功能行道树种

从乡村经济出发，乡村道路林还可以兼顾乡村居民增产增收。此类树种包括用材树种、果树、油料及能源树种等，如珍贵用材树种降香黄檀、小叶紫檀，果树的银杏、梨树、核桃、青梅、李树、苹果、柿子树、杧果、石榴、枇杷等，油料及能源植物的油桐（千年桐、三年桐等）、乌桕、黄连木、石栗、红皮糙果茶、樟树，等等。对于果树及药用行道树种，应注意避免种植在有汽车尾气及其他污染的区域（图4-11）。

乌桕（寿宁县大安乡）

图4-10 景观型乡村道路林

Fig. 4-10 Landscape type village road forest（袁晓浩摄）

小叶紫檀（云霄县下坂村）

图4-11 经济型乡村道路林

Fig. 4-11 Economic type village road forest

五、其他配套技术

乡村道路林应尽量采用大苗种植（容器苗或带土球种植）。必要时设置保护框等，避免鸡鸭、牛羊及人为伤害。道路种植带的地类复杂，对于土壤坚实、板结、黏重或多石砾的地方，必要时可以采用客土措施。强调三分造林七分管理，积极保肥保墒，排除杂草竞争，保证幼树生长。

第三节　乡村水岸林建设技术与实例

传统的乡村水岸林是经过长期的自然淘汰和人为选择共同作用的结果，它具有很强的适生性，充分体现了自然与乡村的有机融合，展示了乡村的乡土风貌，营造了乡村的文化特点。同时，岸边年代久远的古树名木还是当地乡村文化的主要载体（张晓民，2006；艾晓丽等，2007）。

近几十年以来，由于人们生态保护意识薄弱、人为干扰破坏、专业规划落后的原因，使得乡村水岸林的建设遭受到了严重的破坏和威胁。由于水利工程防洪灌溉的需求，地方在缺乏系统考虑及针对性保护的情况下，简单一刀切进行水岸硬质驳岸建设，使得乡村水岸林的建设腹地逐渐缩小，优美景观消失殆尽。由于长期缺乏系统的科学、专业的技术体系支撑，乡村水岸林的建设发展处于矛盾与尴尬境地，未能取得实质进展。因此，进行乡村水岸林构建技术体系的研究就显得十分必要和急迫。

一、乡村水岸林的功能目标

1. 强化生态防护

乡村水岸林的功能主要是生态防护，在保障防洪排涝和供水安全的基础上，充分兼顾水土保持、水源涵养、区域防风等内容，达到净化水质，改善生态环境的目的。遵循自然水岸植被群落的组成、结构等规律，通过人工作业，改造现有水岸林地并与之共同形成生态林带，为水生生物、昆虫、鸟类等提供生存载体和生活廊道，促进生态系统的完善和防护功能的发挥。

2. 提升景观质量

景观质量的提升是乡村水岸林建设的主要目的之一，水岸的美化、绿化，应充分利用各种树木花草的形态、姿态、色彩及物候特征，合理配置不同体量、不同色彩、不同观赏特点的植物，展示水岸林的整体美，营造出富有地域特色的优美的乡村水岸景观。

3. 促进经济发展

选择诸如竹子、荔枝、梨树等经济收益明显的林果树种，从而增加广大村民的经济收入；乡村水岸景观质量的提升，为开展乡村休闲旅游奠定了坚实基础，旅游活动的开展对于促进乡村第三产业及相关行业的发展有显著作用。

二、乡村水岸林构建技术

(一)基本原则

1. 因地制宜原则

根据乡村所在地区自然环境气候特点，可选择具有耐水湿等优良地带表现的乡土树种；根据不同的立地条件，适地适树，选择适宜种植的树种；根据当地的民风民俗、栽植习惯，充分展示乡土气息和地方特色；根据水岸宽度、水岸两侧可改造地块形状和面积、水岸两侧堤内堤外现有植被情况，确定人工改造的片状或带状作业形式；根据水体总体走向，进行视觉空间的差异处理和景观节点设计。从多角度进行因地制宜考虑，确保科学性和合理性。

2. 功能需求原则

根据不同功能需求，最大限度地利用当地自然环境和现有绿化条件，选择不同植物，通过不同的植物配置方法和营建措施，满足人们的多样化需求。如侧重生态防护，则宜选择具备优良耐水性、水土保持、水源涵养、水体修复等功能的树种，开展生态系统恢复；如侧重旅游景观，则应尽量保留历史文化内涵深厚的名木古树，展现乡村地域特色，延续乡村现有风貌，并进行适当美化绿化，增加基础设施配套；如侧重经济生产，则宜考虑竹子、梨树等经济林果优势树种，进行合理补植套种，确保可持续发展。

3. 生物多样性原则

应遵循自然水岸植被群落的组成、结构等规律。在水平结构上，采用多树种混交林的形式；在垂直结构上，采用林冠层、下木层、灌木层和地被层多层次组合的形式，这样能使群落的生态效益更好，并且更加适宜动物的生存，进而成为一些动物栖息地。如柳树、水杨、杨、榛树以及芦苇、菖蒲等喜水湿繁茂的绿树草丛，种植在水边堤岸，可为昆虫、鸟类等提供觅食、繁衍的好场所，而鸟类又可消除植物的虫害，形成一个良好的循环型生态系统(赵楠，2011)。

(二)营造模式

根据南北方水岸水系特征分析，以及堤坝处理与河断面处理之间的关系，总结出以下4种乡村水岸植物配置模式，即乡村水岸堤外片状景观防护林模式、乡村水岸堤上行带状景观防护林模式、乡村水岸堤内带状景观防护林模式以及乡村水岸堤内片状景观防护林模式。此外，由于全国各地气候和植被带区划差异明显，优势乡土树种迥然不同，各地民风民俗及生活习惯不同，因此在乡村水岸林的营建过程中，其树种选择及其配置形式也有着多样的处理(表4-1)。根据功能需求，常见的乡村水岸林树种可选择如下一些：

防护型：垂柳、旱柳、苦楝、蜀桧、大叶女贞、国槐、雪松、白皮松、法国梧桐、毛白杨、构树、朴树、椴树、女贞、龙爪槐、榆树、桑、白桦、柞树、水松、长梗柳、香樟、桉树；

　　经济型：山杏、山楂、葡萄、荔枝、板栗、油桐、柿树、竹子、湿地松；

　　景观型：桃花、樱花、梅花、栾树、枫杨、桂花、山茶、木槿、月季、连翘、紫荆、紫薇、棣棠、松柏类、水杉、蒲桃、榕树类、羊蹄甲类、木麻黄、椰子、落羽杉、乌桕、枫树、鸡爪槭、火炬树、银杏、黄栌、无患子、栾树、盐肤木、榉树、臭椿、元宝枫等。

表4-1　不同类型景观防护林的特点

Table 4-1　Characteristics of different types of the landscape protection forest

模式类型	生境	亚类	树种选择	生态功能	景观效果	备注
堤外片状景观防护林模式	河滩地以及土质沟渠边，与其他水岸相比，这些区域经常有水	乔草式	对树种的耐涝能力要求高。可选择水杉、水松、池杉、垂柳、芭蕉、芦苇、水芋、石菖蒲、灯芯草等	固土；防止河滩地、沟渠受到水流的冲刷；同时对土壤还有改良作用	使得水岸更具有生机和活力，衬托岸线的蜿蜒曲折	对于沟渠水岸而言，灌木式种植不会将狭长的沟渠空间遮挡住，有利于保持水的活力和自净能力
		灌草式	长梗柳、芦苇、香蒲、五节芒、石菖蒲、华南毛蕨、水芋、灯芯草等	为鱼类等水生生物提供良好的栖息环境，有利于流域生态环境的改善	与乔木式的植物配置相隔使用，可以丰富水岸景观，降低相同模式的种植给人们带来的单调感	
堤上带状景观防护林模式	适于河岸堤坝上和一些池塘岸边陆地，这些区域的空间较为狭长	乔草式	枫杨、朴树、香叶树、意杨、板栗、垂柳、苦楝、桂花、梅、柳杉、绿竹、毛竹、棕榈等	起到巩固岸堤的同时，还充当了缓冲带的功能，滞留由水岸周边农田流入的农药残余物	可以有一种或多种植物构成行带种植，景观效果各有千秋	适用于堤坝面较窄的河岸与池塘水岸
		乔灌草式	枫杨、意杨、朴树、长梗柳、板栗、山乌桕、荔枝、柳、香叶树、枫香、樟树、垂柳、榕树、三年桐、千年桐、梨树、桂花、云实、山茶、木槿、月季、三角梅、长梗柳、小蜡、檵木、狗牙根、笔管草、芒萁、紫背天葵等	由于灌木状植被的加入，加强防护、隔离的效果，且有利于岸边生物多样性	与乔草式相比，更具有层次感，景观更为自然	适用于堤坝面较宽的河岸与池塘水岸
		灌草式	长梗柳、迎春花、凤尾竹、水竹、月季、檵木、木槿、盐肤木、肾蕨、毛蕨等	保持水土	灌木较为低矮，使得视线通透	对于池塘水岸而言，可以使池塘空间看起来更明朗、开阔
堤内带状景观防护林模式	河岸堤坝以内水岸以及湖岸、水库水岸、沟渠水岸、一些池塘水岸	乔草式	枫杨、枫香、樟树、杨树、板栗、朴树、水杉、池杉、香叶树、花桐木、乌桕、山乌桕、冬青、石栎、苦楝、柠檬桉、荔枝、榕树、棕榈、紫花泡桐、白花泡桐、三年桐、千年桐、女贞、合欢、桂花、梨树、马尾松、虎皮楠、木荷、梅等，以及棕榈、绿竹、毛竹、小径竹等	防风固沙、降低风速、保持水土、改善环境、提高生态效益的作用	树种以乔木为主，视线较为通透	

（续）

模式类型	生境	亚类	树种选择	生态功能	景观效果	备注
堤内带状景观防护林模式	河岸堤坝以内水岸以及湖岸、水库水岸、沟渠水岸、一些池塘水岸	乔灌草式	樟树、枫杨、枫香、杨树、板栗、朴树、乌桕、水杉、池杉、香叶树、花桐木、山乌桕、冬青、石栎、苦楝、柠檬桉、荔枝、榕树、棕榈、紫花泡桐、白花泡桐、三年桐、千年桐、女贞、合欢、桂花、梨树、马尾松、虎皮楠、木荷、梅、棕榈、绿竹、毛竹、小径竹、构树、芭蕉、盐肤木、三角梅、小蜡、凤尾竹、云实、檵木、木槿、月季、水芋、华南毛蕨、五节芒、肖梵天花、飞蓬等	乔灌搭配，配置紧密，具有较好的防护、隔离功能，同时对水岸也起到防风固沙、降低风速、保持水土、改善环境、提高生态效益的作用	具有明显的层次感，树种组成丰富，呈现自然状态，季相变化明显，是乡村水岸上一道独特的风景线	
		灌草式	小蜡、凤尾竹、构树、小果蔷薇、三角梅、芒萁、檵木、盐肤木、茅莓、飞蓬等	对水岸的生态环境有一定的改善作用，利于水土保持，但与前两种模式相比，防风能力减弱	由于灌木比较低矮，视线通透	比较适于沟渠水岸以及池塘水岸，可以使空间看起来更明朗、开阔
堤内片状景观防护林模式	河岸堤坝以内以及湖岸、水库水岸、沟渠水岸、一些池塘水岸成片地块区域	乔草式	枫杨、枫香、樟树、杨树、板栗、朴树、水杉、池杉、香叶树、花桐木、乌桕、山乌桕、冬青、木荷、石栎、苦楝、柠檬桉、荔枝、榕树、棕榈、紫花泡桐、白花泡桐、细柄阿丁枫、三年桐、千年桐、青榨槭、女贞、合欢、桂花、梨树、马尾松、虎皮楠、木荷、梅、棕榈、绿竹、毛竹、小径竹等	产生更多的负氧离子，提高水岸环境的生态效益，在防风固沙、保持水土方面起到加强的作用	成片的林带景观，春夏林木苍翠，碧绿葱茂，给予人一种壮观的美感，秋冬时节，色彩丰富，另有一番韵味	
		乔灌草式	枫香、枫杨、榕树、樟树、香叶树、马尾松、木荷、冬青、意杨、合欢、三年桐、千年桐、苦楝、板栗、山乌桕、细柄阿丁枫、紫花泡桐、白花泡桐、赤桉、梅、青榨槭、梨树、荔枝、杧果、橄榄、小径竹、毛竹、绿竹、棕榈、小蜡、薜荔、构树、小果蔷薇、檵木、凤尾竹、云实、决明、五节芒、芒萁、婆婆纳、艾草、飞蓬、盐肤木、茅莓、华南毛蕨等	产生更好的生态效益，同时还发挥着缓冲区的功能		在水岸种植不同绿绿度的树种为基调，稍点缀几株秋色叶树种，可使得环境更为宁静、优雅

1. 乡村水岸堤外片状景观防护林模式

在乡村水岸堤外进行片状新植、补植、套种等，从而形成具备一定生态功能和景色的景观防护林模式。主要适于河滩地以及土质沟渠边，这些区域经常有水，对树种的耐涝能力要求高。如果处理得当，该地块可以形成自然的岸地景观。根据树种的生活型，可以将这种景观防护林模式建成乔草式、灌草式两个亚类型。

（1）乔草式　主要适于河滩地，由乔木和草地组成，树种可选择水杉、水松、池杉、垂柳、芭蕉、芦苇、水芋、石菖蒲、灯芯草等。

生态功能及景观效果：该类型树种的耐水性较强，可以忍耐短期洪水浸泡，且根系发达，可深入土层较厚，可以起到固土的作用，防止河滩地受到水流的冲刷而造成水土流失，同时对土壤还有改良作用（范世香等，2008）。水杉、水松、池杉等树干通直挺拔，高大秀颀，叶色翠绿，入秋后叶色金黄、红色；而垂柳等树形较为低矮，枝条柔软，纤细下垂，微风吹来，自然潇洒，妩媚动人，与水杉、水松、池杉等的高大伟岸形成强烈的对比，使得整体景观显得富有节奏和韵律。同时，水岸边植物的姿态、色彩与所形成的倒影相映成趣，增强了水岸景观的美感。

模式配置图：乔木树种可选择水杉、水松、池杉、柳树等，以及石菖蒲、水芋等草本植物组成的乔草式堤外片状景观防护林模式（图4-12）。

（2）灌草式　可适于河滩地和沟渠水岸，由灌木和地被组成，植被可选择长梗柳、芦苇、五节芒、石菖蒲、华南毛蕨、水芋、灯芯草等。

生态功能及景观效果：长梗柳新叶嫩绿，根系可深入土层，是常见的护岸固堤树种；芦苇、石菖蒲和水芋等是较为常见的水生或湿生植物，在临水处种植这些可以为鱼类等水生生物提供良好的栖息环境，有利于流域生态环境的改善，同时，芦苇地下有发达的匍匐根状茎，易成大片的景观，开花时节，柔软的花序和叶随风飞舞，可将水岸装扮得更为美丽动人，加上石菖蒲、水芋等植被，可将水岸点缀得更有生机。与乔木式的植物配置相隔使用，可以丰富水岸景观，降低相同模式的种植给人们带来的单调感。对于沟渠水岸而言，低矮的灌木式种植不会将狭长的沟渠空间遮挡住，同时也有利于保持水的活力和自净能力。

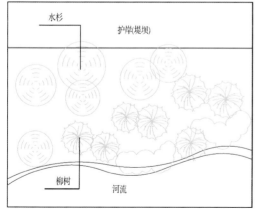

（a）平面图　　　　　　　　　　（b）立面图

（c）示意图 （d）示意图

图 4-12 乡村水岸林堤外片状（乔草式）景观防护林模式（宁德市霍童镇）

Fig. 4-12 Flake-landscape protection forest of outer dike（arbor-herb type）

模式配置图：可选择由芦苇和灌木状的长梗柳组成的灌草式堤外片状景观防护林模式
（图 4-13）。

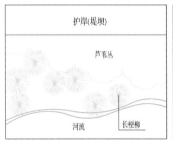

（a）平面图 （b）立面图 （c）示意图

图 4-13 乡村水岸林堤外片状（灌草式）景观防护林模式

（长汀县新桥镇汀江水岸）

Fig. 4-13 Flake-landscape protection forest of outer dike（shrub-herb type）

2. 乡村水岸堤上带状景观防护林模式

在乡村水岸堤上进行带状新植、补植、套种等，从而形成具备一定生态功能和景色的景观防护林模式。主要适于河岸堤坝上和一些池塘岸边陆地，这些区域的空间较为狭长，受空间所限，岸上植物主要是以带状分布。按树种的生活型，可将这种景观防护林模式建成乔草式、乔灌草式、灌草式 3 个亚类型。

（1）乔草式　适用于堤坝面较窄的河岸与池塘水岸。乔木包括枫杨、朴树、香叶树、意杨、板栗、垂柳、苦楝、桂花、梅、柳杉、绿竹、毛竹、棕榈等。

生态功能及景观效果：人工护岸是硬质景观，对护岸进行绿化可以起到柔化岸线的作用，同时在护岸上种植的植物可创造良好的生态环境，对于池塘水岸而言则可以有效地保护池塘水质。可以选择一种或多种树种进行配置，由一种树种形成的植物景观色彩一致、林冠线整齐，具有整齐均衡的美感，由多种树种形成的植物景观色彩多样，林冠线高低参差不齐，具有自然和谐的美感。

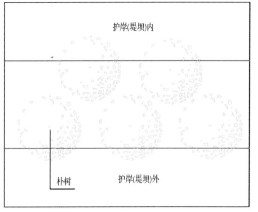
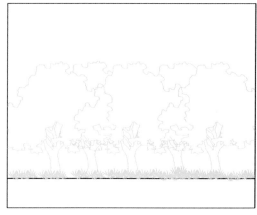

（a）平面图　　　　　　　　　　　　　　（b）立面图

图 4-14　植物配置

Fig. 4-14　Plant disposition plan（a）and elevation（b）

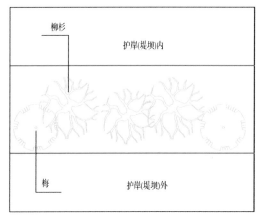

（a）平面图　　　　　　　　　　　　　　（b）立面图

图 4-15　植物配置

Fig. 4-15　Plant disposition plan（a）and elevation（b）

模式配置图1：由朴树组成的堤上带状景观防护林模式，整体景观规则整齐，色彩一致（图4-14）。

模式配置图2：由柳杉和梅组成堤上带状景观防护林模式（图4-15）。

模式意向图（图4-16）。

（2）乔灌草式　适用于堤坝面较宽的河岸与池塘水岸。树种的组成有乔木、灌木以及地被，层次分明。乔木层以枫杨、意杨、朴树、长梗柳、板栗、山乌桕、荔枝、柳杉为主，其间还间植有香叶树、枫香、樟树、垂柳、榕树、三年桐、千年桐、梨树、桂花等；灌木层有云实、山茶、木槿、月季、三角梅、长梗柳、小蜡、檵木等；地被有狗牙根、笔管草、芒萁、紫背天葵等。

生态功能及景观效果：与乔草式相比，由于灌木状植被的加入，加强了水岸生态环境

图 4-16 乡村水岸林堤上带状（乔草式）景观防护林模式——意向图
（长汀县新桥镇汀江水岸）

Fig. 4-16 Banded-landscape protection forest of dike（arbor-herb type）

作用，是防护、隔离效果最好的形式。从总体上看，乔、灌、草式的搭配层次分明，种类丰富，有利于岸边生物多样性。但由于堤岸空间以及有些池塘水岸较为狭长，乔灌草式的配置方式会使得水岸空间显得拥挤。

模式配置图：图 4-17 为枫香、木槿、檵木以及绿竹组成的乔灌式堤上景观防护林模式。

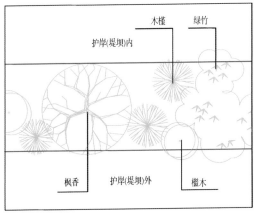

（a）平面图

（b）立面图

（c）示意图　　　　　　　　　　　　　　　（d）示意图

图4-17　乡村水岸林堤上带状（乔灌草式）景观防护林模式图

（长汀县新桥镇汀江水岸）

Fig. 4-17　Banded-landscape protection forest of dike（arbor-shrub-herb type）

（3）灌草式　树种组成单一，以灌木为主，可选择长梗柳、迎春花、凤尾竹、水竹、月季、木槿、檵木、盐肤木等，还有肾蕨、毛蕨等地被，现阶段，由于城市绿化对乡村景观的冲击，在一些已绿化的乡村，则种植有黄金叶、红花檵木、黄金榕、美人蕉等较为城市化的园林植物。

生态功能及景观效果：灌草式种植可以保持水土，但灌木较为低矮，防风能力减弱。灌木较为低矮，使得视线通透，对于池塘水岸而言，这种模式可以使池塘空间看起来更明朗、开阔。但对于河岸堤坝来说，整个景观则显得萧条、单薄。

模式配置图：由迎春花与木槿组成的灌草式堤上景观防护林模式（图4-18）。

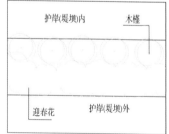

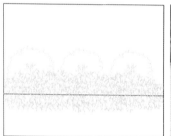

（a）平面图　　　　　　　　（b）立面图　　　　　　　　（c）示意图

图4-18　乡村水岸林堤上带状（灌草式）景观防护林模式图（长汀县铁长乡）

Fig. 4-18　Banded-landscape protection forest of dike（shrub-herb type）

3. 乡村水岸堤内带状景观防护林模式

在乡村水岸堤内进行带状新植、补植、套种等，从而形成具备一定生态功能和景色的景观防护林模式。主要适于河岸堤坝以内水岸以及湖岸、水库水岸、沟渠水岸、一些池塘水岸，这些区域的土壤状况良好，地下水位较正常，树种对耐水性的要求较低。按树种的生活型，可将这种景观防护林模式建成乔草式、乔灌草式、灌草式3个亚类型。

（1）乔草式　乔木树种可选择枫杨、枫香、樟树、杨树、板栗、朴树、水杉、池杉、香叶树、花榈木、乌桕、山乌桕、冬青、石栎、苦楝、柠檬桉、荔枝、榕树、棕榈、紫花泡桐、白花泡桐、三年桐、千年桐、女贞、合欢、桂花、梨树、马尾松、虎皮楠、木荷、梅等，以及棕榈、绿竹、毛竹、小径竹等植物。

生态功能及景观效果：在河岸堤坝以内水岸、沟渠水岸、池塘水岸种植植被不仅起到了缓冲带的作用，还可以起到防风固沙、降低风速、保持水土、改善环境、提高生态效益的作用，对于水库水岸而言，还是重要的水源涵养林带、水土保持林带。树种以乔木为主，视线较为通透。

模式配置图：以单种树种构成的乔草式堤内带状景观防护林模式（图4-19）。

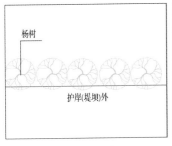 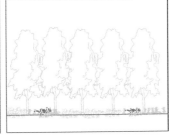 

（a）平面图　　　　　　　　（b）立面图　　　　　　　　（c）示意图

图4-19　乡村水岸林堤内带状（乔草式）景观防护林模式图（莆田市城厢区）

Fig. 4-19　Banded-landscape protection forest of inner dike（arbor-herb type）

（2）乔灌草式　植被由乔、灌、草组成，乔木树种可选择樟树、枫杨、枫香、杨树、板栗、朴树、乌桕、水杉、池杉、香叶树、花榈木、山乌桕、冬青、石栎、苦楝、柠檬桉、荔枝、榕树、棕榈、紫花泡桐、白花泡桐、三年桐、千年桐、女贞、合欢、桂花、梨树、马尾松、虎皮楠、木荷、梅等，以及棕榈、绿竹、毛竹、小径竹等，灌木主要包括构树、芭蕉、盐肤木、三角梅、小蜡、凤尾竹、云实、檵木、木槿、月季等，以及水芋、华南毛蕨、五节芒、肖梵天花、飞蓬等地被。

生态功能及景观效果：植被由乔木、灌木、地被组成，配置紧密，具有较好的防护、隔离功能，同时对水岸也起到防风固沙、降低风速、保持水土、改善环境、提高生态效益的作用。总体上看，这类型的植物配置树种组成丰富，呈现自然状态，季相变化明显，是乡村水岸上一道独特的风景线。

模式配置图：为樟树、山乌桕、桂花、小蜡、三角梅、檵木、木槿等树种组成的乔灌草式的堤内带状景观防护林模式（图4-20）。

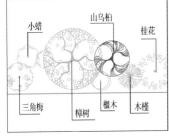  

（a）平面图　　　　　　　　（b）立面图　　　　　　　　（c）示意图

图4-20　乡村水岸林堤内带状（乔灌草式）景观防护林模图

（长汀县新桥镇汀江水岸）

Fig. 4-20　Banded-landscape protection forest of inner dike（arbor-shrub-herb type）

（3）灌草式 以灌木为主，有小蜡、凤尾竹、构树、小果蔷薇、三角梅、芒萁、檵木、盐肤木，有茅莓、飞蓬等植被。这种模式对水岸的生态环境有一定的改善作用，利于水土保持，但与前两种模式相比，缺少了乔木层的阻挡，防风能力减弱。由于灌木比较低矮，在美化水岸空间的同时，不会阻挡人们观赏对岸风景的视线，视线通透。整体效果与堤上灌草式效果相似。

4. 乡村水岸堤内片状景观防护林模式

在乡村水岸堤内进行片状新植、补植、套种等，从而形成具备一定生态功能和景色的景观防护林模式。主要适于河岸堤坝以内以及湖岸、水库水岸、沟渠水岸、一些池塘水岸成片地块区域。与堤内带状景观防护林相比，其树种组成较为复杂，自然群落特征更为明显。按树种的组成，可将这种景观防护林模式建成乔草式、乔灌草式、灌草式3个亚类型。

（1）乔草式 乔木包括枫杨、枫香、樟树、杨树、板栗、朴树、水杉、池杉、香叶树、花桐木、乌桕、山乌桕、冬青、木荷、石栎、苦楝、柠檬桉、荔枝、榕树、棕榈、紫花泡桐、白花泡桐、细柄阿丁枫、三年桐、千年桐、青榨槭、女贞、合欢、桂花、梨树、马尾松、虎皮楠、木荷、梅等，以及棕榈、绿竹、毛竹、小径竹等。

生态功能及景观效果：在河岸堤坝以内水岸以及湖岸、水库水岸、沟渠水岸、池塘水岸上片状种植乔木，可以产生更多的负氧离子，提高水岸环境的生态效益，在防风固沙、保持水土方面起到加强的作用。成片的森林植被景观，春夏林木苍翠，碧绿葱茂，给予人一种壮观的美感，秋冬时节，色彩丰富，另有一番韵味，是乡村优美的风景游憩林。

模式配置图：图为枫香、樟树、柠檬桉、柳杉、山乌桕以及毛竹组成的乔草式片状景观防护林模式，以樟树为主要树种（图4-21）。

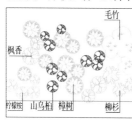

（a）平面图　　　　　　　　　（b）立面图　　　　　　　　（c）示意图

图4-21　乡村水岸林堤内片状（乔草式）景观防护林模式图（寿宁县小拓）
Fig. 4-21　Flake-landscape protection forest of inner dike（arbor-herb type）

（2）乔灌草式 植被由乔、灌、草组成，高层可选择枫香、枫杨、榕树、樟树、香叶树、马尾松、木荷、冬青、意杨、合欢、三年桐、千年桐、苦楝、板栗、山乌桕、细柄阿丁枫、紫花泡桐、白花泡桐、赤桉、梅、青榨槭、梨树、荔枝、杧果、橄榄、小径竹、毛竹、绿竹、棕榈等树种；中层可选择小蜡、薜荔、构树、小果蔷薇、檵木、凤尾竹、云实、决明等；草层植被可选择五节芒、芒萁、婆婆纳、艾草、飞蓬、茅莓、华南毛蕨等。

生态功能及景观效果：片状的乔、灌、草式种植更有利于生物多样性的发展，可以产生更好的生态效益，同时还发挥着缓冲区的功能。

模式配置图：图4-22为樟树、柳杉、枫香、柠檬桉、山乌桕等乔木，还有檵木等灌木组成的乔灌草式片状景观防护林模式，在水岸种植不同绿色度的树种为基调，稍点缀几株秋色叶树种，可使得环境更为宁静、优雅。

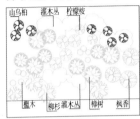

（a）平面图　　　　　　　　（b）立面图　　　　　　　（c）示意图

图4-22　乡村水岸林堤内片状（乔灌草式）景观防护林模式图

（长汀县新桥镇汀江水岸）

Fig. 4-22　Flake-landscape protection forest of inner dike（arbor-shrub-herb type）

三、实例分析

在此，仅以福建省为例，进行个案乡村水岸林构建技术的论述，以期达到由点及面，为国内其他省市的乡村水岸林营建提供一种思路借鉴，为更多学者及地区丰富水岸林建设，奠定扎实的、具有参考意义的实践经验。福建省水岸林各种构建模式的树种选择可参照表4-2。

表4-2　福建省乡村水岸绿化常见植物

Tab. 4-2　Common green plants of village water bank forest in Fujian Province

植物中文名		科名	生物学特性及观赏特性	适用范围
蕨类植物	毛蕨	金星蕨科	根状茎长而横走，叶远生，近革质	堤上、堤内
	华南毛蕨	金星蕨科	根状茎横走，叶片革质，矩圆状披针形	堤外、堤上、堤内
	肾蕨	肾蕨科	常地生和附生于溪边林下的石缝中和树干，是乡村常见植物	堤上、堤内
	芒萁	里白科	常大片生长，有保持水土之效	堤上、堤内
	笔管草	木贼科	多年生草本，是乡村常见植物	堤上、堤内
裸子植物	水杉	杉科	落叶乔木；树干通直挺拔，高大秀顾，叶色翠绿，入秋后叶色金黄	堤外
	水松	杉科	半常绿性乔木；树形优美	堤外
	池杉	杉科	落叶乔木；树形美观，枝叶秀丽，秋叶棕褐色	堤外
	柳杉	杉科	常绿乔木；树干笔直如柱，不枝不蔓	堤上、堤内
	马尾松	松科	常绿乔木；树姿挺拔，苍劲雄伟	堤内
单子叶植物	灯芯草	灯心草科	多年生草本水生植物，秆丛生直立	堤外
	水芋	天南星科	多年生宿根水生草本；开白色花，可点缀乡村水岸景观	堤外
	石菖蒲	天南星科	多年生常绿草本植物能适应湿润的条件，可在较密的林下作地被植物	堤外

（续）

植物中文名	科名	生物学特性及观赏特性	适用范围
芭蕉	芭蕉科	扶疏似树，质则非木，高舒垂荫	堤外
美人蕉	美人蕉科	多年生草本，植株直立，花大而艳	堤上、堤内
绿竹	禾本科	身影婆娑，枝叶翠绿，郁郁苍苍	堤外、堤上、堤内
毛竹	禾本科	秆高叶翠，四季常青，秀丽挺拔，经霜不凋，雅俗共赏	堤上、堤内
水竹	禾本科	竹身细长，节间长，色青，鞭节间较短	堤上
凤尾竹	禾本科	植株丛生，叶细纤柔，弯曲下垂，宛如凤尾	堤上、堤内
狗牙根	禾本科		
芦苇	禾本科	芦苇择水而生，夏秋开花时，更显自然飘逸	堤外
五节芒	禾本科	五节芒随处可见，巨大的白色花序颇具观赏价值	堤内
垂柳	杨柳科	落叶乔木；枝条细长柔软，姿态优美潇洒，柔条依依拂水，别有风致	堤外、堤上、堤内
长梗柳	杨柳科	落叶灌、乔木；新叶嫩绿，姿态万千	堤外、堤上
意杨	杨柳科	落叶乔木；树干耸立，枝条开展，叶大荫浓，能很快地形成绿化景观	堤上、堤内
香叶树	樟科	常绿灌木或乔木；叶绿果红，颇为美观，属于荫木类	堤上、堤内
樟树	樟科	常绿性乔木；枝叶茂密，冠大荫浓，树姿雄伟，四季都呈现绿意盎然的景象	堤上、堤内
枫杨	胡桃科	落叶乔木；树冠广展，枝叶茂密，根系发达，为河岸低洼湿地的良好绿化树种	堤上、堤内
朴树	榆科	落叶乔木；树冠圆满宽广，树荫浓郁，是河网区防风固堤树种	堤上、堤内
板栗	山毛榉科	落叶乔木；树冠圆广、枝茂叶大，是重要的绿化造林和水土保持树种	堤上、堤内
苦楝	楝科	落叶乔木；花堇紫色，有香气；球形核果淡黄色，经冬不凋，形如小铃	堤上、堤内
桂花	木犀科	常绿灌木或小乔木；花朵颜色稍白，或淡黄，香气较淡	堤上、堤内
小蜡	木犀科	落叶灌木；其干老根古，虬曲多姿	堤上、堤内
迎春花	木犀科	落叶灌木；枝条披垂，先花后叶，花色金黄，叶丛翠绿，可供早春观花	堤上
女贞	木犀科	常绿乔木或灌木；四季婆娑，枝干扶疏，枝叶茂密，树形整齐	堤内
山乌桕	大戟科	乔木或灌木；叶子春季嫩绿，秋季红色，种子常年挂在树上，为优良的秋色植物和生态林树种	堤上、堤内
三年桐	大戟科	落叶乔木；花白色，先叶开放，树型修长，是我国特有经济林木	堤上、堤内

（续）

植物中文名	科名	生物学特性及观赏特性	适用范围
千年桐	大戟科	落叶乔木；树姿优美，开花时，白色的花挂满枝头，非常壮观	堤上、堤内
乌桕	大戟科	落叶乔木；为色叶树种，春秋季叶色红艳夺目，不下丹枫	堤上、堤内
荔枝	无患子科	常绿乔木；每当果实成熟季节，鲜荔果赤如丹悬满枝头，别有一番风味	堤上、堤内
枫香	金缕梅科	落叶乔木；树干高耸，秋冬叶色红艳	堤上、堤内
檵木	金缕梅科	多为灌木状	堤上、堤内
榕树	桑科	常绿乔木；树形奇特，枝叶繁茂，树冠巨大，能"独木成林"	堤上、堤内
构树	桑科	落叶乔木；适应性特强，抗逆性强，经济价值很高	堤内
薜荔	桑科	攀援或匍匐灌木	堤内
梨	蔷薇科	3~4月份开花，梨花靓艳寒香，洁白如雪，是具有乡村特色的果树	堤上、堤内
月季	蔷薇科	灌木；花大型，有香气	堤上、堤内
梅	蔷薇科	落叶乔木；在寒冬，只有梅花傲然怒放，在寒风中翩翩起舞，冰心玉骨，点缀着乡村水岸美景	堤内
小果蔷薇	蔷薇科	藤状灌木，富有野趣	堤内
云实	苏木科	落叶攀援灌木；花期5月，花黄色	堤上、堤内
花榈木	豆科	常绿小乔木，树形优美	堤内
合欢	豆科	落叶乔木；树冠开阔，叶形雅致，盛夏绒花满树，有色有香	堤内
山茶	山茶科	树冠多姿，叶色翠绿，花大艳丽，花期正值冬末春初	堤上、堤内
木荷	山茶科	乔木；新叶初发，老叶入秋均呈红色，艳丽可爱	堤内
木槿	锦葵科	灌木或小乔木；花艳丽，作为观赏植物广泛栽种	堤上、堤内
三角梅	紫茉莉科	灌木；苞片形似艳丽的花瓣，冬春之际，姹紫嫣红，给人以奔放、热烈的感受	堤上、堤内
盐肤木	漆树科	落叶灌木至小乔木；可作为观叶、观果的树种	堤上、堤内
杧果	漆树科	常绿乔木；树冠球形，枝叶茂密	堤内
冬青	冬青科	常绿乔木；枝叶茂密，树形整齐	堤内
石栎	山毛榉科	常绿乔木；枝叶茂密	堤内
柠檬桉	桃金娘科	乔木；高大而且生长迅速，可迅速成林	堤内
赤桉	桃金娘科	乔木；生长快，适应性强	堤内
紫花泡桐	玄参科	落叶乔木；疏叶大，树冠开张，4月间盛开簇簇紫花	堤内
白花泡桐	玄参科	乔木；树干直，花白色，生长迅速	堤内
橄榄	橄榄科	常绿乔木；枝叶茂密，为经济树种	堤内

双子叶植物

（续）

植物中文名		科名	生物学特性及观赏特性	适用范围
双子叶植物	虎皮楠	交让木科	常绿小乔木或灌木；树形美观	堤内
	青榨槭	槭树科	入秋叶色黄紫，枝干绿色平滑有白色条纹	堤内
	飞蓬	菊科	多年生草本；花色多样，可增添水岸景观色彩	堤上、堤内
	艾草	菊科	多年生草本；植株有浓烈香气，是很重要的民生植物	堤上、堤内
	紫背天葵	秋海棠科	多年生无茎草本	堤上
	婆婆纳	玄参科	一年生或越年生草本，花色多样，可用作冬季草地地被	堤内
	肖梵天花	锦葵科	草本	堤内
	茅莓	蔷薇科	落叶灌木，聚合果球形，熟时红色可食	堤内

（一）乡村水岸堤外片状景观防护林模式

1. 乔草式［图 4-23（a）、（b）］

（1）现状分析　原有水岸景观空间层次单调，缺乏观赏性。

（2）改造措施　乔木树种可选择水杉、水松、池杉、柳树等；草本植物可选择石菖蒲、水芋等。

（3）效果评价　水杉、水松、池杉等树种树干通直挺拔，高大秀颀，叶色翠绿，入秋后叶色金黄、红色；而垂柳等树形较为低矮，枝条柔软，纤细下垂，微风吹来，自然潇洒，妩媚动人，与水杉、水松、池杉等的高大伟岸形成强烈的对比，使得整体景观显得富有节奏和韵律。同时，水岸边植物的姿态、色彩与所形成的倒影相映成趣，增强了水岸景观的美感。

2. 灌草式［图 4-23（c）、（d）］

（1）现状分析　原有水岸自然优美，但缺乏空间律动感。

（2）改造措施　补植芦苇和灌木状的长梗柳等。

（3）效果评价　在临水处种植芦苇和灌木状长梗柳可以为鱼类等水生生物提供良好的栖息环境，有利于流域生态环境的改善，同时，芦苇地下有发达的匍匐根状茎，易成大片的景观，开花时节，柔软的花序和叶随风飞舞，可将水岸装扮得更为美丽动人，加上石菖蒲、水芋等植被，可将水岸点缀得更有生机。与乔木式的植物配置相隔使用，可以丰富水岸景观，降低相同模式的种植给人们带来的单调感。对于沟渠水岸而言，低矮的灌木式种植不会将狭长的沟渠空间遮挡住，同时也有利于保持水的活力和自净能力。

（二）乡村水岸堤上带状景观防护林模式

1. 乔草式

案例 1［图 4-23（e）、（f）］

现状分析：江河的人工硬质护岸，形式生硬，缺乏美感、生态效果差。

改造措施：带状朴树营造。

效果评价：对硬质护岸进行绿化可以起到柔化岸线的作用，同时在护岸上种植的植物可创造良好的生态环境，并在一定程度上改善水质。选择由一种树种形成的植物景观色彩一致、林冠线整齐，具有整齐均衡的美感；由多种树种形成的植物景观色彩多样，林冠线高低参差不齐，具有自然和谐的美感。

案例2[图4-23(g)、(h)]

现状分析：狭长形的规则式硬质水系护岸，呆板单调。

改造措施：带状柳杉和梅营造。

效果评价：在狭长形的规则式水系两岸种植如水杉、水松、落羽杉、池杉等广圆锥型的直立式树种，可以产生强烈的纵深感。在此基础上配合种植梅花，景观将更富有活力。

2. 乔灌草式[图4-23(i)、(j)]

现状分析：水岸线自然流畅，生态优美，但背景杂乱，不协调。

改造措施：枫香、木槿、榉木以及绿竹组合营造。

效果评价：与乔木式相比，由于灌木状植被的加入，加强了水岸的生态环境作用，是防护、隔离效果最好的形式。从总体上看，乔、灌、草式的搭配层次分明，种类丰富，有利于岸边生物多样性。但由于堤岸空间以及有些池塘水岸较为狭长，乔灌草式的配置方式会使得水岸空间显得拥堵。

3. 灌草式[图4-23(k)、(l)]

现状分析：直线水岸黄土朝天，水质差。

改造措施：迎春花与木槿组合营造。

效果评价：灌木式种植可以保持水土，但灌木较为低矮，防风能力减弱。灌木较为低矮，使得视线通透，对于池塘水岸而言，这种模式可以使池塘空间看起来更明朗、开阔。但对于河岸堤坝来说，整个景观则显得萧条、单薄。

(三) 乡村水岸堤内带状景观防护林模式

1. 乔草式[图4-23(m)、(n)]

现状分析：外围水岸，缺乏防护。

改造措施：单一杨树带状种植。

效果评价：在河岸堤坝以内水岸、沟渠水岸、池塘水岸种植植被不仅起到了缓冲带的作用，还可以起到防风固沙、降低风速、保持水土、改善环境、提高生态效益的作用，对于水库水岸而言，还是重要的水源涵养林带、水土保持林带。树种以乔木为主，视线较为通透。

2. 乔灌草式[图4-23(o)、(p)]

现状分析：视线开阔，一马平川，缺乏观赏性和防护性。

改造措施：樟树、山乌桕、桂花、小蜡、三角梅、榉木、木槿等树种组合。

效果评价：植被由乔木、灌木、地被组成，配置紧密，具有较好的防护、隔离功能，同时对水岸也起到防风固沙、降低风速、保持水土、改善环境、提高生态效益的作用。总体上看，这类型的植物配置树种组成丰富，呈现自然状态，季相变化明显，是乡村水岸上一道独立的风景线。

(四)乡村水岸堤内片状景观防护林模式

1. 乔草式[图4-23(q)、(r)]

现状分析：片状空地，可改造利用，营造优美景观。

改造措施：枫香、樟树、柠檬桉、柳杉、山乌桕以及毛竹组合。

效果评价：在河岸堤坝以内水岸以及湖岸、水库水岸、沟渠水岸、池塘水岸上片状得种植乔木，可以产生更多的负氧离子，提高水岸环境的生态效益，在防风固沙、保持水土方面起到加强的作用。成片的森林植被景观，春夏林木苍翠，碧绿葱茂，给予人一种壮观的美感，秋冬时节，色彩丰富，另有一番韵味，是乡村优美的景致。

2. 乔灌草式[图4-23(s)、(t)]

现状分析：通透空间，不利于生态系统发展，且缺乏观赏性。

改造措施：樟树、柳杉、枫香、柠檬桉、山乌桕等乔木，还有檵木等灌木组合。

效果评价：片状的乔、灌、草式种植更有利于生物多样性的发展，可以产生更好的生态效益，同时还发挥着缓冲区的功能。

（a）堤外片状（乔草式）改造前

（b）堤外片状（乔草式）改造后

（c）堤外片状（灌草式）改造前

（d）堤外片状（灌草式）改造后

(e)堤上带状(乔草式ⅰ)改造前　　　　　(f)堤上带状(乔草式ⅰ)改造后

(g)堤上带状(乔草式ⅱ)改造前　　　　　(h)堤上带状(乔草式ⅱ)改造后

(i)堤上带状(乔灌式)改造前　　　　　　(j)堤上带状(乔灌式)改造后

(k)堤上带状(灌草式)改造前　　　　　　(l)堤上带状(灌草式)改造后

（m）堤内带状（乔草式）改造前

（n）堤内带状（乔草式）改造后

（o）堤内带状（乔灌草式）改造前

（p）堤内带状（乔灌草式）改造后

（q）堤内片状（乔草式）改造前

（r）堤内片状（乔草式）改造后

（s）堤内片状（乔灌草式）改造前　　　　　　（t）堤内片状（乔灌草式）改造后

图4-23　水岸景观林改造前后对比

Fig. 4-23　Village water bank renewal picture

第四节　乡村游憩林建设技术与实例

随着社会经济的发展，社会主义新农村建设的不断推进，我国乡村各项事业得以蓬勃发展，特别是随着物质生活水平的提高，人们对生活环境有了更高要求，人们在物质生活得到满足的同时，对精神和文化生活的追求越来越强烈。乡村居民在闲暇之时，常常不由自主地集中到乡村中一些场所，或纳凉，或聊天。乡村游憩林便是常见的场所之一，它在乡村的居民休憩、文化娱乐和环境美化等方面，起着越来越重要的作用。

一、乡村游憩林的功能分析

作为乡村人居林中一个重要的类型，乡村游憩林与乡村居民的生活、乡村环境的改善等方面息息相关，尤其在生态休憩方面发挥着不可替代的作用，建设意义大。其功能作用主要如下：

1. 满足乡村居民日常休憩需求

随着乡村居民休闲活动的日益普遍化，乡村游憩林在生态休憩方面的特有功能不断显现。乡村游憩林本着"以人为本"的原则而建，追求美化、人性化的环境，春可观景、夏可避暑乘凉、秋可赏叶、冬可沐浴阳光，且大部分拥有一定的游憩配套设备，在一些旅游休闲型乡村，甚至还有体验活动（采摘等），这对于乡村居民来说，无疑是日常开展休憩活动的最佳场所。此外，乡村居民在休憩需求的驱动下，往往会自觉或不自觉地对乡村游憩林及其配套设施提出更高要求，以期满足需求，这也正是乡村游憩林在乡村居民日常生活中发挥功能作用的另一种体现。

2. 改善乡村小气候环境

乡村游憩林意在为乡村居民营造可供休憩的环境，但其本身就是一个小型的森林生态系统，具有森林特有的功能作用，包括形成独特的小气候，改善乡村气候环境。高大的乔木能够阻挡部分太阳辐射、减缓风速，林内的植被通过光合作用能够输送氧气，从而使林内太阳辐射减少、风速减小、气温变化缓和、空气清新等，使人们在林内比林外舒适得多，这便是森林形成的小气候环境起的作用。当然，从森林培育、森林生态学上说，森林所形成的小气候与森林自身特征、自然环境，以及四周气候条件、地形特征等多方面因素有关。总的来说，"夏可避暑乘凉、冬可沐浴阳光"是乡村游憩林所形成的小气候作用的真实场景之一，另因乡村游憩林位于乡村居民可达范围，其形成的小气候对直接改善乡村气候环境也有着积极的作用。

3. 美化乡村景观

乡村游憩林往往注重选择一些具有一定观赏性的乔木、灌木等构成游憩林主体，这些绿色植物既是维系生态平衡的支柱，也是绿化美化乡村环境的主力军。乡村游憩林因具有休憩功能，在搭建时对其整体美景度会有所侧重，这在一定程度上增强了美化功能。乔灌草搭配不仅拥有绿色美、层次美，还拥有斑块美、自然美，形成一道美丽的风景线，可供乡村居民观赏放松，同时也是乡村景观的美好点缀。乡村游憩林可观花、观果、观形、观叶、观茎，四季均有景观，可以说，拥有乡村游憩林，就拥有优美的乡村景观。

4. 传承乡村文化

乡村游憩林本身也是森林，是森林文化的载体，林内大部分为当地乡土树种，是当地社会经济发展的历史见证，区域生态文化底蕴深厚，并承载着浓厚的历史文化内涵。乡村游憩林因为人们提供了一个良好的去处而易于成为一个集合点，乡村居民闲来无事便会聚集于此观景聊天，便也成为信息传播的主要场所。于是，乡村游憩林一方面拥有深厚的文化底蕴，另一方面扮演着交流平台的光荣角色，两者互为统一，必然使其在文化传承上发挥积极的作用。

基于在乡村居民休憩、乡村景观、生态环境、乡村文化等方面具有突出的功能作用，乡村游憩林能够满足新时代乡村居民的休憩需求，推动乡村环境建设和乡村文化传承，从而日益引起重视，这也是其构建意义所在。

二、乡村游憩林的类型划分

根据乡村游憩林的功能作用，可分为休憩游园型、生态景观型、观光果园型、综合型等。

（一）休憩游园型

此类型的乡村游憩林一般邻近于乡村居民的居住地，是乡村居民日常闲坐休息的主要场所，主要立足于乡村居民的日常休憩需求，更侧重于休憩功能的构建和发挥。对于这类乡村游憩林，在构建时，乡村风水林（含古树名木）及乡村附近其他原有森林植被均可作为本底基础。

（二）生态景观型

此类型的乡村游憩林除注重游憩林一般作用外，还担负着改善乡村景观的任务。乡村中，各类乔灌木均有一定景观价值，但其效果各有差异，对于季相景观明显的树种组成的林分，其景观效果相对较高。乡村游憩林应根据各自的地域条件，选择合适的树种（尤其是乡土树种），构建区域特色强烈的生态景观，彰显乡村的生态美。当然，此类乡村游憩林还可能担负起生态维护的功能，尤其在生态较脆弱的地段；对于此类林分，应兼顾生态修复、提升环境质量、美化乡村环境等多方面，并注重生态效益的创造，因而，此类乡村游憩林初建时期，应适当减少对乡村居民的游憩活动，确保森林资源培育，待林分稳定后，再全面开放。

（三）观光果园型

此类型的乡村游憩林更加强调观光体验的功能，以果树为主体，尽量做到四季均有果可观可摘，一般建于旅游休闲型乡村。乡村果园可作其本底基础，果树类型宜多样，并兼顾果实的观赏性。若能选择部分野生果品，则其吸引力、趣味性和科普教育意义更佳。果树不宜过高，防止攀爬。同时，这类乡村游憩林可适当增加解说系统，以便提升科普教育价值。

（四）综合型

此类型的乡村游憩林不以某一独立性的功能作用为主体，可以是集合如上3种类型中的任意2种以上的较大规模的乡村游憩林，大都以当地乡村环境建设、乡村居民需求为出发点和落脚点，集休闲游憩、观光体验、生态美化于一体。

三、乡村游憩林构建技术

（一）构建原则

在我国的广大乡村，基于居民需求和乡村自然环境的实际情况，在营建乡村游憩林时，应注重以下几个原则：

1. 充分利用现有林分

树木本身生长周期长，成材较慢，从种植、养护到长成大树，不仅需要较高的抚育成本，更是需要不少的时间，这与目前对乡村游憩林的需求急迫性相悖。当然，通过大树移植可节约时间，但其成活率较低、养护成本过高，对于营建乡村游憩林不太现实。从实际出发，乡村游憩林构建应充分利用乡村内部或近周的现有林分，如风水林或四旁植树等，这些都是乡村游憩林很好的本底基础。这些林木大都为当地乡土树种，最适应当地自然地理环境，养护成本较低，且蕴含丰富的历史文化及生态内涵，有助于提升乡村区域特色，与人们对乡村游憩林的各种需求相吻合。

2. 居民游憩便捷

乡村游憩林是为乡村居民提供休憩服务而存在，在构建时，必须要考虑到居民的便捷性，从居民居住地到乡村游憩林处要控制在一定的合理距离内，过远的距离必然导致居民到达率低，失去乡村游憩林原本的构建意义。宜以居民步行 10～15 分钟可到达为最长半径，便于人们开展日常游憩活动，充分发挥乡村游憩林的功能作用。当然，对于生态景观型乡村游憩林可作为居民节假日的游憩活动场所，对其可达半径可适度放宽。

3. 游憩类型多样化原则

基于不同的需求，乡村游憩林有不同的构建类型，且人们对乡村游憩林的期望也趋于功能多样化，这就要求在乡村游憩林构建时要充分考虑到游憩类型的多样化（如休憩、采摘、游戏、科普教育等）。应根据乡村发展特点和当地需求情况，选择适宜的游憩类型，如旅游休闲型乡村应选择以休憩体验、科普教育为主，而一般的乡村宜以休憩为主；而从更大的区域范围看（特别是不同村庄或乡镇区域范围内来看），应尽量做到类型多样化，彰显不同区域地块乡村游憩林之间的独特性和功能互补性。

4. 树种选择以人为本

从实际作用上看，乡村游憩林的服务主体之一是乡村居民，故应充分考虑到以人为本原则，除居民游憩的便捷性原则外，在树种选择时还应考虑到人们在春夏秋冬四季不同的休憩需求。在营建中，树种选择尤其重要，直接关系到乡村游憩林的功能发挥，在充分遵守树种本身的生物学、生态学特性的基础上，应结合四季的气候特征及乡村居民的需求点，进行树种选择和配置。如应选择一定比例的落叶阔叶树种，促使乡村游憩林夏有树荫可供乘凉，冬有阳光可以暖身；应避免选择多毛絮、多花粉的植物，杜绝植源性污染，为居民提供健康安全的环境。另外，基于乡村居民的观赏需求，尽量选择具有一定美景度的植物。

5. 游憩设施配套化

乡村游憩林是乡村居民日常开展活动的场所之一，相关的设施配套自然不能少，如条凳、垃圾桶、亭子廊道，甚至厕所等。在配套建设中，宜以自然风格为主，如木质或仿木质的凳子和桌子、垃圾桶等，在经济条件允许、必要的情况下可有相应的光电设施，便于乡村居民晚间的闲暇活动，还可有游乐健身设施，丰富居民的生活。对于以观光为主的乡村游憩林，可结合园林小品等要素建设配套设施。根据不同类型的乡村游憩林构建要求，需坚持游憩设施的配套化原则，方能促使乡村游憩林的功能得以充分发挥。

（二）构建技术

1. 构建模式的确定

根据乡村游憩林建设地段的原有林分状况，可以将乡村游憩林构建模式分为改造型和新建型。

（1）改造型　现阶段，我国许多乡村的村内或近周一定范围内保存有片林或大树，包括风水林、果园、茶园、大树（含古树名木）等，可以用于乡村游憩林的构建，尤其对于有老林子的乡村，应最大限度地保留原有老林子，以传递森林高大、朴素、沉静及壮美的内涵。由于此类林分的现有状况各不相同，其地形特点、环境条件、树种组成、密度和郁闭度、林木生长状况等有较大差异，应根据林分实际状况加以改造。对于生长状况较好的林分，可以直接加以利用，仅需在其中增加部分的游憩服务设施。而对于郁闭度较大且生长差、景观质量不佳的残次林，可采用疏伐改造的做法。而对于郁闭度较低，生长良好的林分，可选择适宜的树种加以套种改造。对于古树名木形成的游憩空间，可以在保护的前提下合理设置部分休憩设施，如简单的石桌石凳等，并确保维护乡村古朴自然的风貌。

（2）新建型　由于原有土地利用状况不同，部分乡村内部或近周没有现成的片林或大树可供改造利用，则应选择适宜的地块开展乡村游憩林构建。一般来说，可供选择的地块有四旁地、农耕地、撂荒地和其他宜林裸地（包括村庄近周的宜林荒山荒地、采伐迹地及火烧迹地等），应根据用地特点，采取相应措施，并强调乡村游憩林规划设计，从树种选择、合理密度、科学配置、坡向坡度视线设计、配套服务设施等角度出发，科学合理地建设乡村游憩林，实现其最佳的游憩价值，服务于乡村居民。

2. 树种选择

基于乡村游憩林的功能作用，其树种选择应遵循乡土化、多样化、人本化、景观化、康健化等原则。

（1）乡土化　乡土树种最适应当地的自然气候条件，生长稳定性强，管养成本低，且与当地社会经济、自然环境有着悠久的历史渊源，往往是当地自然历史文化的见证者和传承者，具有丰富的生态文化内涵，易于构建具有区域特色的森林景观，并最大程度地提升乡村人居环境的环境生态效益。因此，在树种选择时应优先选择乡土树种。

（2）多样化　乡村游憩林的多功能性和乡村居民需求的多样性，要求乡村游憩林要多样化。多样化的树种有利于充分展现乡村游憩林的功能作用，满足乡村居民的多样化需求，也有利于形成稳定的群落和丰富的森林景观，有利于开展多样的生态文化教育等。同时，应适当选择珍稀树种，以提升游憩林价值和游人吸引力。

（3）人本化　乡村游憩林应为人们营造一个适宜开展游憩活动、休闲舒适的环境，这一功能要求要坚持以人为本。进行树种选择时，应结合游憩林的类型，充分考虑人们的游憩舒适性、不同季节的游憩需求等因素，以达到乡村游憩林的构建目的。如采用一定比例的落叶树种，夏季可遮阴、冬季可采光，并在季节转换时有多样的季相变化，四季均能为人们提供舒适的游憩环境。

（4）景观化　开展游憩活动的过程，也是欣赏风景的过程，因此，人们对乡村游憩林的景观美景度具有一定的要求。从景观化要求出发，树种选择时，应充分考虑树种本身的可欣赏性、整体配置的美景度等，注意营造具有季节特色的景观，如春天突出新绿、夏天营造浓荫、秋天展现多彩、冬天强化采光，发挥乡村游憩林的美化功能。

（5）康健化　乡村游憩林意在为人们提供修身养性的环境，为乡村增添美丽的风景。因此，无论哪种类型的乡村游憩林，健康安全都是其构建的首要任务。树种选择应以健康化为主要要求，宜选择具有一定芳香气味且能吸毒制氧、抑菌杀菌的树种，以利于人们的身心调节及生态环境的建设。同时，杜绝植源性污染，避免选择会产生大量花粉、飞毛飞絮的植物。

此外，从游憩角度出发，还要求林木不容易发生病虫害，树木枝下高适度、树皮光滑，果实具有一定体量和观赏性，或花果奇特，确保冬季采光和取暖，并禁止使用漆树等有毒、易过敏的树种。常见的乡村游憩林树种选择见表4-3。

表4-3 各类乡村游憩林树种推荐

表4-3 各类乡村游憩林树种推荐

Table 4-3   Common green plants of village esplanade forest

类别		树种
一般树种		白桦、山杨、樟子松、红松、云杉、五角枫、栎类、梓树、落叶松、银杏、榆树 白皮松、华山松、油松、侧柏、水杉、园柏、黄栌、二乔玉兰、新疆杨、暴马丁香、旱柳、垂柳、馒头柳、刺槐、白蜡树、樱桃、桦树、臭椿、香椿、元宝枫、鸡爪槭 樟树、枫香、深山含笑、福建含笑、红花木莲、木荷、杜英、红楠、火力楠、黑壳楠、拟赤杨、壳斗科树种、马尾松、油杉、江南油杉、竹柏、南洋杉、南方红豆杉、罗汉松、苏铁 竹类：紫竹、毛竹、黄金间碧玉竹以及其他竹类
特色树种	春花	紫玉兰、三年桐、千年桐、梨、桃(碧桃)、李、梅、湖北海棠、壳斗科树种、山合欢、紫荆、山樱花类、杜鹃、羊蹄甲(洋紫荆)
	春叶	枫香、红叶石楠、樟树
	夏秋花	木芙蓉、紫薇、夹竹桃、一品红
	秋叶	红色叶：台湾槭、枫香、黄连木、乌桕、山乌桕、鸡爪槭、五角枫 黄色叶：山杨、无患子、银杏、鹅掌楸、构树、苦楝、台湾栾树、黄山栾树、柿树、天仙果、油桐、悬铃木、杨树 四季色叶：红花檵木、红枫、紫叶李、美国红栌
	观果树种	山楂、苹果、蓝莓、白梨、柿树、梨、石榴、四照花、多花山竹子、荚蒾、赤楠、乌饭、银杏、石楠(不含罗木石楠)、橘、橙、柚子、桃、李、梅、杜果、杨梅、莲雾、杨桃、石榴、枇杷、枣树、番石榴、木瓜
	保健类	柠檬桉、樟树、山苍子、桂花、含笑、白兰花、厚朴、栀子花、茉莉

3. 结构构建

由于风景游憩林的服务对象是具有一定情感和价值取向的人，因此其结构构建在照顾到森林培育的一般要求以外，应以满足人的观赏、游憩需求为基本出发点。

合理密度 强调适当密度，考虑园林美学对空间的具体要求，应在游人易到达处做到疏密有致、开合有度，并保证一定的通视距离和可进入性。

树种搭配 对于刚性冠面树种，可构建整齐划一、气势恢宏的大面积纯林景观，也可将圆锥形刚性冠面树种和相对低矮、外观柔美的阔叶树种配植，可形成强烈的质地和色彩对比，给人以美感。或采取其他更加灵活，且符合美学和生态规律的搭配方式。垂直结构上宜简单(如乔草型)，不宜过于复杂(如通视和进入性皆较差的乔灌草型)。

4. 种植关键技术

苗木 应采用大苗种植，必要时设置保护框等保护措施。由于乡村游憩林均处于村庄内部或村庄近周，复杂的环境对苗木干扰较为严重，1年生苗由于个体小，容易受到鸡鸭、牛羊等伤害，甚至小孩也对苗木造成一定的破坏，影响了其保存率，而3年生以上大苗个体较大，比较显眼，再加上高度高、木质化程度也高，种植成活以后比较不容易被破坏。

整地 乡村游憩林用地主要包括四旁地和基本农田外的撂荒地、旱地、坡耕地等。由于这些地类地形地势多变，前期基础条件各异，因此，不像普通林地一样具备疏松、湿润、杂草少等特点。因此，对乡村游憩林造林整地和种植技术要具有较强的针对性。四旁地的条件复杂，一般土壤坚实、板结、黏重或多石砾，土壤酸碱度复杂多变，同时，有些地方还容易出现积水，产生一定程度的盐碱现象。此类地整地应根据实际环境特点，确定挖穴规格，必要时进行客土种植。农耕地由于长期的耕作，往往基本没有腐殖质，土壤板结、黏重，深度40cm左右有难透水透气的犁底层，因此，提倡挖大穴、下基肥，改良土壤的物理、化学性质，给树木创造一个良好的生长环境。撂荒地指停止农业利用或退耕返林有一定年限的地类，其土壤较瘠薄、植被稀少，较坚实、黏重、板结或多石砾，但土壤中有了一定的腐殖质，此地类提倡挖大穴，回表土，以改良土壤的物理、化学性质，以保证树木的成活、生长稳定。

种植季节 与一般造林种植季节相同，均以入冬到早春为宜，若要在其他季节种植，则应提倡采用容器苗或带土球种植。并做好浇水等措施。

幼树管理 强调三分造林七分管理。主要管理措施包括锄草、松土、施肥等，积极保肥保墒，排除杂草竞争，保证幼树生长。

5. 乡村游憩林管护

乡村游憩林的抚育，应在保证林分稳定性和生态功能的同时，提升森林的美学和游憩价值，如通过改善林分卫生状况和林内透视性，提高森林景观美景度和舒适度，必要时，可采用抚育间伐、修枝、林下套种等措施，提高风景游憩林的综合效益。

四、实例分析

（一）福建省宁德八都镇猴盾村休憩游园型乡村游憩林

福建省宁德市八都镇猴盾村休憩游园型乡村游憩林位于村庄西北侧，紧邻村庄居民住宅，为乡村近周原有森林改造而成，林分年龄较久远，树木高大（图4-24、图4-25）。该游憩林可供村民日常避暑纳凉、茶余饭后交往、儿童游戏娱乐之用。为了便于村民日常游憩

图4-24 休憩游园型乡村游憩林（宁德上金贝村）

Fig. 4-24 Esplanade-type village esplanade forest

图 4-25　休憩游园型乡村游憩林——古树名木（宁德市霍童镇）

Fig. 4-25　Esplanade-type village esplanade forest（ancient and famous tree）

活动的开展，人们对林分进行了适当的林下清理，包括土地的简单平整、清除部分杂草和不便于村民活动的灌木等，但完全保留了较大口径的树木。此外在林内修建了小块木平台和石凳等。由于紧邻民房，实用方便，故成为村民最主要的集散场所之一，村民不仅享受到该游憩林带来的生态服务功能，同时，培养了卫生意识、环保意识，提升了生态文化的感知，利用率极高。

此外，宁德市霍童古镇的居民们还习惯于利用村庄内外的古树名木开展乡村休憩活动，诸如，利用村庄的古榕，将其下修筑的树池改造为村民休憩的座椅，增加其游憩的便利条件，收到良好的效果。

（二）福建省尤溪县龙门场生态景观型乡村游憩林

福建省尤溪县龙门场生态景观型乡村游憩林为典型的银杏风景游憩林，位于尤溪县中仙乡善林行政村，为该行政村的龙门场自然村所在地（图4-26）。乡村与银杏浑然一体，自然天成，银杏完全融入乡村之中。

据传，这片古银杏树群始植于南宋年间，最长树龄约1 200年，最短的也有700年。北宋（960～1127年）是中国古代矿业生产的一个高峰时期，在朝廷的鼓励、支持下，采矿业在许多地方得以蓬勃发展，南北不少地方都有一些值得称道的采矿业。福建是宋代白银、铅、铜、铁的主要产区之一，白银的开采尤其突出，龙门场是福建宋代时白银主要矿区之一，南宋卢驸马奉旨来到龙门场大力开采银矿炼银。宋代炼银采用吹灰炼银法是用铅与银放在一起熔炼，以铅置换出银，但也因此使乡村环境受到污染。古时候传说银杏能解银毒，人们充分利用银杏的生态特性，在银矿附近种植大片的银杏林，一是为了解毒、二是为了降温，同时，无形中治理了矿区环境，因而这片银杏林也因此得存至今。随着时代变迁，银矿开采活动已不复存在，而村民房舍却不断疏疏落落延伸其中。如今，方圆几百

（a）尤溪龙门场（朱邦衍摄）

（b）尤溪龙门场（朱邦衍摄）

图 4-26 生态景观型乡村游憩林

Fig. 4-26 Landscape-type village esplanade forest

亩的自然村内，现存的古银杏树有 353 株，平均胸径 50cm，最大的银杏王胸径达 160cm，树高 16m，枝如伞，叶如扇，至今仍每年开花结果。

可见，该乡村游憩林已经充分体现了它的生态防护、环境改善的作用，并由于银杏的姿态和季相优美，其风景价值得以充分体现，除了村民对该游憩林的日常利用外，也引来了国内外众多摄影爱好者云集于此，开展各项摄影活动，为乡村增加了许多收入，成为乡村经济新的增长点，无意中成了乡村游憩林的典范之作。

（三）福州绿百合观光果园型乡村游憩林

福州绿百合观光果园型乡村游憩林位于福州闽侯县白沙镇，为村庄周围的果园改造而成（图4-27）。该游憩林原为村庄成片柑橘园。为了适应现代居民的游憩需求，该村对柑橘园进行了改造，包括套种柚子、黄花梨、李树等各类果树，丰富了水果的种类。同时，完善了园区步道，建设了竹制廊架、竹亭、竹椅等，便于游人的采摘和休息。此外，为了应对日益红火的场面和不断壮大的社会需求群体，还在外围修建了停车场等，成了实实在在

(a)果园

(b)廊架   (c)休息亭

图 4-27 观光果园型乡村游憩林

Fig. 4-27 Sightseeing orchard-type village esplanade forest

的观光果园，实现了乡村产业经济的华丽转身。

（四）福建省宁德八都镇猴盾村综合型乡村游憩林

福建省宁德八都镇猴盾村综合型乡村游憩林位于村庄入口的长长台阶西侧，为村旁毛竹林改造而成。自古以来，人们对毛竹的喜好度均较高，除了因毛竹林外貌的吸引外，其文化内涵也是一个十分重要的因素，毛竹常常被文人墨客赋予了许多拟人化的精神品格，如高风亮节、虚心向上等。人们也喜欢大片竹林产生的浩瀚竹海景观，此外，整齐、高大的竹林也具有良好的视觉效果。该村的毛竹林具有很好的生态护坡效果，而且其位置优越、竹子高大、竹林整齐，受到村民及外来客人的青睐。村民对竹林内进行了适当的清理，增加了其游憩便捷性，人们除了可在林下开展普通的游憩和摄影观光外，还可以体验挖笋的乐趣。此外，还在竹林中划出一定区域圈养土鸡等，既丰富了农家生活的体验，又增加了乡村经济收入，游憩林的综合效益显著（图4-28）。

图 4-28　综合型乡村游憩林（宁德八都镇猴盾村）

Fig. 4-28　Comprehensive-type village esplanade forest

第五节　乡村风水林保护与恢复

一、乡村风水林的意义

乡村风水林在广东、福建、江西、广西及其周边省份部分地方的山区村落周边普遍存在，它是被人们以乡规民约形式保护下来的一类极具生态、景观和环境意义的林分，由于它特殊的人文和生态意义，风水林（包括以风水林意义的风水树和名木古树）历来备受人们的悉心保护，历代保存，是目前保存得较为完好的森林，其树种组成、结构特征等是长时间演替更新而成的，蕴含着珍贵的科研价值，对地带性植被的恢复、森林景观建设，乃至森林文化发展等方面具有重要的指导作用与意义。

1. 生态意义

风水林是保持生态平衡和维护物种多样性的特殊载体，是当地野生资源的基因库，具有较高的生态、科研价值。

风水林是珍贵的森林遗产，历史悠久，是当地自然、人类活动与地带性森林植被相互适应的产物，是研究当地森林发展的重要生物材料，是森林重建与恢复的重要基础材料，对提高森林营建技术具有重要作用。时间无法倒流，但是刻在风水林中的历史痕迹一直保存，而这些历史产物对森林建设具有重要作用，尤其是在环境保护日益紧迫的今天，森林作为改善、建设生态环境的主力军，其作用与地位更加突出。开展风水林研究，挖掘其独有而珍贵的科研物质基础，有利于科学认识、开发、利用森林植被，对森林景观构建、森林重建与恢复等方面有着重要作用和意义。

2. 文化意义

风水林的悠久历史和特殊的存在形式充分体现了其深远的文化意义，对繁荣生态文化、弘扬生态文明、绿化美化环境等有着重要作用。

风水林是保存完好的森林，具有原始而优美的森林景观，是开展森林生态旅游的圣地，同时也是开发、建设森林生态旅游圣地的模板，是传播生态文化、弘扬生态文明的重要载体。随着人们"爱绿、护绿"情绪日益高涨，森林生态旅游成为人们周末、假日旅游的最佳选择，因此，各地纷纷兴起森林公园、森林山庄等建设高潮。科学合理地开展这些项目建设，对提升人们生活品位、提高生活质量具有促进作用，而不合实际的建设只会浪费社会资源、破坏景观。通过风水林研究，可为这些项目建设提供客观真实的基础资料，可减少建设中的盲目行为，提高质量与效率。这从某种意义上讲，对进一步繁荣生态文化、弘扬生态文明等具有重要的推动作用。

二、乡村风水林退化的原因

风水林在风水意识的作用下披上了浓厚的神秘色彩，使人们对之怀有崇敬和畏惧之情，并产生普遍的保护意识。于是，在人们的自觉保护下，大部分风水林能够较好地保存下来，但由于社会发展，人们的思想意识发生了很大的转变，尤其近现代以来人们对大自然敬畏感的缺失，使得相当一部分风水林已经或者正处于破坏状态，其群落结构、物种多样性等的稳定发展受到威胁，导致风水林的多种功能无法正常发挥。究其原因，有人为的因素，也有自然的因素，但人为破坏还是主要原因。

（一）人为破坏

风水林与人们的日常生活息息相关，受人为干扰的影响不可忽视，尤其是位于村落的风水林，受干扰的现象更为明显，往往破坏程度也较大。可能对风水林产生破坏的人为因素有盗伐、开垦、放养禽畜、火灾等。

（1）盗伐　特别是盗伐珍稀树种。早期人们盗伐风水林用于烧柴，随着生活水平的不断提高，煤气、电取代了柴火，盗木烧柴的现象日益减少，但盗伐风水林的现象仍存在，特别是珍稀树种（如楠木、红豆杉、柳杉等）被盗事件屡屡发生，不是用于柴火，而是为了取得经济利益。这种行为对风水林的物种多样性、群落结构造成很大破坏，并且降低了风水林的珍稀度。

（2）开垦　大部分风水林存在于人们生产、生活的周围，往往会受到人们自觉或不自觉的干扰甚至破坏，开垦风水林林地用作农田便是其中重要的一方面。位于房屋周围或者接壤农田的风水林，被开垦用于菜地等农田用途的情况越来越多，特别是房前屋后的风水林，辟一块用于种菜，人们对此已习以为常。开垦风水林用作农田，对风水林群落结构的完整性、生态平衡等方面有着不良的影响，不利于风水林的自然更替。

（3）放养家禽　在农村，几乎每家每户都会饲养家禽，而且大部分是散养，于是，家禽会四处觅食，位于房前屋后的风水林地便是它们广阔的活动空间，甚至有村民直接将家禽圈养于风水林内。家禽在风水林内的踩踏、啄食等势必对其产生破坏，尤其是对林下植被的破坏更大，将大大降低风水林的物种丰富度和多样性，不利于风水林群落的稳定发展。

（4）火灾　风水林以阔叶树种居多，群落组成结构复杂、林分湿度大，往往不易发生火灾，但是在特定季节，如冬、春干旱季节，所有森林的可燃性均增加，而老百姓的传统习惯——农田用火就很有可能引发风水林火灾。如寿宁县西山风水林就曾经因农田用火而被烧毁。

（二）自然灾害

可能对风水林产生破坏的自然灾害有台风、滑坡、病虫害等。由于风水林林分保存完好，群落结构稳定，抗逆性强，尤其在防风、保水、固土等方面具有突出作用，故自然灾害对其产生破坏的情况相对较少。

三、乡村风水林的保护与恢复措施

在某些主、客观因素（人为破坏、自然灾害等）的影响下，风水林受破坏或面临破坏的现象日益显现，使其多项功能受到损害。开展风水林的保护恢复工作，有助于维护风水林群落结构和各项功能的完整性，是更好地保留风水林这一珍贵遗产的重要举措。开展风水林的保护恢复工作刻不容缓。

（一）政策措施

风水林的保护恢复对环境保护、建设有着重要作用，从这个意义上说，保护风水林，人人有责，政府也应该发挥其职能作用，采取某些强制有效的措施加强对风水林的保护。政府可通过制定相关法规对风水林进行有效的管理和保护，如建立风水林自然保护小区，明确管护责任，而不局限于村民的自发意识的保护。同时，有意识地引导各部门关注风水林，增强对风水林的保护，通过强制手段逐渐形成风水林保护风气，形成多部门协调合作对风水林进行有效保护。如中山市人民政府根据《中华人民共和国森林法》等有关法律法规，制定《中山市风水林管理暂行规定》，明确规定市林业行政主管部门负责全市风水林管理工作，环保、城管执法、国土资源、风水林所在地镇政府（区办事处）等部门根据各自职责依法行使风水林管理职权。

（二）民俗措施

对于风水林，无论是起源于天然林还是人工林，都具有其独特的历史和文化属性。从自然、历史的角度出发，风水林是珍贵的自然遗产；从科研的角度出发，风水林是开展森林生态、自然地理等方面研究的良好素材和重要基地；但从村民的意识出发，风水林是祖辈们传下来的，是兴家旺业的希望，是家族的保护神，对风水林的保护就是对先民的敬仰，对自然的敬畏。正是基于这种特殊的情感寄托，使得人们对风水林有着自觉的保护意识。今后，可通过乡规民约甚至一些民俗信仰活动，进一步深化人们对风水林的感情，增强人们对风水林的保护意识和责任。

（三）技术措施

大部分风水林与人们的日常活动息息相关，为防止或减轻人为干扰的影响，相关林业技术部门或当地村民可采取一定的技术措施对风水林进行保护恢复和有效管理。从森林培育的角度，可通过封育、补植补种、土壤管理等技术措施进行风水林的保护恢复。

1. 封育

实践证明，禁伐禁牧封育是恢复植被、改善生态的根本措施。可见，封育是恢复森林植被的有效措施之一。风水林的恢复可采用封育的方法，即通过封山或限制林地的人为活动等方式，依靠自然力进行森林更新或人工补植来达到森林植被恢复的目的。封育有全封、半封和轮封3种类型，对于风水林的保护恢复，可选择全封或半封的方式。

全封就是封育时，除人工补植抚育、管护等措施外，严禁人为活动。对于退化较严重的风水林宜采用全封，为森林植被的生长提供良好的环境，有利于植被恢复和群落结构的稳定发展。此外，大部分风水林与人们的生活密切相关，如村落风水林，往往人为干扰强度较大，甚至还有家禽的干扰，这种情况下，不论风水林的退化程度如何，最好采用全封。

半封就是在封育时，除人工补植抚育、管护等措施外，在不影响风水林林木生长和破坏植被的前提下，适当允许有组织的人为活动。这种方法适用对退化不严重或人为干扰强度相对较弱的风水林的恢复。采用半封技术，能够在进行植被恢复的同时，发挥风水林的某些功能，如观赏游憩、科研等。

2. 补植补种

部分风水林会受到人为干扰，对于乡村风水林，还有一部分来自于家禽（如鸡、鸭、鹅等）在风水林内的觅食活动，这对风水林的林下植被影响较大，导致灌草层的物种多样性低，造成较为严重的破坏。针对此种情况，可采用补植补种的方式恢复植被，对下灌草层，可采用林下套种。其具体做法为：

（1）整地　宜采用小块状整地的方法，即呈穴状翻垦林地土壤。并在栽植穴中进行树种套种。块状整地灵活性大，可以因地制宜应用于各种林地，整地省工且成本较低。

（2）树种选择　树种选择的适当与否是造林成败的关键因子之一。风水林内的树种是当地乡土树种，因此，选择风水林内常见树种进行补植。主要选择群落中更新情况良好的树种，特别是一些耐荫性较强的树种，并有意识地选择珍稀树种或观赏游憩价值较高的树种，如南方红豆杉、柳杉等，提高风水林的珍稀度。当然，在补植补种或林下套种时，还应考虑各个物种间的种间关系（种间联结等）及其对资源环境的利用能力，才能为形成稳定的森林群落打下基础。

3. 土壤管理

风水林受到的人为破坏通常体现在人们的通行活动，即人们在风水林周围道路的活动，由于人们的长期踩踏而使土壤坚硬，靠近道路的林地也变得坚实，土壤通透性较差。另外，对一些人为干扰较严重的风水林，其林地土壤往往较贫瘠。因此，局部随地区可以加强风水林林地的土壤管理，改善土壤结构，对于部分土壤退化严重的地段，可进行施肥、套种绿肥植物等，以改良林地土壤的物理和化学性质。

4. 配套措施

传统上，由于风水林受到乡规民约和意识领域的保护，其最大的科研价值在于其林内植被是最严格意义的乡土植被，而且，其乡村生态环境保护的现实意义也同样重大。同时，乡村风水林也是乡村居民日常活动场所之一，因此，为了最大限度地发挥这一价值，应设置便于村民开展相关休憩活动的设施，如便捷生态的登山步道、条凳、垃圾桶等，便于乡村居民晚间的闲暇活动，配置一些游乐健身设施，丰富居民的生活。在配套建设中，宜以自然风格为主，如木质或仿木质材料等。但为了保证其生态环境和物种多样性，维护各类生物（包括兽类、鸟类、昆虫、菌类等）生境，避免设置光电设施，以确保科学发挥风水林的乡村游憩功能，但不至于造成生态平衡的破坏。

四、实例分析——以德化县乡村风水林建设为例

德化县位于福建省中部、戴云山麓，因境内戴云山地跨中、南亚热带，地理位置独特，植被资源丰富，县域内有多处保存完好的具有典型意义的乡村风水林，也有部分风水林因人为等因素遭到破坏，急需进行保护与恢复。开展德化县乡村风水林研究对于了解福建乡村风水林具有重要的意义。

（一）德化县风水林概况

德化山多林多，森林覆盖率高，境内拥有多处成片风水林，大多已有成百上千年的历史。当地人们对风水林怀有敬畏之情，特别是陶瓷兴起之时，人们对风水林的这种敬畏之情溢于言表。德化是我国三大古瓷都之一，有着上千年辉煌的陶瓷制造史。在陶瓷生产兴起之初，需大量砍伐树木烧瓷，许多树林都难逃人们的斧头，唯独乡村风水林大部分能够因乡民自觉的保护意识而得以留存，进行着天然的植物群落演替，形成稳定的森林生态系统。

从地理位置上看，德化县现有风水林广泛分布于各乡镇；从海拔上看，高、中、低海拔均有分布，如位于赤水镇铭爱村的风水林海拔高于1200m，位于上涌镇西溪村的风水林海拔在400～450 m；从植物区系特征上分析，德化县风水林内共有植物92科171属298种，其中不乏珍稀树种，如长苞铁杉、红豆树、南方红豆杉等，大部分属于中、南亚热带植物，但也有17个科（占总科数的18.48%）主产温带或泛热带至温带；从空间分布格局上分析，各层次各种群的分布格局呈聚集状态。

然而，近年来风水林受破坏的情况日益增多，主要为人为破坏，导致风水林林下植被严重退化，风水林内珍稀树种减少等严重后果。

（二）风水林群落生态学特征

（1）风水林群落植物区系　对德化县主要的风水林群落研究表明，区域内共有植物92科171属298种，主要包括壳斗科（Fagaceae）、樟科（Lauraceae）、蔷薇科（Rosaceae）、冬青科（Aquifoliaceae）、山茶科（Theaceae）、紫金牛科（Myrsinaceae）、茜草科（Rubiaceae）等，其中壳斗科的植物种类最多，为19种，其次是蔷薇科18种、樟科16种。种类特征分析表明，该区域为中、南亚热带过渡带，并与温带或泛热带植物区系也有一定的联系。

（2）风水林群落物种多样性　德化县风水林群落的物种多样性指数较高，但人为因素对风水林群落的物种多样性存在着较大影响，虽然人们对风水林有自觉的保护意识，但林子周围的人为活动对其物种多样性会产生一定的影响，应加强对人为活动的限制，以确保风水林群落的稳定发展。采取人工辅助更新形成的林分，历经多年演替，所形成的森林群落的物种多样性不断提高，成效明显。

（3）风水林群落的稳定性　大部分风水林群落经历了长期的森林演替与更新，林内各个种群的生态学特性与其所在地的立地条件相符，适应特定的生境条件，已形成稳定的森林结构。

(三) 部分风水林群落存在的问题

林内郁闭度较低，乔木层树种较单一、如国宝乡佛岭村龙楼堂后风水林、上涌镇后宅村仁金畲沟仔尾风水林等。出现此种情况主要原因多是因为这些风水林位于地势较陡峭处。

林下植被遭到一定程度的破坏，盖度小、物种少，甚至出现秃地，如雷锋镇蕉溪村吴氏祖厝后风水林等。出现此种情况的风水林大多位于道路旁，受人为干扰较为严重。

对于珍稀乡土树种的保护措施不够，不利于珍稀树种资源的保护与繁衍，导致风水林的珍稀度下降。

图 4-29　德化县乡村风水林

Fig. 4-29　Village geomantic forest in Dehua County

（四）保护与恢复技术

基于德化县风水林的群落生态学特征分析，针对目前存在的问题，提出如下建设措施：

对于乔木层单一、林内郁闭度低的风水林地，进行补植补种。补植补种时，树种选择尤为重要。在德化县风水林中，多个群落的优势树种是罗浮栲，如小铭村风水林、西溪村风水林等。根据乔木层的种间联结，罗浮栲与多穗石栎、红楠、丝栗栲、少叶黄杞、毛竹、甜槠、杉木、深山含笑、刺毛杜鹃、杜英、云山青冈、薯豆、尾叶冬青、树参等14个物种呈正联结，均是罗浮栲可能混交的树种，可作为罗浮栲群落补植补种的树种。

在风水林与道路交界处做好林木防护工作，尽量减少人为干扰，尤其在风水林的恢复保育时期更应如此。可在风水林边沿定做防护栏，将道路与风水林相对隔开，为林下植被的恢复提供良好的环境。雷锋镇蕉溪村吴氏祖厝后风水林林下植被稀疏，在做好防护栏工作同时，以自然更新为主，人工补植补种灌草层植物为辅，逐步开展林下植被恢复工作。

对风水林林地土壤进行定期管护，及时了解土壤营养结构，加强管理，对土壤贫瘠或退化地段，进行施肥或套种绿肥植物，改良林地土壤的理化性质。

由林业部门牵头，建立风水林保护档案，全面系统掌握县域内风水林资源。加强保护宣传，整体提升村民保护意识；对林地更新、恢复等进行定期监测，掌握风水林建设情况。

第5章
CHAPTER 5

乡村人居林质量评价与优化

第一节　乡村人居林质量评价

　　乡村人居林是我国当前新农村建设的主体，目前，我国在这方面开展的研究并不多，对乡村人居林评价的研究更是空白。乡村人居林建设作为一项系统工程，如何真实反映一个村庄人居林建设存在的问题，在布局、结构上是否合理，哪类指标还存在欠缺，从而为村庄下一步规划建设提供依据是我国当前新农村建设中迫切需要解决的问题。通过对福建省不同类型乡村人居林质量进行评价，不仅能为当前福建省新农村人居林质量评价提供一种科学方法，为福建省今后新农村建设提供关键性、指导性建议，而且能够起到一种推广和示范作用，对于我国未来新农村人居林建设具有积极意义。

　　目前，具体评价指标筛选的方法主要有频度分析法、理论分析法和专家咨询法等（Satty，1984；李随成等，2001；高杰等，2005）。本文采取3种方法的综合选取，即首先采取频度分析法，全面收集有关乡村人居林建设的相关材料及研究文献，尽可能地收集影响乡村人居林建设的关键因子，对各因子指标进行统计分析，选择那些使用频率较高、具有代表性的指标；再结合乡村人居林的结构现状和组成特征进行分析、比较，综合选择其中针对性较强的指标。在此基础上，向有关专家征询意见，对指标进一步调整确定，最终形成乡村人居林质量评价指标体系，主要包括5个具体评价指标：林木覆盖指数、林木结构指数、林网密度指数、林木健康指数和林木稳定指数。

一、评价指数权重的确定与因子分析

（一）评价指数权重的确定

　　评价指标权重的确定是乡村人居林质量评价的关键。本研究采用专家标度打分法，评估专家主要由涉及新农村相关领域科研院所与高等院校的知名教授与学者组成，打分表涉及乡村人居林指标重要程度、重要性得分和相对重要性得分，共发放55份打分表，收回48份，根据收回的打分表，综合构造判断矩阵，再计算特征向量和特征值，进行一致性检验等步骤，最终得出各评价因子的权重值。

　　通过表5-1可得到各乡村人居林评价指数的权重系数，其计算方法可用平方根法求出判断矩阵的特征向量，再对特征向量进行归一化处理，即可得出权重系数。表5-1表明在乡村人居林质量评价中，其指数的重要性排序为：$B1 > B2 > B4 > B3 > B5$，指标反映出在当前的实际情况下，建设具有一定覆盖面积、结构合理的乡村人居林是新农村绿化的关键。

表5-1　乡村人居林评价指数相对重要性判断矩阵

Tab. 5-1　The relative importance matrix of evaluation index with village human habitat forest

综合指标	林木覆盖指数	林木结构指数	林网密度指数	林木健康指数	林木稳定指数	权重值
B1	1	2	5	3	6	0.4160
B2	1/2	1	5	3	6	0.3152
B3	1/5	1/5	1	1/3	2	0.0713
B4	1/3	1/3	3	1	3	0.1472
B5	1/6	1/6	1/2	1/3	1	0.0503

注：$\lambda_{max} = 5.1399$，$CR = 0.0312 < 0.1$

通过一定的计算，确定各评价指数涉及要素内容的相对重要性，并进行一致性检验。即进一步评价各个指数内不同要素内容的相对重要性，对各指数涉及要素内容分别构建判断矩阵，并计算出每个要素内容的相对重要性。

表5-2　林木覆盖指数相对重要性判断矩阵

Tab. 5-2　The relative importance matrix of forest cover index

覆盖指数	庭院林面积	道路林面积	水岸林面积	游憩林面积	风水林面积	权重值
C1	1	5	7	5	7	0.5443
C2	1/5	1	5	1	5	0.1811
C3	1/7	1/5	1	1/5	1	0.0467
C4	1/5	1	5	1	5	0.1811
C5	1/7	1/5	1	1/5	1	0.0467

注：$\lambda_{max} = 5.2642$，$CR = 0.0590 < 0.1$

表5-3　林木结构指数相对重要性判断矩阵

Tab. 5-3　The relative importance matrix of forest structure index

结构指数	大乔木面积	中乔木面积	小乔木面积	灌木面积	花草面积	权重值
C6	1	5	6	7	5	0.5387
C7	1/5	1	5	6	1	0.1918
C8	1/6	1/5	1	2	1/3	0.0626
C9	1/7	1/6	1/2	1	1/5	0.0400
C10	1/5	1	3	5	1	0.1669

注：$\lambda_{max} = 5.3072$，$CR = 0.0686 < 0.1$

表5-4　林网密度指数相对重要性判断矩阵

Tab. 5-4　The relative importance matrix of network density index

林网密度	水岸林长度	主干道路林长度	非主干道路林长度	权重值
C11	1	1/3	3	0.2583
C12	3	1	5	0.6370
C13	1/3	1/5	1	0.1047

注：$\lambda_{max} = 3.0385$，$CR = 0.0332 < 0.1$

表5-5　林木健康指数相对重要性判断矩阵

Tab. 5-5　The relative importance matrix of forest health index

健康指数	健康林木面积	较健康林木面积	正常林木面积	不健康林木面积	权重值
C14	1	3	5	7	0.5585
C15	1/3	1	3	5	0.2609
C16	1/5	1/3	1	5	0.1326
C17	1/7	1/5	1/5	1	0.0480

注：$\lambda_{max} = 4.2398$，$CR = 0.0888 < 0.1$

表5-6　林木稳定指数相对重要性判断矩阵

Tab. 5-6　The relative importance matrix of forest stabilization index

稳定指数	乡土树种面积	外来树种面积	权重值
C18	1	7	0.8750
C19	1/7	1	0.1250

注：$\lambda_{max} = 2$，$CR = 0 < 0.1$

从以上判断矩阵的 CR 值可知，6 个判断矩阵 CR 值都小于 0.1，全部通过一致性检验，即通过矩阵求得的权重系数合理。

其中，林木覆盖指数的重要性排序为 C1 > C2 = C3 > C4 = C5（表5-2），可见在乡村人居林建设中，要尤其重视庭院林的建设，其次还要重点考虑道路林和游憩林的建设；林木结构指数的重要性排序为 C6 > C7 > C10 > C8 > C9（表5-3），可见，以保护古树名木为主的大乔木在乡村建设中具有重要意义，同时乡村建设中还应重点考虑乔木和花草类，突出生态和景观双重作用，达到美化、绿化、香化多重效果；林网密度指数的重要性排序为 C12 > C11 > C13（表5-4），这表明在乡村人居林建设中，尤其要重视主干道路林的建设，同时还要积极考虑水岸林和非主干道路林的建设，真正实现乡村人居林建设林网化；林木健康指数的重要性排序为 C14 > C15 > C16 > C17（表5-5），这表明在乡村人居林建设中加强健康林木等级建设刻不容缓；林木稳定指数的重要性排序为 C18 > C19（表5-6），可见在乡村人居林建设中，要充分重视乡土树种建设，以乡土树种为主，外来树种为辅。

（二）评价因子的分析

因子分析是对各评价因子指标贡献值的科学判定，通过对矩阵大于 3 的相关矩阵进行旋转后载荷因子分析，能够明确各因子对矩阵的贡献率。

表5-7　乡村人居林评价指数因子总特征值分解

Tab. 5-7　Eigenvalue decomposition of evaluation index factors with village human habitat forest

主成分	相关矩阵特征值			未旋转载荷因子特征值			旋转后载荷因子的特征值		
	特征值	贡献率	累计贡献率	特征值	贡献率	累计贡献率	特征值	贡献率	累计贡献率
1	4.61	86.04	86.04	4.61	86.04	86.04	2.71	50.55	50.55
2	0.34	6.25	92.29	0.34	6.25	92.29	2.24	42.74	92.29

表 5-8　乡村人居林评价指数旋转前后因子载荷矩阵

Tab. 5-8　Load matrix of evaluation index factors with village human habitat forest before and after orthogonal rotation

指标	指标名称	正交旋转前因子		正交旋转后因子	
		1	2	1	2
B1	林木覆盖指数	0.9393	0.3340	0.4770	0.8753
B2	林木结构指数	0.9506	0.3038	0.5057	0.8604
B3	林网密度指数	0.9607	−0.2458	0.8797	0.4576
B4	林木健康指数	0.9771	−0.1697	0.8413	0.5253
B5	林木稳定指数	0.9752	−0.2057	0.8638	0.4972

由表 5-7 和 5-8 可见，通过对进行变量的方差最大正交旋转后，前 2 个因子的贡献率达到了 92.29%，包含了原始指标中的绝大部分信息，从因子载荷矩阵可以看出，经过正交旋转后，2 个主要因子都比较明确。第 1 主要因子包括林木密度指数、林木健康指数和林木稳定指数，它们对乡村人居林评价的贡献率为 50.55%，第 2 主要因子包括林木覆盖指数和林木结构指数，它们对乡村人居林评价的贡献率为 42.74%。

表 5-9　林木覆盖指数因子总特征值分解

Tab. 5-9　Eigenvalue decomposition of forest cover index fators

主成分	相关矩阵特征值			未旋转载荷因子特征值			旋转后载荷因子的特征值		
	特征值	贡献率	累计贡献率	特征值	贡献率	累计贡献率	特征值	贡献率	累计贡献率
1	4.48	89.65	89.65	4.48	89.65	89.65	2.78	55.50	55.50
2	0.51	10.28	99.93	0.51	10.28	99.93	2.22	44.43	99.93

表 5-10　林木覆盖指数旋转前后因子载荷矩阵

Tab. 5-10　Load matrix of Forest cover index factors before and after orthogonal rotation

指标	指标名称	正交旋转前因子		正交旋转后因子	
		1	2	1	2
C6	庭院林面积	0.9457	−0.3248	0.9269	0.3752
C7	道路林面积	0.9804	−0.1969	0.8692	0.4944
C8	水岸林面积	0.9219	0.3864	0.4424	0.8964
C9	游憩林面积	0.9722	−0.2342	0.8874	0.4609
C10	风水林面积	0.9130	0.4071	0.4221	0.9062

由表 5-9 和 5-10 可见，通过对进行变量的方差最大正交旋转后，前 2 个因子的贡献率达到了 99.93%，包含了原始指标中的绝大部分信息，从因子载荷矩阵可以看出，经过正交旋转后，2 个主要因子都比较明确，贡献率基本相同。其中，第 1 主要因子包括庭院林面积、道路林面积和游憩林面积，他们对林木结构指标的贡献率为 50.50%，第 2 主要因子包括风水林面积和水岸林面积，它们对林木结构指标的贡献率为 44.43%。

表5-11 林木结构指数因子总特征值分解

Tab. 5-11 Eigenvalue decomposition of forest structure index fators

主成分	相关矩阵特征值			未旋转载荷因子特征值			旋转后载荷因子的特征值		
	特征值	贡献率	累计贡献率	特征值	贡献率	累计贡献率	特征值	贡献率	累计贡献率
1	4.35	84.14	86.14	4.35	84.14	86.14	2.80	56.04	56.04
2	0.62	15.46	99.60	0.62	15.46	99.60	2.18	43.56	99.60

表5-12 林木结构指数旋转前后因子载荷矩阵

Tab. 5-12 Load matrix of forest structure index factors before and after orthogonal rotation

指标	指标名称	正交旋转前因子		正交旋转后因子	
		1	2	1	2
$C6$	大乔木面积	0.9322	-0.3611	0.9451	0.3257
$C7$	中乔木面积	0.9751	-0.2201	0.8869	0.4611
$C8$	小乔木面积	0.9099	0.4019	0.4358	0.8942
$C9$	灌木面积	0.8752	0.4757	0.3616	0.9281
$C10$	花草面积	0.9712	-0.2377	0.8953	0.4451

由表5-11和5-12可见，通过对进行变量的方差最大正交旋转后，前2个因子的贡献率达到了99.60%，包含了原始指标中的绝大部分信息，从因子载荷矩阵可以看出，经过正交旋转后，2个主要因子都比较明确。其中，第1主因子主要包括大乔木面积、中乔木面积和花草面积，他们对林木结构指标的贡献率为56.04%，第2主要因子包括小乔木面积和灌木面积，它们对林木结构指标的贡献率为43.56%。

由表5-13和5-14可见，通过对进行变量的方差最大正交旋转后，前2个因子的贡献率达到了90.82%，包含了原始指标中的绝大部分信息，从因子载荷矩阵可以看出，经过正交旋转后，2个主要因子都比较明确。其中，第1主要因子包括健康林木面积、较健康林木面积和正常林木面积，他们对林木健康指标的贡献率为56.15%，第2主要因子包括不健康林木面积，它们对林木健康指标的贡献率为34.67%。

表5-13 林木健康指数因子总特征值分解

Tab. 5-13 Eigenvalue decomposition of forest health index fators

主成分	相关矩阵特征值			未旋转载荷因子特征值			旋转后载荷因子的特征值		
	特征值	贡献率	累计贡献率	特征值	贡献率	累计贡献率	特征值	贡献率	累计贡献率
1	3.63	83.67	83.67	3.63	83.67	83.67	2.44	56.15	56.15
2	0.31	7.15	90.82	0.31	7.15	90.82	1.51	34.67	90.82

表5-14 林木健康指数旋转前后因子载荷矩阵

Tab. 5-14 Load matrix of forest health index factors before and after orthogonal rotation

指标	指标名称	正交旋转前因子		正交旋转后因子	
		1	2	1	2
$C6$	健康林木面积	0.9702	−0.2149	0.9053	0.4100
$C7$	较健康林木面积	0.9775	−0.2086	0.9073	0.4194
$C8$	正常林木面积	0.9803	−0.0014	0.7852	0.5869
$C9$	不健康林木面积	0.8804	0.4700	0.4225	0.9041

二、评价指数计算方法及评价分级

乡村人居林质量评价指标体系计算中，各评价指数的计算是基础，首先需要确定各评价指数涉及要素内容的权重值，然后按照公式分别计算出各评价指数值，最后再对其因子层各指标值进行归一化处理，经过变换，化为无量纲的表达式，消除各评价指数间内容不统一的影响，即通过指标数值归一化处理得到乡村人居林林木覆盖指数、林木结构指数、林网密度指数、林木健康指数和林木稳定指数值。然后将计算出的评价指数值分别乘以各自的权重，得到乡村人居林质量综合评价指标值。计算公式如下：

$$E = \sum_{i=1}^{5} w_i u_i \tag{9.1}$$

其中，E 为乡村人居林质量综合评价指标值；w_i 为其中某一评价指数，u_i 为该评价指数的权重值。

表5-15 乡村人居林质量综合评价指数计算方法

Tab. 5-15 The calculation of quality assessment index with village human habitat forest

评价指数	权重	计算公式
林木覆盖指数	0.4160	林木覆盖指数 = A_{cov} × (0.5443 × 庭院林面积 + 0.1811 × 道路林面积 + 0.0467 × 水岸林面积 + 0.1811 × 游憩林面积 + 0.0467 × 风水林面积)/区域面积
林木结构指数	0.3152	林木结构指数 = A_{str} × (0.5387 × 大乔木面积 + 0.1918 × 中乔木面积 + 0.0626 × 小乔木面积 + 0.0400 × 灌木面积 + 0.1669 × 花草面积)/区域面积
林网密度指数	0.0713	林网密度指数 = A_{den} × (0.2583 × 水岸林长度 + 0.6370 × 主干道路林长度 + 0.1047 × 非主干道路林长度)/区域面积
林木健康指数	0.1472	林木健康指数 = A_{hea} × (0.5585 × 健康林木面积 + 0.2609 × 较健康林木面积 + 0.1326 × 正常林木面积 + 0.0480 × 不健康林木面积)/区域面积
林木稳定指数	0.0503	林木稳定指数 = A_{ste} × (0.8750 × 乡土树种面积 + 0.1250 × 外来树种面积)/区域面积

由表5-15可计算得出各指数评价结果，再进一步对综合指数进行分级，以确定乡村人居林建设程度的高低。根据评价指标体系建立的目的，参照国内外各种综合指数的分组

方法，本研究提出了一个 5 级分级标准，来评价乡村人居林的建设水平（表 5-16）。

表 5-16　乡村人居林质量综合评价分级

Tab. 5-16　The grades of quality assessment with village human habitat forest

分级	综合评价指标值	分级评语
第一级	大于 80	人居林建设很好。覆盖度高、结构合理、林网化高，健康和稳定性好
第二级	60～80	人居林建设较好。覆盖度、结构、林网化、健康状况和稳定性均较好
第三级	40～60	人居林建设一般。覆盖度、结构、林网化、健康状况和稳定性均一般
第四级	20～40	人居林建设较差。覆盖度、结构、林网化、健康状况和稳定性均较差
第五级	小于 20	人居林建设很差。覆盖度、结构、林网化、健康状况和稳定性均很差

　　乡村人居林质量评价指标能清晰反映出乡村人居林建设过程中存在的问题，从而判断在乡村实际建设中，乡村人居林覆盖度、结构、林网化、健康状况和稳定性是否合理，是否能满足乡村实际需要，为乡村人居林今后建设方向提出指导性建议。如其中某方面指标值较低，则该村庄在今后的乡村人居林建设中要尤其重视，及时提出改善策略，同时在规划、建设与管理中应该给予更大的关注。

三、案例分析——以福建省为例

（一）样本区概况

　　基于前期实地调查，以福建省西部龙岩市上杭县为调查样本区域，选取 3 个典型村，同时在同纬度南部漳州龙海市选取 1 个沿海典型村（表 5-17）。

表 5-17　福建省 4 个样本村庄概况

Tab. 5-17　The overview of four samples of villages in Fujian province

类型	村庄	位置	地形特征	代表植物
山区型	扁山村	龙岩上杭县旧县乡	高山区，海拔 1200～1500m	梨树、棕榈、桃树、千年桐
半山型	茜黄村	龙岩上杭县白砂镇	山脚下，海拔 400～500m	桂花、柿树、梨树、板栗等
平地型	上浦村	龙岩上杭县湖洋乡	平地区域，海拔 50～150m	龙眼、柿树、桃树、枇杷等
沿海型	南书村	漳州龙海市紫泥镇	沿海平原区，海拔 50～150m	龙眼、三角梅、苏铁、榕树

　　扁山村：扁山村位于龙岩上杭县旧县乡，村庄现有总人口 850 人，总户数 182 户，全村山林面积 10000 亩，农田面积 480 亩，村庄位于高山上，海拔在 1200～1500m 之间，属于典型山区型村庄。

　　茜黄村：茜黄村位于龙岩上杭县白砂镇，村庄现有总人口 750 人，总户数 170 户，全村山林面积 12000 亩，农田面积 500 亩，村庄坐落于山脚下，海拔在 400～500m 之间，属于典型半山型村庄。

　　上浦村：上浦村位于龙岩上杭县湖洋乡，村庄现有总人口 1780 人，总户数 380 户，全村山林面积 2000 亩，农田面积 1448 亩，村庄位于平地区域，海拔在 50～150m 之间，属于典型平地型村庄。

南书村：南书村位于漳州龙海市紫泥镇，村庄现有总人口 2468 人，总户数 602 户，全村农田面积 777 亩，村庄位于沿海平原区，海拔在 50～150m 之间，属于典型沿海型村庄。

（二）典型乡村人居林质量评价

为消除各指数间的量纲不同，对数据采用标准化处理，本研究采用最大值标准化方法进行数据处理，先求出各指数的中间值，进而求得各指数的归一化系数。

$A_{cov} = 100/$林木覆盖指数中间值的最大值 $= 100/0.0565 = 1769.9115$

$A_{str} = 100/$林木结构指数中间值的最大值 $= 100/0.0530 = 1886.7925$

$A_{den} = 100/$林网密度指数中间值的最大值 $= 100/0.0154 = 6493.5065$

$A_{hea} = 100/$林木健康指数中间值的最大值 $= 100/0.0436 = 2293.5780$

$A_{ste} = 100/$林木稳定指数中间值的最大值 $= 100/0.1013 = 987.1668$

表 5-18　典型乡村人居林质量评价结果

Tab. 5-18　The quality evaluation results of four typical village human habitat forests

村庄	覆盖指数	结构指数	密度指数	健康指数	稳定指数	综合得分
扁山村	33.9823	52.2642	4.5455	51.1468	61.2043	41.5418
茜黄村	7.4336	14.3396	1.9481	7.5688	17.9664	9.7689
上浦村	36.4602	73.3962	6.4935	69.7248	74.9260	52.7972
南书村	74.5133	62.6415	63.6364	100	100	75.0294

（三）总体评价分析

由表 5-18 可见，乡村人居林质量现状评价总体差异性较大。4 个乡村人居林现状总体质量评价顺序为：南书村 > 上浦村 > 扁山村 > 茜黄村。可见，作为沿海典型村庄的南书村乡村人居林质量最好，达到较好水平，综合评价得分 75.7972 分；作为平地典型村庄的上浦村和作为山区典型村庄的扁山村人居林质量水平一般，综合评价得分分别为 52.7972 分和 41.5418 分；而作为半山典型村庄的茜黄村人居林质量水平最差，综合评价得分仅为 9.7689 分。其中，乡村人居林林木结构指数和林木稳定指数总体水平较好，林木覆盖指数和林网密度指数总体水平较差。

（四）独立评价分析

1. 林木覆盖指数分析

乡村人居林林木覆盖指数总体表现较低。4 个乡村林木覆盖指数评价顺序为：南书村 > 上浦村 > 扁山村 > 茜黄村。其中，作为沿海典型村庄的南书村乡村人居林林木覆盖指数最高，达到较好水平，评价得分 74.5133 分，而作为平地典型村庄的上浦村和作为山区典型村庄的扁山村林木覆盖指数较低，评价得分为 36.4602 分和 33.9823 分，作为半山典型村庄的茜黄村林木覆盖指数最差，评价得分仅为 9.4336 分。

2. 林木结构指数分析

乡村人居林林木结构指数总体表现较好。4 个乡村林木结构指数评价顺序为：上浦村 > 南书村 > 扁山村 > 茜黄村。其中，作为平地典型村庄的上浦村乡村人居林林木结构指数最高，达到较好水平，评价得分 73.3962 分，其次为沿海典型村庄的南书村，也达到了较好水平，得分为 62.6415 分，而作为山区典型村庄的扁山村林木结构指数表现一般，评价得分为 52.2642 分，作为半山典型村庄的茜黄村林木结构指数最差，评价得分仅为 14.3396 分。

3. 林网密度指数分析

乡村人居林林网密度指数总体表现很差。4 个乡村林网密度指数评价顺序为：南书村 > 上浦村 > 扁山村 > 茜黄村。其中，作为沿海典型村庄的南书村乡村人居林林网密度指数最高，达到较好水平，评价得分 63.6364 分，而其他 3 个典型村庄林网密度指数均表现为很差，作为平地型村庄的上浦村得分为 6.4935 分，作为山区典型村庄的扁山村林网密度指数得分为 4.5455 分，作为半山典型村庄的茜黄村林网密度得分仅为 1.9481 分。

4. 林木健康指数分析

乡村人居林林木健康指数总体差异较大。4 个乡村林木健康指数评价顺序为：南书村 > 上浦村 > 扁山村 > 茜黄村。其中，作为沿海典型村庄的南书村乡村人居林林木健康指数最高，达到很好水平，评价得分 100 分，其次为平地典型村庄的上浦村，达到较好水平，得分为 69.7248 分，作为山区典型村庄的扁山村达到一般水平，得分为 51.1468 分，而作为半山典型村庄的茜黄村林木健康水平表现最差，得分仅为 7.5688 分。

5. 林木稳定指数分析

乡村人居林林木稳定指数总体表现较好。4 个乡村林木稳定指数评价顺序为：南书村 > 上浦村 > 扁山村 > 茜黄村。其中，作为沿海典型村庄的南书村乡村人居林林木稳定指数最高，达到很好水平，评价得分为 100 分，而作为平地典型村庄的上浦村和作为山区典型村庄的扁山村林木稳定水平也均表现较好，得分为 74.9260 分和 61.2043 分，作为半山典型村庄的茜黄村林木健康水平表现很差，得分仅为 17.9664 分。

乡村人居林质量评价方法科学有效，简单快速，实用性强，不仅避免了传统评价方法基础数据获取困难和可操作性不强的缺陷，而且能够真实反映一个村庄人居林建设存在的问题，在布局、结构上是否合理，哪类指标还存在欠缺，这对于正确和科学地指导我国未来新农村人居林建设具有重要意义。福建省乡村人居林质量现状总体差异较大。目前，沿海型典型代表的南书村建设较好，平地型典型代表的上浦村和山区型典型代表的扁山村一般，而半山型典型代表的茜黄村建设较差。乡村人居林林木健康指数和林木稳定指数评价结果较好，而林网密度指数评价结果较低，这表明当前福建省乡村道路林和水岸林建设相对滞后。

第二节 乡村人居林结构优化

一、优化方法

（一）线性规划

线性规划是解决"最优化"问题的常用方法，选用多目标规划模型求解乡村人居林决策问题。目标规划的基本思路是，给定若干目标及其相应的期望值，并确定实现这些目标的优先顺序，在一组约束条件下，使总的偏离目标值的偏差最小，从而得到一组决策变量的规划值。目标规划模型主要包含目标函数、约束方程、关联函数、非负约束条件4个主要方面内容。其一般形式为：

$$Max(Min)Z = \sum_{j=1}^{m} c_j x_j \qquad (10.1)$$

$$\sum_{j=1}^{m} a_{ij} \geqslant (\leqslant) b_l (i = 1, 2, \cdots m) \qquad (10.2)$$

$$\sum_{j=1}^{m} c_j x_j + d_l^+ + d_l^- = gl(l = 1, 2, \cdots m) \qquad (10.3)$$

$$x_j \geqslant 0 (j = 1, 2, \cdots m) \qquad (10.4)$$

$$d_l^+, d_l^- \geqslant 0 (l = 1, 2, \cdots m) \qquad (10.5)$$

式中，x_j 为决策变量，c_j 为决策变量的权系数；g_l 为第 l 个目标的预测值；d_l^+, d_l^- 为第 l 个目标的正负偏差变量。

（二）建模原则

1. 整体性与协调性相结合

乡村人居林的高效构建，需要尽可能地利用现有土地资源，在面积一定的前提下，合理构建各类型的规模面积，使土地利用整体功能发挥最大化，从而促使乡村人居林林木覆盖指数、林木结构指数和林网密度指数同时达到最优。

2. 继承性原则

乡村人居林的结构与布局是农村长期经济活动所形成的，具有一定的合理性，同时又具有一定的刚性。乡村人居林布局调控的过程就是对现有乡村人居林结构布局进行优化的过程。在这个过程中，并不是完全摒弃，而是扬弃，这是符合农村科学建设发展的需要。

因此乡村人居林的布局优化必须以现有农村绿化土地的现状为基础，在对绿化土地现状的结构、空间布局进行系统分析的基础上确定相对合理的优化方案，从而能保持绿化土地利用的稳定性，做到循序渐进。

3. 持续性原则

乡村人居林构建调控既要考虑现在又要着眼于将来。以农村绿化现状为基础，同时结合各村实际，综合考虑土地发展潜力、生态需求、社会需求、文化需求、经济需求。乡村人居林布局调控必须以现状为根本，以其未来需求为准则来制定调控方案。

4. 动态性原则

乡村人居林构建是个复杂的系统，与社会多方面都有紧密联系。而社会要素是不断变化和发展的，随着社会要素的变化，导致乡村人居林调控方案不断进行调整和优化。因此，乡村人居林调控方案具有相对性，要根据农村社会发展变化的需求不断地进行适时调整和修正，以保持相对优化的状态。从而在相对稳定的基础上对乡村人居林进行科学、合理、高效的构建。

（三）乡村人居林结构优化目标

乡村人居林调控不同于乡村人居林规划，调控是在现有绿化基础上的调整与优化，达到更加科学合理的布局构建，通过深入调查现有乡村人居林的现状和发展潜力，结合各类型乡村实际生态需求、文化需求、经济需求、社会需求提出符合现阶段农村实际需求的乡村人居林规划调控目标。本研究从构建布局进行调控，以乡村人居林林木覆盖指数、林木结构指数和林网密度指数最大化为最优目标，提出乡村庭院林、道路林、水岸林、游憩林、风水林的调控面积。

（四）乡村人居林结构优化模型构建

1. 变量设置

依据乡村人居林现状特点，共设置了 24 个变量。x_1 庭院林大乔木面积、x_2 庭院林中乔木面积、x_3 庭院林小乔木面积、x_4 庭院林灌木面积、x_5 庭院林花草面积、x_6 道路林大乔木面积、x_7 道路林中乔木面积、x_8 道路林小乔木面积、x_9 道路林灌木面积、x_{10} 道路林花草面积、x_{11} 水岸林大乔木面积、x_{12} 水岸林中乔木面积、x_{13} 水岸林小乔木面积、x_{14} 水岸林灌木面积、x_{15} 水岸林花草面积、x_{16} 游憩林大乔木面积、x_{17} 游憩林中乔木面积、x_{18} 游憩林小乔木面积、x_{19} 游憩林灌木面积、x_{20} 游憩林花草面积、x_{21} 风水林大乔木面积、x_{22} 主干道路林长度、x_{23} 非主干道路林长度、x_{24} 水岸林长度（表 5-19）。这些变量的设置主要是针对农村乡村人居林的实际情况与特点，综合考虑了林木覆盖、林木结构、林网密度 3 个要素，其中林木覆盖、林木结构和林网密度参数选取乡村人居林林木覆盖、林木结构和林网密度的权重值。

表5-19　决策变量及物理意义

Tab. 5-19　Decision variable and physical meaning

决策变量	物理意义	决策变量	物理意义
x_1	庭院林大乔木面积	x_{13}	水岸林小乔木面积
x_2	庭院林中乔木面积	x_{14}	水岸林灌木面积
x_3	庭院林小乔木面积	x_{15}	水岸林花草面积
x_4	庭院林灌木面积	x_{16}	游憩林大乔木面积
x_5	庭院林花草面积	x_{17}	游憩林中乔木面积
x_6	道路林大乔木面积	x_{18}	游憩林小乔木面积
x_7	道路林中乔木面积	x_{19}	游憩林灌木面积
x_8	道路林小乔木面积	x_{20}	游憩林花草面积
x_9	道路林灌木面积	x_{21}	风水林大乔木面积
x_{10}	道路林花草面积	x_{22}	主干道路林长度
x_{11}	水岸林大乔木面积	x_{23}	非主干道路林长度
x_{12}	水岸林中乔木面积	x_{24}	水岸林长度

2. 目标函数的确立

乡村人居林的构建主要考虑与乡村人居林关系密切的林木覆盖、林木结构和林网密度3个因素，本研究采用多目标线性规划的线性加权和法来求解乡村人居林布局调控问题。取林木覆盖指数、林木结构指数和林网密度指数3者最大化作为目标函数。目标函数权重值分别取专家评定值0.4160、0.3152、0.0713(表5-20)。

表5-20　规划模型参数

Tab. 5-20　Planning model parameters

模型参数	参数值	模型参数	参数值
庭院林面积参数	0.5443	灌木面积参数	0.0400
道路林面积参数	0.1811	花草面积参数	0.1669
水岸林面积参数	0.0467	主干道路林长度参数	0.6370
游憩林面积参数	0.1811	非主干道路林长度参数	0.1047
风水林面积参数	0.0467	水岸林长度参数	0.2583
大乔木面积参数	0.5387	林木覆盖指数参数	0.4160
中乔木面积参数	0.1918	林木结构指数参数	0.3152
小乔木面积参数	0.0626	林网密度指数参数	0.0713

林木覆盖指数目标函数：

$$f_1(x) = \sum c_i x_i,(x = 1,2,3,\cdots 21)$$

其中：c_i为林木覆盖指数各模型单元模型系数，x_i为各模型单元的面积，将参数代入得到：

$$0.5443x_1 + 0.5443x_2 + 0.5443x_3 + 0.5443x_4 + 0.5443x_5 + 0.1811x_6 + 0.1811x_7 +$$

$0.1811x_8 + 0.1811x_9 + 0.1811x_{10} + 0.0467x_{11} + 0.0467x_{12} + 0.0467x_{13} + 0.0467x_{14} + 0.0467x_{15} + 0.1811x_{16} + 0.1811x_{17} + 0.1811x_{18} + 0.1811x_{19} + 0.1811x_{20} + 0.0467x_{21}$

林木结构指数目标函数：

$$f_2(x) = \sum c_i x_i, (x = 1,2,3,\cdots 21)$$

其中：c_i 为林木结构指数各模型单元模型系数，x_i 为各模型单元的面积，将参数代入得到：

$0.5387x_1 + 0.5387x_6 + 0.5387x_{11} + 0.5387x_{16} + 0.5387x_{21} + 0.1918x_2 + 0.1918x_7 + 0.1918x_{12} + 0.1918x_{17} + 0.0626x_3 + 0.0626x_8 + 0.0626x_{13} + 0.0626x_{18} + 0.04x_4 + 0.04x_9 + 0.04x_{14} + 0.04x_{19} + 0.1669x_5 + 0.1669x_{10} + 0.1669x_{15} + 0.1669x_{20}$

林网密度指数目标函数：

$$f_3(x) = \sum c_i x_i, (x = 22,23,\cdots 24)$$

其中：c_i 为林网密度指数各模型单元模型系数，x_i 为各模型单元的面积，将参数代入得到：

$0.2583x_{24} + 0.637x_{22} + 0.1047x_{23}$

3. 约束条件的建立

乡村人居林结构优化必须充分考虑人居林现状特点、各种需求约束条件及土地资源潜力。依据乡村人居林的24个分类选取变量，考虑与之相关的土地现状面积约束、土地潜力面积约束、生态需求约束、社会需求约束、经济需求约束、文化需求约束等。约束条件的模型如下：

（1）庭院林土地现状面积约束　庭院林构建依据原则是不破坏庭院林土地现状中某一类型面积，因此，庭院林大乔木、中乔木、小乔木、灌木、花草各类型面积不低于现状值，取 A_1、A_2、A_3、A_4、A_5 分别为庭院林大乔木、中乔木、小乔木、灌木、花草面积现状值，庭院林土地现状面积约束为：

$x_1 \geqslant A_1$

$x_2 \geqslant A_2$

$x_3 \geqslant A_3$

$x_4 \geqslant A_4$

$x_5 \geqslant A_5$

（2）庭院林乔木发展潜力约束　乔木类需要一定面积和深度的土壤，并要求合适的生长空间，取庭院林适合种植乔木的潜力面积为 A_6，庭院林乔木发展最大潜力面积约束为：

$x_1 + x_2 + x_3 \leqslant A_1 + A_2 + A_3 + A_6$

（3）庭院林最大发展潜力约束　庭院林最大发展潜力为现状面积与最大潜力面积之和，取庭院林最大潜力面积为 A_7，则庭院林发展最大潜力面积约束为：

$x_1 + x_2 + x_3 + x_4 + x_5 \leqslant A_1 + A_2 + A_3 + A_4 + A_5 + A_7$

（4）道路林土地现状面积约束　道路林构建依据原则是不破坏道路林土地现状中某一类型面积。因此道路林大乔木、中乔木、小乔木、灌木、花草各类型面积不低于现状值，取 A_8、A_9、A_{10}、A_{11}、A_{12} 分别为道路林大乔木、中乔木、小乔木、灌木、花草面积现状值，道路林土地现状面积约束为：

$$x_6 \geq A_8$$

$$x_7 \geq A_9$$

$$x_8 \geq A_{10}$$

$$x_9 \geq A_{11}$$

$$x_{10} > = A_{12}$$

（5）道路林乔木发展潜力约束 乔木类需要一定面积和深度的土壤，并要求合适的生长空间，取道路林适合种植乔木的潜力面积为 A_{13}，道路林乔木发展最大潜力面积约束为：

$$x_6 + x_7 + x_8 \leq A_8 + A_9 + A_{10} + A_{13}$$

（6）道路林最大发展潜力约束 道路林最大发展潜力为现状面积与最大潜力面积之和，取道路林最大潜力面积为 A_{14}，则道路最大发展潜力面积约束为：

$$x_6 + x_7 + x_8 + x_9 + x_{10} \leq A_6 + A_7 + A_8 + A_9 + A_{10} + A_{14}$$

（7）水岸林土地现状面积约束 水岸林构建依据原则是不破坏水岸林土地现状中某一类型面积，因此，水岸林大乔木、中乔木、小乔木、灌木、花草各类型面积不低于现状值，取 A_{15}、A_{16}、A_{17}、A_{18}、A_{19} 分别为道路林大乔木、中乔木、小乔木、灌木、花草面积现状值，水岸林土地现状面积约束为：

$$x_{11} \geq A_{15}$$

$$x_{12} \geq A_{16}$$

$$x_{13} \geq A_{17}$$

$$x_{14} \geq A_{18}$$

$$x_{15} \geq A_{19}$$

（8）水岸林乔木发展潜力约束 乔木类需要一定面积和深度的土壤，并要求合适的生长空间，取水岸林适合种植乔木的潜力面积为 A_{20}，水岸林乔木发展最大潜力面积约束为：

$$x_{11} + x_{12} + x_{13} \leq A_{15} + A_{16} + A_{17} + A_{20}$$

（9）水岸林最大发展潜力约束 水岸林最大发展潜力为现状面积与最大潜力面积之和，取水岸林最大潜力面积为 A_{21}，则水岸林发展最大潜力面积约束为：

$$x_{11} + x_{12} + x_{13} + x_{14} + x_{15} \leq A_{15} + A_{16} + A_{17} + A_{18} + A_{19} + A_{21}$$

（10）游憩林土地现状面积约束 游憩林构建依据原则是不破坏游憩林土地现状中某一类型面积，因此，游憩林大乔木、中乔木、小乔木、灌木、花草各类型面积不低于现状值，取 A_{22}、A_{23}、A_{24}、A_{25}、A_{26} 分别为游憩林大乔木、中乔木、小乔木、灌木、花草面积现状值，游憩林土地现状面积约束为：

$$x_{16} \geq A_{22}$$

$$x_{17} \geq A_{23}$$

$$x_{18} \geq A_{24}$$

$$x_{19} \geq A_{25}$$

$$x_{20} \geq A_{26}$$

（11）游憩林乔木发展潜力约束 取游憩林适合种植乔木的潜力面积为 A_{27}，游憩林乔木发展最大潜力面积约束为：

$$x_{16} + x_{17} + x_{18} \leqslant A_{22} + A_{23} + A_{24} + A_{27}$$

（12）游憩林最大发展潜力约束　游憩林最大发展潜力为现状面积与最大潜力面积之和，取游憩林最大潜力面积为 $A28$，则游憩林发展最大潜力面积约束为：

$$x_{16} + x_{17} + x_{18} + x_{19} + x_{20} \leqslant A_{22} + A_{23} + A_{24} + A_{25} + A_{27} + A_{28}$$

（13）风水林土地现状面积约束　风水林一般由大乔木组成，构建原则是不破坏土地现状面积。因此，风水林大乔木面积不低于现状值，取 A_{29} 为风水林大乔木面积现状值，则风水林土地现状面积约束为：

$$x_{21} \geqslant A_{29}$$

（14）风水林最大发展潜力约束　风水林最大发展潜力为现状面积与最大潜力面积之和，取风水林最大潜力面积为 A_{30}，则风水林发展最大潜力面积约束为：

$$x_{21} \leqslant A_{29} + A_{30}$$

（15）林网化土地现状约束　主干道路林、非主干道路林、水岸林构建原则是不破坏土地现状。因此主干道路林、非主干道路林、水岸林长度不低于现状值，取 A_{31}、A_{32}、A_{33} 为主干道路林、非主干道路林、水岸林面积现状值，则主干道路林、非主干道路林、水岸林土地现状长度约束为：

$$x_{22} \geqslant A_{31}$$
$$x_{23} \geqslant A_{32}$$
$$x_{24} \geqslant A_{33}$$

（16）林网化最大发展潜力约束　主干道路林、非主干道路林、水岸林最大发展潜力为现状长度与最大潜力长度之和，取主干道路林、非主干道路林、水岸林最大潜力长度为 A_{34}、A_{35}、A_{36}，则主干道路林、非主干道路林、水岸林发展最大潜力长度约束为：

$$x_{22} \leqslant A_{31} + A_{34}$$
$$x_{23} \leqslant A_{32} + A_{35}$$
$$x_{24} \leqslant A_{33} + A_{36}$$

（17）生态需求约束　村庄基本生态需求面积根据碳氧平衡计算得出，同时考虑村庄实际土地面积，取生态需求面积为 A_{37}，则生态需求约束为：

$$A_1 + A_2 + A_3 + A_4 + A_5 + A_6 + A_7 + A_8 + A_9 + A_{10} + A_{11} + A_{12} + A_{13} + A_{14} + A_{15} + A_{16} + A_{17} + A_{18} + A_{19} + A_{20} + A_{21} \geqslant A_{37}$$

（18）社会需求约束　根据乡村人居林特点，村民对庭院花草的种植要求较高，取村民意愿增加种植花草面积为 A_{38}，由于村庄特殊需求需要种植面积为 A_{39}，则社会需求约束为：

$$x_5 \geqslant A_5 + A_{38}$$
$$x_i \geqslant A_i + A_{39} (i = 1, 2, \cdots 5)$$

（19）经济需求约束　根据乡村人居林特点，村民对于经济树种的需求也较高，取村民意愿增加经济树种面积为 A_{40}，则经济需求约束为：

$$x_2 + x_3 \geqslant A_2 + A_3 + A_{40}$$

（20）文化需求约束　根据乡村人居林特点，村庄文化需求主要包括村内风水林、寺庙林、当地人种植树木的风俗习惯等，依据本村实际情况，村内风水林面积不能减少。

$x_{21} \geqslant A_{29}$

4. 模型求解

乡村人居林目标函数权重值分别取专家评定值 0.4160、0.3152、0.0713。然后采用 DPS 软件编程进行求最优解。

二、乡村人居林优化案例分析——以福建省为例

(一)扁山村人居林结构优化

采用多目标线性规划的线性加权和法来求解乡村人居林结构优化问题。取目标函数权重值分别为 0.4160、0.3152、0.0713，三个目标函数分别为：

max：$0.5443x_1 + 0.5443x_2 + 0.5443x_3 + 0.5443x_4 + 0.5443x_5 + 0.1811x_6 + 0.1811x_7 + 0.1811x_8 + 0.1811x_9 + 0.1811x_{10} + 0.0467x_{11} + 0.0467x_{12} + 0.0467x_{13} + 0.0467x_{14} + 0.0467x_{15} + 0.1811x_{16} + 0.1811x_{17} + 0.1811x_{18} + 0.1811x_{19} + 0.1811x_{20} + 0.0467x_{21}$

max：$0.5387x_1 + 0.5387x_6 + 0.5387x_{11} + 0.5387x_{16} + 0.5387x_{21} + 0.1918x_2 + 0.1918x_7 + 0.1918x_{12} + 0.1918x_{17} + 0.0626x_3 + 0.0626x_8 + 0.0626x_{13} + 0.0626x_{18} + 0.04x_4 + 0.04x_9 + 0.04x_{14} + 0.04x_{19} + 0.1669x_5 + 0.1669x_{10} + 0.1669x_{15} + 0.1669x_{20}$

max：$0.2583x_{24} + 0.637x_{22} + 0.1047x_{23}$

约束条件：

(1) 庭院林土地现状面积约束

$x_1 \geqslant 659$；$x_2 \geqslant 817$；$x_3 \geqslant 152.25$；$x_4 \geqslant 68$；$x_5 \geqslant 63.5$

(2) 庭院林乔木类发展潜力面积约束

$x_1 + x_2 + x_3 \leqslant 659 + 817 + 152.25 + 752$

(3) 庭院林最大发展潜力面积约束

$x_1 + x_2 + x_3 + x_4 + x_5 \leqslant 1759.75 + 752$

(4) 道路林土地现状面积约束

$x_6 \geqslant 0$；$x_7 \geqslant 0$；$x_8 \geqslant 0$；$x_9 \geqslant 0$；$x_{10} \geqslant 0$

(5) 道路林乔木类发展潜力面积约束

$x_6 + x_7 + x_8 \leqslant 0$

(6) 道路林最大发展潜力面积约束

$x_6 + x_7 + x_8 + x_9 + x_{10} \leqslant 0$

(7) 水岸林土地现状面积约束

$x_{11} \geqslant 0$；$x_{12} \geqslant 632$；$x_{13} \geqslant 0$；$x_{14} \geqslant 0$；$x_{15} \geqslant 0$

(8) 水岸林乔木类发展潜力面积约束

$x_{11} + x_{12} + x_{13} \leqslant 632 + 460$

(9) 水岸林最大发展潜力面积约束

$x_{11} + x_{12} + x_{13} + x_{14} + x_{15} \leqslant 632 + 460$

(10) 游憩林土地现状面积约束

$x_{16} \geqslant 600$；$x_{17} \geqslant 0$；$x_{18} \geqslant 0$；$x_{19} \geqslant 0$；$x_{20} \geqslant 0$

（11）游憩林乔木类发展潜力面积约束

$x_{16} + x_{17} + x_{18} \leqslant 600$

（12）游憩林最大发展潜力面积约束

$x_{16} + x_{17} + x_{18} + x_{19} + x_{20} \leqslant 600$

（13）风水林土地现状面积约束

$x_{21} \geqslant 1263$

（14）风水林最大发展潜力面积约束

$x_{21} \leqslant 1263$

（15）林网化土地现状约束

$x_{22} \geqslant 0$；$x_{23} \geqslant 0$；$x_{24} \geqslant 158$

（16）林网化最大发展潜力约束

$x_{22} \leqslant 0$；$x_{23} \leqslant 0$；$x_{24} \leqslant 158 + 140$

（17）生态需求约束

$A_1 + A_2 + A_3 + A_4 + A_5 + A_6 + A_7 + A_8 + A_9 + A_{10} + A_{11} + A_{12} + A_{13} + A_{14} + A_{15} + A_{16} + A_{17} + A_{18} + A_{19} + A_{20} + A_{21} \geqslant 0$

（18）社会需求约束

$x_5 \geqslant 63.5 + 95$

$x_1 \geqslant 659 + 120$

（19）经济需求约束

$x_2 + x_3 \geqslant 817 + 152.25 + 210$

表 5-21　扁山村乡村人居林结构优化结果

Tab. 5-21　The structure optimize results of village human habitat forest on Bianshan village

变量值	林木覆盖最大优化值	林木结构最大优化值	林网密度最大优化值	综合加权优化值
x_1	779.00	779.00	779.00	1106.00
x_2	817.00	817.00	1027.00	1027.00
x_3	362.25	362.25	152.25	152.25
x_4	395.00	68.00	68.00	68.00
x_5	158.50	485.50	158.50	158.50
x_6	0.00	0.00	0.00	0.00
x_7	0.00	0.00	0.00	0.00
x_8	0.00	0.00	0.00	0.00
x_9	0.00	0.00	0.00	0.00
x_{10}	0.00	0.00	0.00	0.00
x_{11}	460.00	460.00	0.00	460.00
x_{12}	632.00	632.00	632.00	632.00

（续）

变量值	林木覆盖最大优化值	林木结构最大优化值	林网密度最大优化值	综合加权优化值
x_{13}	0.00	0.00	0.00	0.00
x_{14}	0.00	0.00	0.00	0.00
x_{15}	0.00	0.00	0.00	0.00
x_{16}	600.00	600.00	600.00	600.00
x_{17}	0.00	0.00	0.00	0.00
x_{18}	0.00	0.00	0.00	0.00
x_{19}	0.00	0.00	0.00	0.00
x_{20}	0.00	0.00	0.00	0.00
x_{21}	1263.00	1263.00	1263.00	1263.00
x_{22}	—	—	0.00	0.00
x_{23}	—	—	0.00	0.00
x_{24}	—	—	298.00	298.00

（20）文化需求约束

$$x_{21} \geqslant 1263$$

运用 PDS 数据处理软件编程进行计算，得到扁山村乡村人居林目标函数的最优解（表5-21、表5-22）。

表5-22 扁山村乡村人居林优化前后比较

Tab. 5-22 The comparison of village human habitat forest before and after optimizing on Bianshan village

类型	现状		调控幅度	优化后	
	面积	百分比		面积	百分比
庭院林	1759.75	41.36%	+752	2511.75	45.95%
道路林	0	0%	0	0	0%
水岸林	632	14.85%	+460	1092	19.98%
游憩林	600	14.10%	0	600	10.97%
风水林	1263	29.69%	0	1263	23.10%
大乔木	2522	59.27%	+907	3429	62.72%
中乔木	1449	34.06%	+210	1659	30.35%
小乔木	152.25	3.58%	0	152.25	2.79%
灌木	68	1.60%	0	68	1.24%
花草类	63.5	1.49%	+95	158.5	2.90%
	长度	百分比	调控幅度	长度	百分比
主干道路林	0	0%	0	0	0%
非主干道路林	0	0%	0	0	0%
水岸林	158	100%	+140	298	100%

（二）茜黄村人居林结构优化

采用多目标线性规划的线性加权和法来求解乡村人居林结构优化问题。取目标函数权重值分别为 0.4160、0.3152、0.0713，三个目标函数分别为：

max：$0.5443x_1 + 0.5443x_2 + 0.5443x_3 + 0.5443x_4 + 0.5443x_5 + 0.1811x_6 + 0.1811x_7 + 0.1811x_8 + 0.1811x_9 + 0.1811x_{10} + 0.0467x_{11} + 0.0467x_{12} + 0.0467x_{13} + 0.0467x_{14} + 0.0467x_{15} + 0.1811x_{16} + 0.1811x_{17} + 0.1811x_{18} + 0.1811x_{19} + 0.1811x_{20} + 0.0467x_{21}$

max：$0.5387x_1 + 0.5387x6 + 0.5387x_{11} + 0.5387x_{16} + 0.5387x_{21} + 0.1918x_2 + 0.1918x_7 + 0.1918x_{12} + 0.1918x_{17} + 0.0626x_3 + 0.0626x_8 + 0.0626x_{13} + 0.0626x_{18} + 0.04x_4 + 0.04x_9 + 0.04x_{14} + 0.04x_{19} + 0.1669x_5 + 0.1669x_{10} + 0.1669x_{15} + 0.1669x_{20}$

max：$0.2583x_{24} + 0.637x_{22} + 0.1047x_{23}$

约束条件：

（1）庭院林土地现状面积约束

$x_1 \geqslant 186.25$；$x_2 \geqslant 100.5$；$x_3 \geqslant 95.5$；$x_4 \geqslant 153.5$；$x_5 \geqslant 54.86$

（2）庭院林乔木类发展潜力面积约束

$x_1 + x_2 + x_3 \leqslant 186.25 + 100.5 + 95.5 + 1602.5$

（3）庭院林最大发展潜力面积约束

$x_1 + x_2 + x_3 + x_4 + x_5 \leqslant 590.61 + 3085.25$

（4）道路林土地现状面积约束

$x_6 \geqslant 0$；$x_7 \geqslant 144$；$x_8 \geqslant 0$；$x_9 \geqslant 0$；$x_{10} \geqslant 0$

（5）道路林乔木类发展潜力面积约束

$x_6 + x_7 + x_8 \leqslant 144 + 175$

（6）道路林最大发展潜力面积约束

$x_6 + x_7 + x_8 + x_9 + x_{10} \leqslant 144 + 319$

（7）水岸林土地现状面积约束

$x_{11} \geqslant 212.4$；$x_{12} \geqslant 272$；$x_{13} \geqslant 54.45$；$x_{14} \geqslant 0$；$x_{15} \geqslant 0$

（8）水岸林乔木类发展潜力面积约束

$x_{11} + x_{12} + x_{13} \leqslant 538.85 + 6080$

（9）水岸林最大发展潜力面积约束

$x_{11} + x_{12} + x_{13} + x_{14} + x_{15} \leqslant 538.85 + 6080$

（10）游憩林土地现状面积约束

$x_{16} \geqslant 0$；$x_{17} \geqslant 0$；$x_{18} \geqslant 0$；$x_{19} \geqslant 0$；$x_{20} \geqslant 0$

（11）游憩林乔木类发展潜力面积约束

$x_{16} + x_{17} + x_{18} \leqslant 0$

（12）游憩林最大发展潜力面积约束

$x_{16} + x_{17} + x_{18} + x_{19} + x_{20} \leqslant 0$

（13）风水林土地现状面积约束

$x_{21} \geqslant 754.25$

（14）风水林最大发展潜力面积约束

$x_{21} \leqslant 754.25$

（15）林网化土地现状约束

$x_{22} \geqslant 0$；$x_{23} \geqslant 36$；$x_{24} \geqslant 87.6$

（16）林网化最大发展潜力长度约束

$x_{22} \leqslant 75$；$x_{23} \leqslant 91$；$x_{24} \leqslant 1332$

（17）生态需求约束

$A_1 + A_2 + A_3 + A_4 + A_5 + A_6 + A_7 + A_8 + A_9 + A_{10} + A_{11} + A_{12} + A_{13} + A_{14} + A_{15} + A_{16} + A_{17} + A_{18} + A_{19} + A_{20} + A_{21} \geqslant 0$

（18）社会需求约束

$x_5 \geqslant 54.86 + 452$

（19）经济需求约束

$x_2 + x_3 \geqslant 100.5 + 95.5 + 320$

表 5-23　茜黄村乡村人居林结构优化结果

Tab. 5-23　The structure optimize results of village human habitat forest on Qianhuang village

变量值	林木覆盖最大优化值	林木结构最大优化值	林网密度最大优化值	综合加权优化值
x_1	186.25	261.25	186.25	1468.75
x_2	191.50	191.50	420.50	420.50
x_3	324.50	324.50	95.50	95.50
x_4	2466.75	153.50	153.50	153.50
x_5	506.86	2745.11	506.86	1537.61
x_6	175.00	175.00	0.00	175.00
x_7	144.00	144.00	144.00	144.00
x_8	0.00	0.00	0.00	0.00
x_9	144.00	0.00	0.00	0.00
x_{10}	0.00	144.00	0.00	144.00
x_{11}	6292.40	6292.40	212.40	6292.40
x_{12}	272.00	272.00	272.00	272.00
x_{13}	54.45	54.45	54.45	54.45
x_{14}	0.00	0.00	0.00	0.00
x_{15}	0.00	0.00	0.00	0.00
x_{16}	0.00	0.00	0.00	0.00
x_{17}	0.00	0.00	0.00	0.00
x_{18}	0.00	0.00	0.00	0.00
x_{19}	0.00	0.00	0.00	0.00
x_{20}	0.00	0.00	0.00	0.00
x_{21}	754.25	754.25	754.25	754.25
x_{22}	—	—	75.00	75.00
x_{23}	—	—	91.00	91.00
x_{24}	—	—	1332.00	1332.00

（20）文化需求约束

$x_{21} \geqslant 754.25$

运用 PDS 数据处理软件编程进行计算，得到茜黄村乡村人居林目标函数的最优解（表5-23、表5-24）。

表5-24　茜黄村乡村人居林优化前后比较

Tab. 5-24　The comparison of village human habitat forest before and after optimizingon Qianhuang village

类型	现 状		调控幅度	优化后	
	面积	百分比		面积	百分比
庭院林	590.61	29.13%	+3085.25	3675.86	31.93%
道路林	144	7.10%	+319	463	4.02%
水岸林	538.85	26.57%	+6080	6618.85	57.50%
游憩林	0	0%	0	0	0%
风水林	754.25	37.20%	0	754.25	6.55%
大乔木	1152.9	56.86%	+7537.5	8690.4	75.49%
中乔木	516.5	25.47%	+320	836.5	7.27%
小乔木	149.95	7.40%	0	149.95	1.30%
灌木	153.5	7.57%	0	153.5	1.33%
花草类	54.86	2.70%	+1626.75	1681.61	14.61%
	长度	百分比	调控幅度	长度	百分比
主干道路林	0	0%	+75	75	5.01%
非主干道路林	36	29.13%	+55	91	6.07%
水岸林	87.6	70.87%	+1244.4	1332	88.92%

（三）上浦村人居林结构优化

采用多目标线性规划的线性加权和法来求解乡村人居林结构优化问题。取目标函数权重值分别为 0.4160、0.3152、0.0713，三个目标函数分别为：

max：$0.5443x_1 + 0.5443x_2 + 0.5443x_3 + 0.5443x_4 + 0.5443x_5 + 0.1811x_6 + 0.1811x_7 + 0.1811x_8 + 0.1811x_9 + 0.1811x_{10} + 0.0467x_{11} + 0.0467x_{12} + 0.0467x_{13} + 0.0467x_{14} + 0.0467x_{15} + 0.1811x_{16} + 0.1811x_{17} + 0.1811x_{18} + 0.1811x_{19} + 0.1811x_{20} + 0.0467x_{21}$

max：$0.5387x_1 + 0.5387x_6 + 0.5387x_{11} + 0.5387x_{16} + 0.5387x_{21} + 0.1918x_2 + 0.1918x_7 + 0.1918x_{12} + 0.1918x_{17} + 0.0626x_3 + 0.0626x_8 + 0.0626x_{13} + 0.0626x_{18} + 0.04x_4 + 0.04x_9 + 0.04x_{14} + 0.04x_{19} + 0.1669x_5 + 0.1669x_{10} + 0.1669x_{15} + 0.1669x_{20}$

max：$0.2583x_{24} + 0.637x_{22} + 0.1047x_{23}$

约束条件：

（1）庭院林土地现状面积约束

$x_1 \geqslant 3565$；$x_2 \geqslant 1477.81$；$x_3 \geqslant 1027.91$；$x_4 \geqslant 366$；$x_5 \geqslant 89.25$

（2）庭院林乔木类发展潜力面积约束

$$x_1 + x_2 + x_3 \leqslant 3565 + 1477.81 + 1027.91 + 1822.5$$

（3）庭院林最大发展潜力面积约束

$$x_1 + x_2 + x_3 + x_4 + x_5 \leqslant 6525.97 + 2322.5$$

（4）道路林土地现状面积约束

$$x_6 \geqslant 660; \quad x_7 \geqslant 1064; \quad x_8 \geqslant 16; \quad x_9 \geqslant 0; \quad x_10 \geqslant 0$$

（5）道路林乔木类发展潜力面积约束

$$x_6 + x_7 + x_8 \leqslant 660 + 1064 + 16 + 1232$$

（6）道路林最大发展潜力面积约束

$$x_6 + x_7 + x_8 + x_9 + x_10 \leqslant 1740 + 1232$$

（7）水岸林土地现状面积约束

$$x_{11} \geqslant 5850; \quad x_{12} \geqslant 120; \quad x_{13} \geqslant 0; \quad x_{14} \geqslant 0; \quad x_{15} \geqslant 0$$

（8）水岸林乔木类发展潜力面积约束

$$x_{11} + x_{12} + x_{13} \leqslant 5970 + 450$$

（9）水岸林最大发展潜力面积约束

$$x_{11} + x_{12} + x_{13} + x_{14} + x_{15} \leqslant 5970 + 450$$

（10）游憩林土地现状面积约束

$$x_{16} \geqslant 0; \quad x_{17} \geqslant 0; \quad x_{18} \geqslant 0; \quad x_{19} \geqslant 0; \quad x_{20} \geqslant 0$$

（11）游憩林乔木类发展潜力面积约束

$$x_{16} + x_{17} + x_{18} \leqslant 1600$$

（12）游憩林最大发展潜力面积约束

$$x_{16} + x_{17} + x_{18} + x_{19} + x_{20} \leqslant 1600$$

（13）风水林土地现状面积约束

$$x_{21} \geqslant 3980$$

（14）风水林最大发展潜力面积约束

$$x_{21} \leqslant 3980$$

（15）林网化土地现状约束

$$x_{22} \geqslant 140; \quad x_{23} \geqslant 250; \quad x_{24} \geqslant 400$$

（16）林网化最大发展潜力长度约束

$$x_{22} \leqslant 140 + 300$$
$$x_{23} \leqslant 250 + 8$$
$$x_{24} \leqslant 400 + 30$$

（17）生态需求约束

$$A_1 + A_2 + A_3 + A_4 + A_5 + A_6 + A_7 + A_8 + A_9 + A_{10} + A_{11} + A_{12} + A_{13} + A_{14} + A_{15} + A_{16} + A_{17} + A_{18} + A_{19} + A_{20} + A_{21} \geqslant 0$$

表 5-25 上浦村乡村人居林结构优化结果

Tab. 5-25 The structure optimize results of village human habitat forest on Shangpu village

变量值	林木覆盖最大优化值	林木结构最大优化值	林网密度最大优化值	综合加权优化值
x_1	3705.00	4005.00	3565.00	4862.50
x_2	1727.81	1735.81	2002.81	2002.81
x_3	1427.91	1427.91	1027.91	1027.91
x_4	1671.50	366.00	366.00	366.00
x_5	316.25	1313.75	316.25	589.25
x_6	1892.00	1892.00	660.00	1892.00
x_7	1064.00	1064.00	1064.00	1064.00
x_8	16.00	16.00	16.00	16.00
x_9	0.00	0.00	0.00	0.00
x_{10}	0.00	0.00	0.00	0.00
x_{11}	6300.00	6300.00	5850.00	6300.00
x_{12}	120.00	120.00	120.00	120.00
x_{13}	0.00	0.00	0.00	0.00
x_{14}	0.00	0.00	0.00	0.00
x_{15}	0.00	0.00	0.00	0.00
x_{16}	1600.00	1600.00	0.00	1600.00
x_{17}	0.00	0.00	0.00	0.00
x_{18}	0.00	0.00	0.00	0.00
x_{19}	0.00	0.00	0.00	0.00
x_{20}	0.00	0.00	0.00	0.00
x_{21}	3980.00	3980.00	3980.00	3980.00
x_{22}	—	—	440.00	440.00
x_{23}	—	—	258.00	258.00
x_{24}	—	—	430.00	430.00

(18)社会需求约束

$$x_5 \geq 89.25 + 227$$

(19)经济需求约束

$$x_2 + x_3 \geq 1477.81 + 1027.91 + 525$$

(20)文化需求约束

$$x_{21} \geq 3980$$

运用 PDS 数据处理软件编程进行计算，得到上浦村乡村人居林目标函数的最优解（表 5-25、表 5-26）。

表5-26 上浦村乡村人居林优化前后比较

Tab. 5-26 The comparison of village human habitat forest before and after optimizing on Shangpu village

类型	现 状		调控幅度	优化后	
	面积	百分比		面积	百分比
庭院林	6525.97	35.83%	+2322.5	8848.47	37.15%
道路林	1740	9.55%	+1232	2972	12.48%
水岸林	5970	32.77%	+450	6420	26.95%
游憩林	0	0%	+1600	1600	6.71%
风水林	3980	21.85%	0	3980	16.71%
大乔木	14055	77.16%	+4579.5	18634.5	78.23%
中乔木	2661.81	14.61%	+525	3186.81	13.38%
小乔木	1043.91	5.73%	0	1043.91	4.38%
灌木	366	2.01%	0	366	1.54%
花草类	89.25	0.49%	+500	589.25	2.47%
	长度	百分比	调控幅度	长度	百分比
主干道路林	140	17.72%	+300	440	39.01%
非主干道路林	250	31.65%	+8	258	22.87%
水岸林	400	50.63%	+30	430	38.12%

（四）南书村人居林结构优化

采用多目标线性规划的线性加权和法来求解乡村人居林结构优化问题。取目标函数权重值分别为0.4160、0.3152、0.0713，三个目标函数分别为：

max：$0.5443x_1 + 0.5443x_2 + 0.5443x_3 + 0.5443x_4 + 0.5443x_5 + 0.1811x_6 + 0.1811x_7 + 0.1811x_8 + 0.1811x_9 + 0.1811x_{10} + 0.0467x_{11} + 0.0467x_{12} + 0.0467x_{13} + 0.0467x_{14} + 0.0467x_{15} + 0.1811x_{16} + 0.1811x_{17} + 0.1811x_{18} + 0.1811x_{19} + 0.1811x_{20} + 0.0467x_{21}$

max：$0.5387x_1 + 0.5387x_6 + 0.5387x_{11} + 0.5387x_{16} + 0.5387x_{21} + 0.1918x_2 + 0.1918x_7 + 0.1918x_{12} + 0.1918x_{17} + 0.0626x_3 + 0.0626x_8 + 0.0626x_{13} + 0.0626x_{18} + 0.04x_4 + 0.04x_9 + 0.04x_{14} + 0.04x_{19} + 0.1669x_5 + 0.1669x_10 + 0.1669x_{15} + 0.1669x_{20}$

max：$0.2583x_{24} + 0.637x_{22} + 0.1047x_{23}$

约束条件：

(1)庭院林土地现状面积约束

$x_1 \geqslant 2577$；$x_2 \geqslant 1502$；$x_3 \geqslant 810.5$；$x_4 \geqslant 723$；$x_5 \geqslant 274.75$

(2)庭院林乔木类发展潜力面积约束

$x_1 + x_2 + x_3 \leqslant 2577 + 1502 + 810.5 + 415.5$

(3)庭院林最大发展潜力面积约束

$x_1 + x_2 + x_3 + x_4 + x_5 \leqslant 5887.25 + 1627.1$

(4)道路林土地现状面积约束

$x_6 \geqslant 0$；$x_7 \geqslant 0$；$x_8 \geqslant 456$；$x_9 \geqslant 2619$；$x_{10} \geqslant 0$

(5)道路林乔木类发展潜力面积约束

$$x_6 + x_7 + x_8 \leqslant 456 + 2501.5$$

（6）道路林最大发展潜力面积约束

$$x_6 + x_7 + x_8 + x_9 + x_{10} \leqslant 3075 + 2501.5$$

（7）水岸林土地现状面积约束

$$x_{11} \geqslant 225; \quad x_{12} \geqslant 0; \quad x_{13} \geqslant 0; \quad x_{14} \geqslant 0; \quad x_{15} \geqslant 0$$

（8）水岸林乔木类发展潜力面积约束

$$x_{11} + x_{12} + x_{13} \leqslant 225 + 75$$

（9）水岸林最大发展潜力面积约束

$$x_{11} + x_{12} + x_{13} + x_{14} + x_{15} \leqslant 225 + 75$$

（10）游憩林土地现状面积约束

$$x_{16} \geqslant 500; \quad x_{17} \geqslant 36; \quad x_{18} \geqslant 34; \quad x_{19} \geqslant 0; \quad x_{20} \geqslant 0$$

（11）游憩林乔木类发展潜力面积约束

$$x_{16} + x_{17} + x_{18} \leqslant 500 + 36 + 34 + 66$$

（12）游憩林最大发展潜力面积约束

$$x_{16} + x_{17} + x_{18} + x_{19} + x_{20} \leqslant 570 + 66$$

（13）风水林土地现状面积约束

$$x_{21} \geqslant 1444$$

（14）风水林最大发展潜力面积约束

$$x_{21} \leqslant 1444$$

（15）林网化土地现状约束

$$x_{22} \geqslant 1421; \quad x_{23} \geqslant 44; \quad x_{24} \geqslant 45$$

（16）林网化最大发展潜力长度约束

$$x_{22} \leqslant 1421 + 809$$

$$x_{23} \leqslant 44 + 17$$

$$x_{24} \leqslant 45 + 15$$

表5-27　南书村乡村人居林结构优化结果

Tab. 5-27　The structure optimize results of village human habitat forest on Nanshu village

变量值	林木覆盖最大优化值	林木结构最大优化值	林网密度最大优化值	综合加权优化值
x_1	2903.00	2903.50	2577.00	2992.50
x_2	1546.00	1546.00	1502.00	1502.00
x_3	855.50	855.50	810.50	810.500
x_4	909.90	723.00	723.00	723.00
x_5	1299.95	1486.35	1299.95	1486.35
x_6	2501.50	2501.50	0.00	2501.50
x_7	0.00	0.00	0.00	0.00
x_8	456.00	456.00	456.00	456.00
x_9	2619.00	2619.00	2619.00	2619.00
x_{10}	0.00	0.00	0.00	0.00
x_{11}	300.00	300.00	225.00	300.00
x_{12}	0.00	0.00	0.00	0.00

（续）

变量值	林木覆盖最大优化值	林木结构最大优化值	林网密度最大优化值	综合加权优化值
x_{13}	0.00	0.00	0.00	0.00
x_{14}	0.00	0.00	0.00	0.00
x_{15}	0.00	0.00	0.00	0.00
x_{16}	566.00	566.00	500.00	566.00
x_{17}	36.00	36.00	36.00	36.00
x_{18}	34.00	34.00	34.00	34.00
x_{19}	0.00	0.00	0.00	0.00
x_{20}	0.00	0.00	0.00	0.00
x_{21}	1444.00	1444.00	1444.00	1444.00
x_{22}	—	—	2230.00	2230.00
x_{23}	—	—	61.00	61.00
x_{24}	—	—	60.00	60.00

（17）生态需求约束

$$A_1 + A_2 + A_3 + A_4 + A_5 + A_6 + A_7 + A_8 + A_9 + A_{10} + A_{11} + A_{12} + A_{13} + A_{14} + A_{15} + A_{16} + A_{17} + A_{18} + A_{19} + A_{20} + A_{21} = 15470.85$$

（18）社会需求约束

$$x_5 \geqslant 274.75 + 1025.2$$

（19）经济需求约束

$$x_2 + x_3 \geqslant 1502 + 810.5 + 0$$

（20）文化需求约束

$$x_{21} \geqslant 1444$$

运用 PDS 数据处理软件编程进行计算，得到上浦村乡村人居林目标函数的最优解（表5-27，表5-28）。

表5-28 南书村乡村人居林优化前后比较

Tab. 5-28 The comparison of village human habitat forest before and after optimizing on Nanshu village

类型	现状		调控幅度	优化后	
	面积	百分比		面积	百分比
庭院林	5887.25	52.56%	+1627.1	7514.35	48.57%
道路林	3075	27.45%	+2501.5	5576.5	36.04%
水岸林	225	2.01%	+75	300	1.94%
游憩林	570	5.09%	+66	636	4.11%
风水林	1444	12.89%	0	1444	9.33%
大乔木	4746	42.37%	+3058	7804	50.44%
中乔木	1538	13.73%	0	1538	9.94%
小乔木	1300.5	11.61%	0	1300.5	8.41%
灌木	3342	29.84%	0	3342	21.60%
花草类	274.75	2.45%	+1211.6	1486.35	9.61%

（续）

	长度	百分比	调控幅度	长度	百分比
主干道路林	1421	94.11%	+809	2230	94.85%
非主干道路林	44	2.91%	+17	61	2.59%
水岸林	45	2.98%	+15	60	2.55%

（五）福建乡村人居林结构优化合理性与优越性分析

福建乡村人居林结构优化结果如图 5-1 所示，按照优化方案，调整后的乡村人居林林木结构指数总体可以达到很高水平 91.5095，林木覆盖指数总体可以达到较好水平 60.6195，而林网密度指数总体也将显著提高到 37.0130。优化后林木结构指数增加空间潜力最大，其次为林木覆盖指数，林网密度指数增加空间潜力最小，其中，乡村人居林林木覆盖指数、林木结构指数和林网密度指数平均增加 22.5221、40.8491 和 17.8571，优化后的乡村人居林结构更加趋向于科学和合理，乡村人居林质量显著提高。

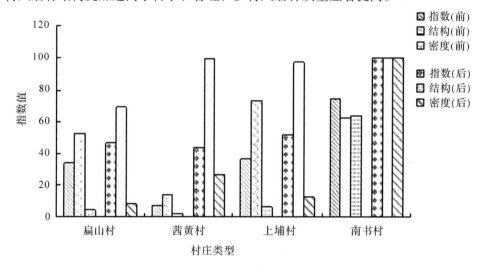

图 5-1 乡村人居林优化前后变化

Fig. 5-1 The changes before and after optimization of village human habitat forest

表 5-29 乡村人居林结构优化面积比较

Tab. 5-29 The area comparison of structural optimization of village human habitat forest

类型	扁山村		茜黄村		上埔村		南书村	
	优化前	优化后	优化前	优化后	优化前	优化后	优化前	优化后
庭院林	1759.75	2511.75	590.61	3675.86	6525.97	8848.47	5887.25	7514.35
道路林	0	0	144	463	1740	2972	3075	5576.5
水岸林	632	1092	538.85	6618.85	5970	6420	225	300
游憩林	600	600	0	0	0	1600	570	636
风水林	1263	1263	754.25	754.25	3980	3980	1444	1444

（续）

类型	扁山村		茜黄村		上浦村		南书村	
	优化前	优化后	优化前	优化后	优化前	优化后	优化前	优化后
大乔木	2522	3429	1152.9	8690.4	14055	18634.5	4746	7804
中乔木	1449	1659	516.5	836.5	2661.81	3186.81	1538	1538
小乔木	152.25	152.25	149.95	149.95	1043.91	1043.91	1300.5	1300.5
灌木	68	68	153.5	153.5	366	366	3342	3342
花草类	63.5	158.5	54.86	1681.61	89.25	589.25	274.75	1486.35
	长度	百分比	调控幅度	长度	百分比			
主干道路林	0	0	0	75	140	440	1421	2230
非主道林	0	0	36	91	250	258	44	61
水岸林	158	298	87.6	1332	400	430	45	60

由表5-29、5-30可见，按照优化方案，作为半山型典型代表的茜黄村发展潜力最大，调整后林木覆盖指数可由7.4336%提高到44.0708%，林木结构指数可由14.3396%提高到99.4304%，林网密度指数可由1.9481%提高到26.6234%，分别可提高36.6372%、98.0944%和24.6753%。这表明：现阶段作为半山型典型代表的茜黄村对乡村人居林重视程度不够，人居林建设过少，同时也表明茜黄村可绿化发展空间很大。今后应重点加强对此类型村庄的人居林建设。

作为沿海型典型代表的南书村发展潜力也很大，调整后林木覆盖指数可上升25.4867%，林木结构指数可上升37.3585%，林网密度指数可上升36.3636%。这表明：现阶段作为沿海型典型代表的南书村乡村人居林建设基础较好，但总体上可发展空间潜力仍然很大，今后仍需继续加强乡村人居林建设。

作为平地型典型代表的上浦村发展潜力较大，调整后林木覆盖指数可上升15.2212%，林木结构指数可上升23.9623%，林网密度指数可上升6.4935%。这表明：现阶段作为平地型典型代表的上浦村发展潜力虽然没有茜黄村和南书村发展潜力大，但仍有较大发展空间，尤其在增加林木结构指数方面。

作为山区型典型代表的扁山村也有一定发展潜力，调整后林木覆盖指数可上升12.7452%，林木结构指数可上升16.9811%，林网密度指数可上升3.8961%。这表明：作为山区型典型代表的扁山村现阶段的乡村人居林建设接近饱和，后续发展空间不大。

表5-30 乡村人居林结构优化指数比较

Tab. 5-30 The index comparison of structural optimization of village human habitat forest

类型	林木覆盖指数		林木结构指数		林网密度指数	
	优化前	优化后	优化前	优化后	优化前	优化后
扁山村	33.9823	46.7257	52.2642	69.2453	4.5455	8.4416
茜黄村	7.4336	44.0708	14.3396	99.4340	1.9481	26.6234
上浦村	36.4602	51.6814	73.3962	97.3585	6.4935	12.9870
南书村	74.5133	100	62.6415	100	63.6364	100

参考文献
REFERENCES

［1］艾晓丽，王艳丽，王庆丽. 浅谈社会主义新农村乡村绿化建设. 河南水利与南水北调，2007，(4)：13.

［2］毕巧玲，田景瑜，李留振. 许昌村镇道路绿化规划. 中国城市林业，2007，5(2)：26~27.

［3］常建娥，蒋太立. 层次分析法确定权重的研究. 武汉理工大学学报(信息与管理工程版)，2007，29(1)：153~156.

［4］陈兵红，陈茂栓，王东明. 丽水新农村环境问题与生态农村建设研究. 安徽农业科学，2008，36(5)：2025~2027.

［5］陈春英. 富有特色的日本农村建设. 城乡建设，2005，(10)：62~63.

［6］陈国平. 景观设计概论. 北京：中国铁道出版社，2006.

［7］陈松. 柿树主要病虫害及其防治方法. 现代农业科技，2006，(6)：57~58.

［8］成风明，雷晶莹，李穗菡，等. 城市居民城郊游憩偏好研究：以湖南长沙为例. 中南林业大学学报(社会科学版)，2008，2(6)：45~49.

［9］程庆荣，黄秀生，钟学文，等. 广东传统林业乡土知识系统与乡村林业. 广东林业科技，2005，21(3)：63~70.

［10］但新球，胡灿坤. 我国少数民族的森林文化. 中南林业调查规划，2004，23(3)：61~64.

［11］丁彦芬，马存琛. 中国新农村绿化建设的研究现状及趋势. 江苏农业科学，2010(6)：501~503.

［12］段晓峰，许学工. 北京城近郊区园林绿地多目标规划. 城市环境与城市生态，2007，20(3)：24~27.

［13］段兆麟. 城乡生态环境建设原理和实践. 北京：中国环境科学出版社，2004：229~235.

［14］范世香，程银才，高雁. 洪水设计与防治. 北京：化学工业出版社，2008：213~219.

［15］范志浩. 河池农村庭院林业生态建设模式探讨. 中南林业调查规划，2007，26(3)：36~47.

［16］冯桂明，万丽娟，刘厚超，等. 黄山垭新农村林业建设初探. 农村经济与科技，2008，19(4)：74~98.

［17］福建省人民政府发展研究中心. 福建省情省力新析(2001~2010). 福州：海风出版社，2007，1~18.

［18］付军，蒋林树. 乡村景观规划设计. 北京：中国农业出版社，2009.

［19］付美云，聂绍芳. 试论城乡绿化中经济树种的应用前景. 经济林研究，2001，19(4)：56，59.

［20］傅伯杰，陈利顶，马克明，等. 景观生态学原理及应用. 北京：科学出版社. 2001.

［21］傅桦，吴雁华，曲利娟. 生态学原理与应用. 北京：中国环境科学出版社. 2008.

［22］高海燕. 论生物多样性的价值及其保护对策. 沧桑. 2007，(4)：130~131.

〔23〕高杰,孙林岩,李满圆,等. 区间估计:AHP 指标筛选的一种方法. 系统工程理论与实践,2005,25(10):73~77.

〔24〕高贤明,马克平,黄建辉,等. 北京东灵山地区植物群落多样性研究. 生态学报,1998,18(1):24~32.

〔25〕郭保生,杨显德. 建设新农村,规划是关键. 安徽农学通报,2007,13(5):22~23.

〔26〕郭风平,方建斌. 20 世纪中国乡村林业变迁初探. 世界林业研究,2004,17(1):56~60.

〔27〕国家林业局. 国家森林资源连续清查技术规定. 2003,30~31.

〔28〕国家统计局农村社会经济调查司编. 2006 中国农村统计年鉴. 北京:中国统计出版社,2006,9.

〔29〕韩轶,李吉跃. 城市森林综合评价体系与案例研究. 北京:中国环境科学出版社,2005,63~85.

〔30〕何景明. 国外乡村旅游研究述评. 旅游学刊,2003,(1):76~80.

〔31〕何兴元,金莹杉,朱文泉,等. 城市森林生态学的基本理论与研究方法. 应用生态学报,2002,13(12):1679~1683.

〔32〕胡天新,钮兆花,鲁海东,等. 宝应县村庄绿化现状、规划及实施措施的探讨. 江苏林业科技,2007,34(5):55~57.

〔33〕黄韬,高宏,梁润霞. 农村环境污染问题分析及治理措施研究. 安徽农业科学,2008,36(21):9270~9277.

〔34〕火树华. 树木学(第2版). 北京:中国林业出版社,1992.

〔35〕姬志胜,钱精玉,王新明. 小康乡村生态园林化建设发展趋势及对策研究. 山西林业科技,1996,(4):38~41.

〔36〕蒋有绪. 城市林业的发展趋势与特点. 世界科技研究与发展,2002,22,5:16~18.

〔37〕解文欢,张有智,莫虹. 基于 RS 和 GIS 的新农村规划研究. 黑龙江农业科学,2008,(1):84~87.

〔38〕解玉琪. 农村建设的生态环境和可持续发展的问题研究. 合肥工业大学硕士学位论文,2006,1~90.

〔39〕金勇进,杜子芳,蒋妍. 抽样技术(第二版). 北京:中国人民大学出版社,2008,75~128.

〔40〕兰思仁. 福州国家森林公园人工群落结构与物种多样性. 福建林学院学报,2002,22(1):1~3.

〔41〕雷海清,何家骅. 温州市区居住绿地木本植物多样性分析. 浙江农业科学,2005,11(6):454~456.

〔42〕雷振伟,季任天,昌炎新. 社会主义新农村标准初探. 安徽农业科学,2008,36(13):5629~5630.

〔43〕李斌,蒋步新,李化雨. 论生物多样性的价值. 环境保护科学,2002,28(4):49.

〔44〕李俊清,牛树奎,刘艳红. 森林生态学(第二版). 北京:高等教育出版社,2010.

〔45〕李楠,唐永金. 生物多样性原理在园林建设中的作用. 安徽农业科学. 2007,35(32):10272~10274.

〔46〕李随成,陈敬东,赵海刚. 定性决策指标体系评价研究. 系统工程理论与实践,2001,21(9):22~28.

〔47〕李向婷,龙岳林,宋建军. 乡村景观评价研究进展. 湖南林业科技,2008,35(1):64~67.

〔48〕李芝喜,高常寿,李红旭. 绿色环境建设. 北京:科学出版社,2005.

〔49〕林凤. 福州市主要公园乔木树种多样性分析. 亚热带农业研究,2008,4(3):173~176.

〔50〕林群,张守攻,江泽平,等. 森林生态系统管理研究概述. 世界林业研究,2007,20(2):1~9.

〔51〕刘安宏,冯朝鹏,李锋. 西安新农村建设村庄绿化原则及树种初探. 陕西农业科学,2007,(3):83~84

〔52〕刘滨谊,王云才. 论中国乡村景观评价的理论基础与指标体系. 中国园林,2002(5):76~79.

〔53〕刘晨阳,傅鸿源,李莉萍. 关于云南山地乡村人居环境建设模式的思考. 重庆建筑大学学报,2005,27(2):15~22.

〔54〕刘根林，黄利斌. 风水理念对新农村人居环境建设的启示. 中国城市林业，2008，6(1)：37～40.

〔55〕刘黎明. 乡村景观规划. 北京：中国农业大学出版社，2003：16～24.

〔56〕刘素梅，马春永. 新农村绿化的优良树种——玉兰. 河北农业科技，2008，(1)：32～32.

〔57〕刘宪钊，陆元昌，刘刚，等. 基于层次分析法的多指标树种优势度的比较分析. 东北林业大学学报，2009，37(7)：39～41.

〔58〕刘旭，任海涛. 村片林经营对策的思考. 江苏林业科技，1995，22(4)：55～56.

〔59〕刘志强. 景观艺术设计. 济南：山东美术出版社，2006.

〔60〕柳希来，夏均彬，胡云芳. 温岭市新农村绿化建设的探索与实践. 中国城市林业，2007，5(4)：12～15.

〔61〕龙鑫，马耀峰. 西安市城镇居民短期旅游行为特征及决策因素分析. 山西师范大学学报（自然科学版），2008，36(5)：76～81.

〔62〕卢萍. 浅谈新农村建设中村庄绿化规划. 安徽林业，2007，(2)：18～18.

〔63〕卢圣，侯芳梅. 植物造景. 北京：气象出版社，2004.

〔64〕吕品. 对新农村绿化建设的思考. 中小企业管理与科技，2009，(6)：228.

〔65〕罗邦祥，王乾勇，薛南生. 浅析德援项目理论指导思想探索乡村林业发展途径. 林业调查规划，2005，30(6)：84～87.

〔66〕罗菊春. 人与森林生态系统. 新疆林业，1992，(6)：22～24.

〔67〕马东跃，李晓储，黄利斌，等. 无锡新农村绿化建设及模式初探. 中国城市林业，2006，4(4)：13～15.

〔68〕欧斌，楼浙辉. 新农村建设中村庄绿化的特点与技术. 江西林业科技，2006，(4)：52～54.

〔69〕裴朝锡，袁楚平，杨昌岩. 侗族的传统林地管理与乡村林业. 湖南林业科技，1994，21(1)：29～44.

〔70〕彭镇华，王成. 论城市森林的评价指标. 中国城市林业，2003，1(3)：4～9.

〔71〕彭镇华. 乔木在城市森林建设中的空间效益. 中国城市林业，2004，2(3)：1～7.

〔72〕彭镇华. 中国城市森林. 北京：中国林业出版社，2003.

〔73〕邱尔发，董建文，史久西，等. 闽浙地区乡村庭院树种的结构特征比较. 东北林业大学学报，2010，38(3)：23～30.

〔74〕邱尔发，王成，贾宝全，等. 我国新农村人居林建设研究. 中国城市林业，2008，6(5)：10～15.

〔75〕任海，邬建国，彭少麟，等. 生态系统管理的概念及其要素. 应用生态学报，2000，11(3)：455～458.

〔76〕佘国权. 搞好农村园林绿化，建设村容整洁新农村. 中国农村小康科技，2007，(7)：13～14.

〔77〕施敏益，徐志刚. 香樟树的病虫害与防治. 上海农业科技，2005，(3)：117～118.

〔78〕施玉书，杨荣良，刘跃明. 建德市庭院林业发展模式和经济、生态效益调查研究. 浙江林业科技，2001，21(6)：64～66.

〔79〕史久西，王小明，程飞龙，等. 浙江省乡村居民的游憩行为. 东北林业大学学报，2010，38(4)：54～58.

〔80〕史久西，王小明，黄一青，等. 浙江省乡村公园服务效能研究. 林业科学研究，2009，22(4)：542～548.

〔81〕舒洪岚，黄瑞华，刘国华. 英国城市森林的发展. 江西林业科技，2003，(6)：47～50.

〔82〕苏杰南，秦秀花，温中林. 乡村林业在社会主义新农村建设中的作用. 科技创新导报，2008，(22)：255～256.

〔83〕苏琴. 浅谈创建园林式村庄的方法与对策. 辽宁林业科技，1999，(3)：53～54.

〔84〕苏淑琴，赵邦梁. 青海省互助县少数民族与乡村林业管理. 现代农业科学，2008，15(5)：75～76.

〔85〕苏雪痕. 植物造景. 北京：中国林业出版社，1994.

〔86〕唐启义，冯明光. DPS数据处理系统. 北京：科学出版社，2006.

〔87〕陶济. 景观美学刍议. 新美术, 1984, (4): 62~65.

〔88〕陶济. 景观美学的研究对象及主要内容. 天津社会科学. 1985, (4): 45~50.

〔89〕田兴军. 生物多样性及其保护生物学. 北京: 化学工业出版社, 2005.

〔90〕王成. 城镇不同类型绿地生态功能的对比分析. 东北林业大学学报, 2002, (3): 111~114.

〔91〕王恩涌. 文化地理学导论. 北京: 高等教育出版社, 1989.

〔92〕王晶. 我国现代乡村绿色住区规划与设计初探. 西安: 西安建筑科技大学硕士学位论文, 2007, 1~80.

〔93〕王景祥, 姚继衡, 牛瑞延, 等. 浙江森林. 北京: 中国林业出版社, 1993.

〔94〕王萌, 吴东晓, 聂琳. 河南省农村最佳人居环境建设构想. 河南林业科技, 2006, 26(3): 92~93.

〔95〕王小平. 宝鸡城乡新农村建设绿化植物选择与配置探讨. 陕西林业科技, 2007, (3): 102~105.

〔96〕王勇, 安桂化, 王强. 生态园林化是农村小康建设的必由之路. 山西林业, 1996, (6): 10~11.

〔97〕王月华, 赵言文, 安建伟. 江苏省乡村庭院果树物种资源现状分析. 江苏农业科学, 2008, (3): 280~283.

〔98〕王月华, 赵言文, 安建伟. 江苏省乡村庭院果树物种资源现状分析. 江苏农业科学, 2008, (3): 280~283.

〔99〕王云才, 刘滨谊. 论中国乡村景观及乡村景观规划. 中国园林, 2003(1): 55~58.

〔100〕王云才. 国际乡村旅游发展的政策经验与借鉴. 旅游学刊, 2002, 17(4): 45~50.

〔101〕邬建国. 景观生态学——格局、过程、尺度与等级(第二版). 北京: 高等教育出版社, 2007.

〔102〕吴维, 吴家根, 方鸿, 等. 浅述淳安县乡村景观绿化规划设计. 华东森林经理, 2006, 20(4): 31~34.

〔103〕吴云霄, 邱兵, 屈亚潭, 等. 农村庭院绿化模式探讨. 安徽农业科学, 2008, 36 (30): 13146~13148.

〔104〕肖笃宁. 当代景观生态学的进展和展望. 地理科学, 1997, 17(4): 356~364.

〔105〕肖笃宁. 景观生态学——理论、方法与应用. 北京: 中国林业出版社, 1991.

〔106〕谢善雄, 欧斌. 新农村建设中绿化树种的选择. 江西林业科技, 2005, (4): 21~25.

〔107〕谢晓林. 新农村村庄规划建设政策实践探讨. 小城镇建设, 2007, (10): 84~87.

〔108〕徐国祯. 中国乡村林业的发展. 林业科技开发, 1995, (5): 3~5.

〔109〕徐济勤. 探讨社会主义新农村环境建设. 现代农业科技, 2007, (3): 138~140.

〔110〕许飞, 邱尔发, 王成. 国外乡村人居林发展与启示. 世界林业研究, 2009, 22(5): 66~70.

〔111〕许飞, 邱尔发, 王成. 我国乡村人居林建设研究进展. 世界林业研究, 2010, 23(1): 56~61.

〔112〕许景伟, 王晓磊, 路姗姗, 等. 鲁中南低山丘陵区新农村环境绿化规划. 东北林业大学学报, 2010, 38(4): 121~124.

〔113〕许静. 改善人居环境建设海峡西岸新农村. 福建农业科技, 2006, (5): 92~93.

〔114〕杨刚, 陈国生. 湖南省农村城市化问题成因及对策研究. 中国人口资源与环境, 2005, 15(6): 71~74.

〔115〕杨家伟. 少数民族与乡村林业管理. 林业经济, 2002, (5): 33~35.

〔116〕杨琳. 新农村基于生态环境建设的林业发展对策研究. 南京林业大学硕士学位论文, 2008, 1~38.

〔117〕杨淑华, 宋慧敏. 文化地理学. 南京: 南京大学出版社, 2005.

〔118〕姚爱华. 庭院石榴栽培管理技术. 河北果树, 2008, 3: 54.

〔119〕叶功富, 洪志猛. 城市森林学. 厦门: 厦门大学出版社, 2006.

〔120〕(印度)克里施纳默西 A V 著. 生物多样性教程. 张正旺主译. 北京: 化学工业出版社, 2006.

〔121〕于丽萍. 印度发展乡村林业的做法. 绿化与生活, 2000, (5): 9.

〔122〕余新晓, 牛健植, 关文彬, 等. 景观生态学. 北京: 高等教育出版社. 2006.

〔123〕张利库，缪向华. 韩国、日本经验对我国社会主义新农村建设的启示. 生产力研究，2006，（2）：169～170.

〔124〕张涛，段大娟，李昭青，等. 衡水市区园林树木调查及评价. 河北林业科技，2008，（5）：26～28.

〔125〕张晓民. 浅探新农村绿化. 现代园林，2006，（6）：56～57.

〔126〕张跃虎. 太原市生态园林村镇建设探讨. 山西林业科技，2007，（1）：62～64.

〔127〕章浩白，等. 福建森林. 北京：中国林业出版社，1993.

〔128〕赵绘宇. 论生态系统管理. 华东理工大学学报（社会科学版），2006（2）：77～81.

〔129〕赵联伟，孙智勇. 乡村公路绿化树种选择原则. 河南林业，2000，（1）：30～30.

〔130〕赵楠. 滨水区植物配置原则及实例解析. 土木建筑学术文库（第15卷），2011.

〔131〕钟昌福，刘晓华. 乡村林业建设项目存在问题及其对策. 安徽农业科学，2006，34（16）：4134～4135.

〔132〕朱凤云. 农村绿化美化技术. 北京：中国三峡出版社，2008.

〔133〕朱毅民，刘家衡. 发展高效平原林业之我见. 江苏林业科技，1997，24（3）：62～64.

〔134〕祝功武. 整理村落与"风水林"建设绿色新农村. 中国城市林业，2007，5（6）：53～55.

〔135〕邹新阳，王贵彬. 新农村建设背景下发展庭院经济的思考. 安徽农业科学，2007，35（13）：4023～4025，4045.

〔136〕Agee J, Johnson D, et al. Ecosystem Management for Parks and Wilderness〔M〕. Seattle：University of Washington Press. 1988：6～12.

〔137〕Alexander S A, Palmer C J. Forest health monitoring in the US：First four years. Environmental Monitoring and Assessment, 1999, 55：267～277.

〔138〕Amyk G, Tracey F. Understanding Community Forestry. The Geographical Journal, 2005, 57～58.

〔139〕Anne B C, Michael F G, Robert J R, et al. Forest health monitoring protocol applied to roadside trees in Maryland. Journal of Arboriculture, 2001, 27（3）：126～138.

〔140〕Aplet GH, et al.. Designing Sustainable Forestry. Washington DC：Island Press. 5. 1993.

〔141〕Benson J F. Value of non-priced recreation of the forestry commission estate in Great Britain. Journal of world forest resource management, 1991, 6：49～73.

〔142〕Boone R, Westwood R. An assessment of tree health and trace element accumulation near a coal-fired generating station, Manitoba, Canada. Environmental Monitoring and Assessment, 2006, 121：151～172.

〔143〕Boyce M S, Haney A. Ecosystem Management ：Applications for Sustainable Forest and Wild Life Resources. New Haven：Yale University Press. 1997：3～37.

〔144〕Catharinus J. Approaehes for the planning of rural road networks according to sustainable land use Planning. Landscape and Urban Planning, 1997, （39）：47～54.

〔145〕Christensen N L, Bartuska A M, Brown J H, et al. The report of the ecological society of America committee on the scientific basis for ecosystem management . Ecol Appl, 1996, 6：665～691.

〔146〕Clare V, Annamari K, Benjamin P, et al. Physical activity behaviours of adults in the Greater Green Triangle region of rural Australia. Australian Journal of Rural Health, 2008, 16（2）：92～99.

〔147〕Claude D, Michelle C. Community forestry and resource conflicts an overview. Proceedings of the XI world Forestry Congress, 1997, 48～52.

〔148〕Clutter J I, Forston J C, Pienaar L V, et al. Timber management aquantitative approach. NewYork：Wiley, 1983, 238～307.

〔149〕Collas P. Sustainable forest management in Cameroon：towards responsible forestry. Proceedings of a workshop, Yaounde, Cameroon, 2000, 4～6.

〔150〕Conroy C, Mishra A, Rai A. Learning from self-initiated community forest management in Orissa, India. Forest Policy and Economics, 2002, 4(3): 227～237.

〔151〕Craig A H, Brian C. Rural behavioral health services for children and adolescents: An ecological and community psychology analysis. Journal of Community Psychology, 2006, 34(4): 379～400.

〔152〕Daniel G, Sean D C. Recovering subtidal forests in human-dominated landscapes. Journal of Applied Ecology, 2009, 46(6): 1258～1265.

〔153〕Dekluyver C A, Daellenbachg, Whyteragd. A two-stage multiple objective mathematical programm in gap-proach to optmial thinning and harvesting. For. Sci., 1980, (26): 674～686.

〔154〕Derek H. Rural tourism development in southeastern Europe: transition and the search for sustainability. International Journal of Tourism Research, 2004, 6(3): 165～176.

〔155〕Dernoi L. Prospects of rural tourism: needs and opportunities. Tourism Recreation Research, 1991, 16(1): 89～94.

〔156〕Egan A F, Luloff A E. The exurbanization of America's forests: research in rural social science. Journal of Forestry, 2000, 98(3): 26～30.

〔157〕Elands B H M, O'Leary T N, Wiersum K F, et al. The myth of forests: a reflection of the variety of rural identities in Europe and the role of forests in it. Proceedings of the International Policy Research Symposium2001, 2002, 25～50.

〔158〕Elands B H M, Soren P. Landowners' perspectives on the rural future and the role of forests across Europe. Journal of Rural Studies, 2008, 24(1): 72～85.

〔159〕Elands B H M, Wiersum K F. Forestry and rural development in Europe: an exploration of socio-political discourses. Forest Policy and Economics, 2001, 3(1): 5～16.

〔160〕Elson M J. Activity space and recreational spatial behavior. Town Planning Review, 1976, (47): 241～255.

〔161〕Emerson H J, Gillmor D A. The rural environment protection scheme of the Republic of Ireland. Land Use Policy, 1999, 16(4): 235～245.

〔162〕Falk D A. Restoring Diversity: Strategies for Reintroduction of Endangered Plants. Washington DC: Island Press. 1993, 71～73.

〔163〕Field D B. Goal programming for forest management. For. Sci., 1973, (19): 125～135.

〔164〕Field R C, Dress P E, Fortson J C. Complementary linear and goal programming procedures for tmiber harvest scheduling models. Can J For Res, 1982, (26): 121～133.

〔165〕Forman R T T. Land Mosaics: The Ecology of Landscape and Region. London: Cambridge University Press. 1995.

〔166〕Gary W H, Janet C, Ed Perry. Oak tree hazard evaluation. Journal of Arboriculture, 1989, 15(8): 177～184.

〔167〕Gilman R. The eco-village challenge. Living Together, 1991, (2): 10～11.

〔168〕Goldstein B. The struggle over ecosystem management at Yellowstone. BioScience, 1992, 42: 183～187.

〔169〕Grumbine R E. What is ecosystem management. Conser Biol, 1994, 8(1): 27～38.

〔170〕Gy R. Rural buildings and environment. Landscape and Urban Planning, 1998, 41(2): 93～97.

〔171〕Haber W. Using landscape ecology in planning and management. New York: Springer-Verlag, 1990, 217～231.

〔172〕Imbach A C, Crafter S A, Awimbo J, et al. Use of non-timber forest products for rural sustainable development in Central America: the experience of the Olafo Project. Non-timber forest products: Value, use and management issues in Africa, 1997, 101～111.

〔173〕Isabel M. Historic anthorpogenic factors shaping the rural landscape of pougal´sinteiror alenteio. Airzona: Arizona University Press, 2001, 1~4.

〔174〕Jonathan. Small Town Africa: Studies in Rural-Urban Interaction. Uppsala: Scandinavian Institute of African Studies, 1990, 48~52.

〔175〕Kantherine W. Henry wood policy and legislation in community forestry. Proceedings of a Workshop held in bangkok, Recoftc, 1993, 27~29.

〔176〕Keith R, Yves L. Species diversity structure analysis at two sites in the tropical rain forest of Sumatra. Tropical Ecology, 2000, 16(2): 253~270.

〔177〕Lackey R T. Seven pillars of ecosystem management. Draft, 1995, (3): 13.

〔178〕Lagro J A. Landscape context of rural residentila devel opment in southeastern Wisconsis (USA). Landscape Ecology, 1998, 13(2): 65~77.

〔179〕Li W C. Community Forestry in China: Current status and prospect. Forestry Studies in China , 2000, (1): 28~36.

〔180〕Luloff A E, Bridger J C, Graefe A R, et al. Assessing rural tourism efforts in the United States. Annals of Tourism Research, 1994, 21(1): 46~64.

〔181〕Mallik A U, Rahman H, Park Y G. Community forestry: revitalizing an age-old practice of sustainable development. Journal of Korean Forestry Society, 1995, 84(3): 525~535.

〔182〕Marcus S. Urban fringe forestry in Great Britain. Journal of Arboriculture, 1993, 19(1): 51~55.

〔183〕Mark J. British Urban Forestry in Transition Developments Between 1993~1998, Part I. Arboricultural Journal, 2000, (25): 59~92.

〔184〕Mark J. British urban Forestry in Transition Developments Between 1993~1998, Part II. Arboricultural Journal, 2001, (25): 153~178.

〔185〕Mark J. The development of urban forestry in Britain part. Arboricultural Journal, 1997, (4): 317~330.

〔186〕Mark J. The springtime of forestry in Britain developments between the 1st and 3rd conferences, 1988~1993. Part I. Arboricultural Journal, 1999, (23): 233~260.

〔187〕Masao T. Principal and Approach on Rural Planning: Rural Land Use in Asia and the Pacific. Tokyo: APO, 2002, 118~124.

〔188〕Mc Neil J. Sustanable development in the urban forest. Arboricult, 1991, 17(4): 94~97.

〔189〕Merver D C. Discretionary travel behaviour and the urban meatal map. Australian Geographial Study, 1971, (9): 133~143.

〔190〕Michael B. Rural tourism in Spain. International Journal of Tourism Research, 2004, 6(3): 137~149.

〔191〕Mmark J. The d evelopment of urban forestry in Britain part, Arboricult, 1997, 4: 317~330.

〔192〕Moser D, Zchmeister H G, Plutzar C, et al. Landscape patch shape complexity as an effective measure for plant species richness in rural landscapes. Landscape Ecology, 2002, 17(7): 657~669.

〔193〕Ohrling. Rural Change and Spatial Reorganization in Sri Lanka: Barirers againste Dvelopment of Traditional Sinhalese Local Communities. London: Curzon Press, 1977, 48~52.

〔194〕Oliver W R. The design of forest landscape. London: Oxford university press, 1991, 7~43.

〔195〕Overbay J C. 1992. Ecosystem management. In: Gordon D ed. Takingan Ecological Approach to Management. United States Department of Agriculture Forest Service Publication WO–WSA–3. 3~15.

〔196〕Pasi R, Mikko M, Ari N. Managing boreal forest landscapes for flying squirrels. Conservation Biology, 2000, 14(1): 218~226.

〔197〕Paul B, David F K, Brian J S. Environmental factors affecting tree health in New York City. Journal of Arboriculture, 1985, 11(6): 185~189.

[198]Robetr L, Ryan. Preseuring rural character in New England: local resident perceptions of altenrative residentila development. Landscape and Urban Plnaning, 2002, 61(1): 19~35.

[199]SAF Task Force Sustaining long 2 term forest health and productivity. Bethesda (Maryland): Society of American Foresters. 2. 1992.

[200]Schable H G. Urban forest in Germany. Journal of Arboriculture, 1980, 6(11): 281~286.

[201]Scott J M, Csuti B, Jacobi J D. Species richness: A geographic approach to protecting future biological diversity. Bioscience, 1987, 37(11): 782~788.

[202]Sekher M. Organized participatory resource management: insights from community forestry practices in India. Forest Policy and Economics, 2001, 3(4): 137~154.

[203]Singh A K, Singh M K, Mascarenhas O A J. Community forestry for revitalising rural ecosystems: A case study. Forest Ecology and Management, 1985, 10(3): 209~232.

[204]Slee B, Snowdon P. Rural development forestry in the United Kingdom. Forestry Oxford, 1999, 72(3): 273~284.

[205]Sylvain P, Gerlad D. Trends in rural landscape and sciodemographic recomposition in southern Quebec (Canada). Landscapeand Planning, 2001, 55(5): 215~238.

[206]Takeuchi K, Namiki Y, Tanaka H. Designing eco-villages for revitalizing Japanese rural area. Ecol. Eng, 1998, 11(1): 177~179.

[207]Turner R K, Paavola J, Cooper P, et al. Valuing nature: Lessons learned and future research directions. Ecological Economics, 2003, 46(3): 493~510.

[208]Under D G. The USDA forest service perspective on ecosystem management . In : Symposium on Ecosystem Management and Northeastern Area Association of State Foresters Meeting. Burlington , Virginia. Washington DC: United States Government Printing Office. 1994, 22~26.

[209]USDOI BLM. Final supplemental environmental impact statement for management of habitat for late 2 successional and old-growth related species within range of the northern spotted Owl. Washington DC: U. S. Forest Service and Bureau of Land Management. 1993, 19~21.

[210]Wakami M. From the standpoint of local administration practices in the cocreation of rural life and beech forest at its northern limit. Journal of rural planning association, 2001, 19(4): 318~326.

[211]Wiersum K F, Elands B H M, Wiersum K F, et al. The integrated multi for RD research approach. Proceedings of the International Policy Research Symposium2001, 2002, 6~7.

[212]Willis K G, Benson J F. Recreational values of forests. Forestry, 1989, 62(2): 93~110.

[213]Wood C A. Ecosystem management:achieving the new land ethic. Renew Nat Resour, 1994, 12: 6~12.

[214]Zou T. Some technical issues in the practice of community forestry. Forestry and Society Newsletter, 2002, 10(1): 1~2.

附 录
APPENDIX

福建省常见乡村人居林植物
Common plants of village human habitat forest in Fujian Province

植物名称	科	属	拉丁学名
龙眼	无患子科	龙眼属	*Dimocarpus longgana*
月季	蔷薇科	蔷薇属	*Rosa chinensis*
虎皮兰	龙舌兰科	虎尾兰属	*Sansevieria trifasciata*
苏铁	苏铁科	苏铁属	*Cycas revoluta*
变叶木	大戟科	变叶木属	*Codiaeum variegatum*
君子兰	石蒜科	君子兰属	*Clivia miniata*
柑橘	芸香科	柑橘属	*Citrus reticulata*
四季桂	木犀科	木犀属	*Osmanthus fragrans* 'Semperflo'
三角梅	紫茉莉科	叶子花属	*Bougainvillea spectabilis*
小叶榕	桑科	榕属	*Ficus microcarpa* var. *pusillifolia*
杨梅	杨梅科	杨梅属	*Myrica rubra*
桃	蔷薇科	桃属	*Amygdalus persica*
石榴	石榴科	石榴属	*Punica granatum*
发财树	木棉科	瓜栗属	*Pachira macrocarpa*
绿萝	天南星科	绿萝属	*Scindapsus aureum*
龙血树	百合科	龙血树属	*Dracaena angustifolia*
孔雀木	五加科	孔雀木属	*Schefflera elegantissima*
仙人球	仙人掌科	仙人球属	*Opuntia stricta*
彩红朱蕉	龙舌兰科	朱蕉属	*Cordyline terminalis*
一品红	大戟科	大戟属	*Euphorbia pulcherrima*
黄金榕	桑科	榕属	*Ficus microcarpa*
蒲葵	棕榈科	蒲葵属	*Livistona chinensis*
散尾葵	棕榈科	散尾葵属	*Chrysalidocarpus lutescens*
非洲茉莉	马钱科	灰莉属	*Fagraea ceilanica*
鱼尾葵	棕榈科	鱼尾葵属	*Caryota ochlandra*
木瓜	蔷薇科	木瓜属	*Chaenomeles sinensis*
九里香	芸香科	九里香属	*Murraya paniculata*
番石榴	桃金娘科	番石榴属	*Psidium guajava*

（续）

植物名称	科	属	拉丁学名
鸡冠刺桐	豆科	刺桐属	*Erythrina variegata*
昙花	仙人掌科	昙花属	*Epiphyllum oxypetalum*
扶桑	锦葵科	木槿属	*Hibiscus rosa-sinensis*
夹竹桃	夹竹桃科	夹竹桃属	*Nerium indicum*
枇杷	蔷薇科	枇杷属	*Eriobotrya japonica*
海芋	天南星科	海芋属	*Alocasia macrorrhiza*
棕竹	棕榈科	棕竹属	*Rhapis excelsa*
金叶假连翘	马鞭草科	假连翘属	*Duranta repens* ' Dwarf Yellow '
菊花	菊科	菊属	*Dendranthema morifolium*
乌桕	大戟科	乌桕属	*Sapium sebiferum*
南洋杉	南洋杉科	南洋杉属	*Araucaria cunninghamia*
棕榈	棕榈科	棕榈属	*Trachycarpus fortunei*
木棉	木棉科	木棉属	*Bombax malabaricum*
绿竹	禾本科	绿竹属	*Dendrocalamopsis oldhami*
木麻黄	木麻黄科	木麻黄属	*Casuarina equisetifolia*
美人蕉	美人蕉科	美人蕉属	*Canna indica*
高山榕	桑科	榕属	*Ficus altissima*
杧果	漆树科	杧果属	*Mangifera indica*
竹柏	罗汉松科	竹柏属	*Podocarpus nagi*
茶花	山茶科	山茶属	*Camellia japonica*
杜鹃	杜鹃花科	杜鹃花属	*Rhododendron simsii*
兰花	兰科	兰属	*Cymbidium goeringii* var. *goeringii*
仙人掌	仙人掌科	仙人掌属	*Opuntia stricta*
紫薇	千屈菜科	紫薇属	*Lagerstroemia indica*
爬山虎	葡萄科	爬山虎属	*Parthenocissus tricuspidata*
柿树	柿树科	柿树属	*Diospyros kaki*
假槟榔	棕榈科	假槟榔属	*Archontophoenix alexandrae*
毛竹	禾本科	刚竹属	*Phyllostachys pubescens*
细叶桉	桃金娘科	桉属	*Eucalyptus tereticornis*
洋紫荆	豆科	羊蹄甲属	*Bauhinia blakeana*
盆架子	夹竹桃科	鸡骨常山属	*Alstonia scholaris*
苦楝	楝科	楝属	*Melia azedaeach*
米仔兰	楝科	米仔兰属	*Aglaia odorata*
曼陀罗	茄科	曼陀罗属	*Datura stramonium*
橡皮树	桑科	榕属	*Ficus elastica*
麻楝	楝科	麻楝属	*Chukrasia tabularis*
桑树	桑科	桑属	*Morus alba*
白玉兰	木兰科	木兰属	*Magnolia denudata*
杨桃	酢浆草科	五敛子属	*Averrhoa carambola*
凤凰木	云实科	凤凰木属	*Delonix regia*
虎刺梅	大戟科	大戟属	*Euphorbia milii* var. *splendens*
黄花槐	豆科	槐属	*Sophora xanthantha*

（续）

植物名称	科	属	拉丁学名
波罗蜜	桑科	桂木属	*Artocarpus heterophyllus*
福建柏	柏科	福建柏属	*Fokienia hodginsii*
圆柏	柏科	圆柏属	*Sabina chinensis*
乐昌含笑	木兰科	含笑属	*Michelia chapensis*
一串红	唇形科	鼠尾草属	*Salvia splendens*
栀子花	茜草科	栀子属	*Gardenia jasminoides*
台湾相思	含羞草科	金合欢属	*Acacia confusa*
三年桐	大戟科	油桐属	*Vernicia fordii*
地柏	柏科	圆柏属	*Sabina procumbens*
意杨	杨柳科	杨属	*Populus euramevicana*
红桑	大戟科	铁苋菜属	*Acalypha wilkesiana*
柠檬桉	桃金娘科	桉树属	*Eucalyptus citriodora*
八月桂	木犀科	木犀属	*Osmanthus fragrans* ' Thunbergii '
柚树（蜜）	芸香科	柑橘属	*Citrus grandis*
茶树	山茶科	山茶属	*Camellia sinensis*
柳杉	杉科	柳杉属	*Cryptomeria fortunei*
梨树	蔷薇科	梨属	*Pyrus sorotina.*
千年桐	大戟科	油桐属	*Aleurites montana*
千头柏	柏科	侧柏属	*Platycladus orientalis* ' Sieboldii '
火力楠	木兰科	含笑属	*Michelia macclurel*
马尾松	松科	松属	*Pinus massoniana*
含笑	木兰科	白兰花属	*Michelia figo*
酒瓶椰子	棕榈科	酒瓶椰子属	*Hyophore lagenicaulis*
杉木	杉科	杉木属	*Cunninghamia lanceolata*
枫香	金缕梅科	枫香属	*Liquidambar formosana*
南方红豆杉	红豆杉科	红豆杉属	*Taxus chinenwsis* var. *mairei*
银桦	山龙眼科	银桦属	*Grebillea robusta*
大王椰子	棕榈科	王棕属	*Roystonea regia*
台湾栾树	无患子科	栾树属	*Koelreuteria formosana*
吊灯花	锦葵科	木槿属	*Hibiscus schizopetalus*
假连翘	马鞭草科	假连翘属	*Duranta repens*
垂叶榕	桑科	榕属	*Ficus benjamina*
人参榕	桑科	榕属	*Ficus microcarpa*
富贵竹	百合科	龙血树属	*Dracaena sanderiana*
吊兰	百合科	吊兰属	*Chlorophytum comosum*
琴叶珊瑚	大戟科	麻疯树属	*Jatropha integerrima*
人参果	百合科	开口箭属	*Herminium monorchis*
龟背竹	天南星科	龟背竹属	*Monstera deliciosa*
合果芋	天南星科	合果芋属	*Syngonium podophyllum*
三角椰子	棕榈科	获棕属	*Dypsis decaryi*
金合欢	含羞草科	金合欢属	*Acacia farnesiana*
皇后葵	棕榈科	蒲葵属	*Arecastrum romanzoffianum*

（续）

植物名称	科	属	拉丁学名
朴树	榆科	朴属	*Celtis sinesis*
炮仗花	紫葳科	炮仗花属	*Pyrostegia ignea*
细柄阿丁枫	金缕梅科	蕈树属	*Altinpia gracilipes*
大叶榄仁树	使君子科	榄仁树属	*Terminalia catappa*
龙吐珠	马鞭草科	赪桐属	*Clerodendrum thomsonae*
万寿菊	菊科	万寿菊属	*Tagetes erecta*
湿地松	松科	松属	*Pinus elliottii*
万年青	天南星科	黛粉叶属	*Rohdea japonica*
文竹	百合科	天门冬属	*Asparagus plumosus*
黄虾花	爵床科	虾衣草属	*Pachystachys lutea*
莲雾	桃金娘科	蒲桃属	*Syzygium samarangense*
垂柳	杨柳科	柳属	*Salix babylonica*
南天竹	小檗科	南天竹属	*Nandina domestica*
仙鹤草	蔷薇科	龙牙草属	*Herba agrimoniae*
花叶榕	桑科	榕属	*Ficus benjamina*
光棍树	大戟科	大戟属	*Euphorbia tirucalli*
丹桂	木犀科	木犀属	*Osmanthus fragrans*
龙舌兰	龙舌兰科	龙舌兰属	*Agave americana*
香樟	樟科	樟属	*Cinnamomum camphora*
百合	百合科	百合属	*Lilium brownii* var. *viridulum*
柠檬	芸香科	柑橘属	*Citrus cimonum*
荔枝	无患子科	荔枝属	*Litchi chinensis*
降香黄檀	豆科	黄檀属	*Dalbergia odorifera*
龙爪槐	豆科	槐属	*Sophora japonica* f. *pendula*
罗汉松	罗汉松科	罗汉松属	*Podocarpus macrophyllus*
天门冬	百合科	天门冬属	*Asparagus co-chinchinensis*
毛萼珍珠树	杜鹃花科	越橘属	*Vaccinium chengae* var. *pilosum*
橄榄	橄榄科	橄榄属	*Canavium album*
麻竹	禾本科	牡竹属	*Dendrocalamus latiflorus*
海棠	蔷薇科	苹果属	*Malus micromalus*
木芙蓉	锦葵科	木槿属	*Hibiscus mutabilis*
锥栗	壳斗科	栗属	*Castanea henryi*
菜豆树	紫葳科	菜豆树属	*Radermachera sinica*
青梅	龙脑香科	青梅属	*Vatica mangachapoi*
重阳木	大戟科	重阳木属	*Bischofia polycarpa*
麒麟掌	大戟科	大戟属	*Euphorbia neriifolia* var. *cristata*
肉桂	樟科	樟属	*Cinnamomum cassia*
砂仁	姜科	豆蔻属	*Amomi semen*
木荷	山茶科	木荷属	*Schima superba*
鱼腥草	三白草科	蕺菜属	*Houttuynia cordata*
金钱树	天南星科	雪芋属	*Zamioculcas zamiifolia*
侧柏	柏科	侧柏属	*Platycladus orientalis*

（续）

植物名称	科	属	拉丁学名
十大功劳	小檗科	十大功劳属	*Mahonia fortunei*
瓜叶菊	菊科	千里光属	*Pericallis hybrida*
马占相思	含羞草科	金合欢属	*Acacia mangium*
串钱柳	桃金娘科	红千层属	*Callistemon viminalis*
彩叶扶桑	锦葵科	木槿属	*Hibiscus rosa-sinensis*
芍药	芍药科	芍药属	*Paeonia lactiflora*
火龙果	仙人掌科	三角柱属	*Hylocereus undatus*
无患子	无患子科	无患子属	*Sapindus mulorossi*
龙柏	柏科	圆柏属	*Sabina chinensis* ' Kaizuka'
油茶	山茶科	茶属	*Camellia oleifera*
小叶女贞	木犀科	女贞属	*Ligustrum quihoui*
板栗	山毛榉科	栗属	*Castanea mollissima*
油奈	蔷薇科	李属	*Prunus salicina*
枫杨	胡桃科	枫杨属	*Pterocarya stenoptera*
水曲柳	木犀科	白蜡属	*Fraxinus mandshurica*
冬青	冬青科	冬青属	*Ilex purpurea*
李	蔷薇科	李属	*Prunus salicina*
大叶桉	桃金娘科	桉树属	*Eucalyptus robusta*
小蜡	木犀科	女贞属	*Ligustrum sinense*
黑杨	杨柳科	杨属	*Populus nigra*
楠木	樟科	楠属	*Phoebe zhennan*
红枫	槭树科	槭树属	*Acer palmatum*
紫玉兰	木兰科	木兰属	*Magnolia liliflora*
酸枣	鼠李科	枣属	*Ziziphus jujuba* var. *spinosa*
蚊母树	金缕梅科	蚊母树属	*Distylium racemosum*
女贞	木犀科	女贞属	*Ligustrum lucidum*
天竺桂	樟科	樟属	*Cinnamomum japonicum*
山樱	蔷薇科	樱属	*Cerasus serrulata*
枳椇	鼠李科	枳椇属	*Hovenia dulcis*
椤木石楠	蔷薇科	石楠属	*Photinia davidsoniae*
大头典竹	禾本科	绿竹属	*Dendrocalamopsis beecheyana* var. *pubescens*
鹅掌柴	五加科	鹅掌柴属	*Schefflera octophylla*
朱砂根	紫金牛科	紫金牛属	*Ardisia crenata*
枣树	鼠李科	枣属	*Zizyphus jujuba*
糙叶树	榆科	糙叶树属	*Aphananthe aspera*
梅	蔷薇科	李属	*Prunus mume*
漆树	漆树科	漆属	*Toxicodendron vernicifluum*
短尾越橘	杜鹃花科	越橘属	*Vaccinium carlesii*
小叶黄杨	黄杨科	黄杨属	*Buxus microphylla*
木槿	锦葵科	木槿属	*Hibiscus syriacus*
白杨	杨柳科	杨属	*Populus tomentosa*
牡丹	芍药科	芍药属	*Paeonia suffruticosa*

（续）

植物名称	科	属	拉丁学名
银杏	银杏科	银杏属	*Ginkgo biloba*
金橘	芸香科	金橘属	*Fortunella margarita*
黄杨	黄杨科	黄杨属	*Buxus sinica*
紫竹	禾本科	刚竹属	*Phyllostachys nigra*
软枝黄蝉	夹竹桃科	黄蝉属	*Allamanda cathartica*
香椿	楝科	香椿属	*Toona sinensis*
青冈栎	壳斗科	栎属	*Cyclobalanopsis glauca*
夜来香	萝藦科	夜来香属	*Telosma cordarum*
杜英	杜英科	杜英属	*Elaeocarpus sylvestris*
构树	桑科	构属	*Broussonetia papyrifera*
苦槠	壳斗科	苦槠属	*Castanopsis sclerophylla*
无花果	桑科	榕属	*Fructus Fici*
广玉兰	木兰科	木兰属	*Magnolia grandiflora*
加拿大杨	杨柳科	杨属	*Populus canadensis*
铁杉	松科	铁杉属	*Tsuga chinensis*
悬铃木	悬铃木科	悬铃木属	*Platanus orientalis*
红花檵木	金缕梅科	檵木属	*Lorpetalum chinense*
雪松	松科	雪松属	*Cedrus deodara*
楸树	紫葳科	梓树属	*Catalpa bungei*
红锥	壳斗科	锥属	*Castanopsis hystrix*
蝙蝠葛	防己科	蝙蝠葛属	*Menispermum dauricum*
杏树	蔷薇科	李属	*Prunus armeniaca*
花榈木	豆科	红豆树属	*Ormosia henryi*
栲	壳斗科	栲树属	*Castanopsis fargesii*
桃叶石楠	蔷薇科	石楠属	*Photinia prunifolia*
观光木	木兰科	观光木属	*Tsoongiodendron odorum*
小叶罗汉松	罗汉松科	罗汉松属	*Podocarpus macrophyllus*
盐肤木	漆树科	漆树属	*Rhus chinensis*
唐竹	禾本科	唐竹属	*Sinobambusa tootsik*
橄榄竹	禾本科	箬竹属	*Acidosasa gigantea*
枳	芸香科	枳属	*Poncirus trifoliata*
香叶树	樟科	山胡椒属	*Lindera communis*
南岭黄檀	豆科	黄檀属	*Dalbergia balansae*
桤木	桦木科	赤杨属	*Alnus cremastogyne*
朱顶红	石蒜科	孤挺花属	*Hippeastrum vittatum*
海枣	棕榈科	刺葵属	*Phoenix dactylifera*
水杉	杉科	水杉属	*Metasequoia glyptostroboides*
迎春花	木犀科	茉莉花属	*Jasminum nudirlorum*
海桐	海桐花科	海桐花属	*Pittosporum tobira*
早禾树	忍冬科	荚蒾属	*Viburnum odoratissimum*
欧洲荚蒾	忍冬科	荚蒾属	*Viburnum viburnm*
罗汉果	葫芦科	罗汉果属	*Siraitia grosuenorii*

（续）

植物名称	科	属	拉丁学名
马缨丹	马鞭草科	马缨丹属	*Lantana camara*
蟹爪兰	仙人掌科	蟹爪属	*Zygocactus trurncatus*
毛杜鹃	杜鹃花科	杜鹃花属	*Rhododendron pulchrum*
鸳鸯茉莉	茄科	鸳鸯茉莉属	*Brunfelsia acuminata*
皂荚	豆科	皂荚属	*Gleditsia sinensis*
燕子掌	景天科	青锁龙属	*Crassula portulacea*
绿巨人	天南星科	苞叶芋属	*Spathiphyllum floribundum*
六月雪	茜草科	六月雪属	*Serissa japonica*
福建茶	紫草科	基及树属	*Carmona microphylla*
龙牙花	豆科	刺桐属	*Erythrina corallodendron*
山丹	百合科	百合属	*Lilium pumilum*
金叶女贞	木犀科	女贞属	*Ligustrum lucidum*
南天竹	小檗科	南天竹属	*Nandina domestica*
红千层	桃金娘科	红千层属	*Callistemon rigidus*
海南蒲桃	桃金娘科	蒲桃属	*Syzygium cuminii*
玫瑰	蔷薇科	蔷薇属	*Rosa rugosa*
白兰花	木兰科	含笑属	*Michelia alba*
红绒球	含羞草科	红缨花属	*Calliandra haematocephala*
榆树	榆科	榆属	*Ulmus pumila*
柃木	山茶科	柃木属	*Eurya japonica*
木莲	木兰科	木莲属	*Manglietia fordiana*
水竹	莎草科	莎草属	*Cyperus alternifolius*
红叶石楠	蔷薇科	石楠属	*Photinia serrulata*
南岭栲	壳斗科	锥属	*Castanopsis fordii*
紫叶李	蔷薇科	李属	*Prunus cerasifera* ' Pissardii '
檀香紫檀	豆科	紫檀属	*Pterocarpus santalinus*
雀梅	鼠李科	雀梅藤属	*Sageretia theezans*
油杉	松科	油杉属	*Keteleeria fortunei*
梭罗树	梧桐科	梭罗树属	*Reevesia pubescens*
灯笼树	杜鹃花科	吊钟花属	*Enkianthus chinensis*
镜面草	荨麻科	冷水花属	*Pilea peperomioides*
芝麻	胡麻科	胡麻属	*Sesamum indicum*
红桑	大戟科	铁苋菜属	*Acalypha wikesiana*

后 记
AFTERWORD

　　本书依托国家科技支撑计划课题研究成果而形成，在研究内容和方案确定过程中，得到国家林业局城市森林研究中心首席研究员王成博士的无私指导和帮助；在乡村人居林树种调查过程中，中国林业科学研究院亚热带林业研究所副研究员史久西博士参与了浙江和福建两省乡村人居林的调查；华北计算技术研究所汪瑛硕士参与了浙江和福建两省乡村人居林的调查数据与前期论文的整理；与此同时，国家林业局城市森林研究中心贾宝全博士、邬光发博士、詹晓红硕士、孙朝晖工程师也为研究提供了许多帮助。

　　课题外业调查主要在 2008～2010 年进行，由于调查工作量大，地域跨度也较大，得到福建省和浙江省诸多单位和领导的支持。其中，得到原福建省林业厅副厅长、现为福建农林大学校长、博士生导师兰思仁教授的大力支持与无私的帮助，同时，福建省林业科学研究院、龙岩市林业局、长汀县林业局、连城县林业局、武平市林业局、上杭县林业局、南平市林业局、建瓯市林业局、郑和县林业局、邵武市林业局、武夷山市林业局、漳州市林业局、漳浦县林业局、长泰县林业局、南靖县林业局、龙海市林业局、长乐市林业局、连江县林业局、厦门市林业局、衢州市柯城区林业局，嘉兴海盐县林业局、湖州市安吉县林业局及其所辖乡镇林业站和所在村委会等单位给予了积极协助与支持，在此一并表示感谢！

　　乡村居住环境的改善和人们生活水平的提高息息相关，乡村人居林的概念是在"十一五"国家科技支撑计划课题研究期间才提出，虽然历经 7 年的研究，但它是一个全新的研究方向，建设理论和技术还在不断的探索之中，有待于今后进一步研究和完善。

著者

2013 年 2 月